中国湿地保护系列丛书

# 湿地与气候变化

马广仁　主编

U0229928

中国林业出版社

**图书在版编目（CIP）数据**

湿地与气候变化／马广仁主编. —北京：中国林业出版社，2016.6
ISBN 978-7-5038-8540-2

Ⅰ. ①湿… Ⅱ. ①马… Ⅲ. ①气候变化 – 关系 – 沼泽化地 – 生态系统 – 研究
Ⅳ. ①P467②P941. 78

中国版本图书馆 CIP 数据核字（2016）第 103218 号

| | |
|---|---|
| **出版** | 中国林业出版社（100009　北京西城区刘海胡同 7 号） |
| | E-mail　forestbook@ 163. com　电话　010 – 83143515 |
| | 网址　http：// lycb. forestry. gov. cn |
| **发行** | 中国林业出版社 |
| **印刷** | 北京中科印刷有限公司 |
| **版次** | 2016 年 6 月第 1 版 |
| **印次** | 2016 年 6 月第 1 次 |
| **开本** | 787mm × 1092mm　1/16 |
| **印张** | 13 |
| **字数** | 300 千字 |
| **印数** | 1 ~ 2000 册 |
| **定价** | 60. 00 元 |

# 《湿地与气候变化》
## 编写组


主　　编：马广仁

副 主 编：鲍达明　吕宪国

编写人员：张仲胜　王福田　宋晓林

　　　　　刘　莹　孟　焕　杨　钺

# 前　　言

　　湿地生态系统地处大气系统、陆地系统与水体系统界面，广泛分布于世界各地，是地球上最富生物多样性的生态景观和人类最重要的环境之一，与海洋、森林并称为全球三大生态系统。湿地中巨大的碳储量及极高的碳固定潜力，对减缓区域乃至全球大气二氧化碳持续增加意义重大。湿地与气候变化存在复杂的反馈关系，气候与湿地的发育、发展及自我维持息息相关。同时，由于湿地地处水陆交错地带，其结构、过程及功能对气候变化敏感，气候的改变将深刻影响湿地水循环过程、生物多样性、碳氮磷生物地球化学循环过程及湿地主要功能。深入认识并揭示气候变化对湿地生态系统结构、过程及功能的影响及驱动机制，是目前湿地研究中面临的关键问题。我国政府重视适应气候变化问题，结合国民经济和社会发展规划，采取了一系列政策和措施，取得了积极成效，制订了《国家适应气候变化战略》。国家林业局组织完成了全国第二次湿地资源调查，为我国制定湿地生态系统应对全球气候变化适应性管理对策提供了基础数据。

　　2012 年始，国家林业局湿地保护管理中心即开始策划湿地保护系列丛书的编写工作，几经商议讨论确定了各分册的书名和主题，最终形成《湿地与气候变化》《中国国际重要湿地及其生态特征》《中国湿地文化》《中国湿地公园建设研究》等几个分册，从不同的角度向读者展示我国湿地的保护成效和湿地与全球气候变化的关系。这些主题都是当今湿地研究的前沿领域和社会各界关注的热点问题，立意于对我国湿地保护管理者管理水平的提高和管理的科学、有效，同时也向读者系统介绍我国国际重要湿地、湿地文化、湿地公园建设和湿地与全球气候变化的基本内涵。

　　《湿地与气候变化》是中国湿地保护系列丛书之一。分别从全球气候变化的特征、气候与湿地发育及发展的关系，全球气候变化背景下湿地生态系统水文过程、生物多样性、湿地碳库、温室气体排放、湿地生态系统生态服务与功能、湿地生态系统脆弱性与适应性等几个方面进行了论述，期望能为我国湿地保护与管理提供参考和借鉴。全书共分 8 章。本书由马广仁主编，鲍达明、吕宪国副主编，张仲胜、吕宪国提供编写大纲，由各位作者分工撰写，最后由王福田、杨钺统稿，并对部分章节进行了补充、修改和调整。具体分工如下：第一章、第二章、第五章、第六章由张仲胜、吕宪国编写，第三章、第七章由宋晓林编写，第四章由刘莹编写，第八章由孟焕编写。

　　本书在编写过程中，得到了国家林业局湿地保护管理中心和中国科学院战略先导科技专项（XDA05050508）的支持，在此一并表示感谢！

编著者

2016 年 5 月

# 目　　录

# 第一章  全球气候变化特征及区域性差异

## 第一节  全球气候变化特征及其影响

全球气候系统是包括大气圈、水圈、陆地表面、冰雪圈和生物圈在内的，能够决定气候形成、分布和变化的统一的物理系统。太阳辐射是这个系统的能源，在太阳辐射的作用下，气候系统内部产生一系列的复杂过程，这些过程在不同时间和不同空间尺度上有着密切的相互作用，各个组成部分之间，通过物质交换和能量交换，紧密结合成一个复杂的、有机联系的气候系统(周淑贞，1997)(图 1-1)。

地球上的气候一直不停地呈波浪式发展，冷暖干湿相互交替，变化周期长短不一，经历着长度为几十年到几亿年为周期的气候变化。地球气候变化可以划分为三个阶段：地质时期的气候变化、历史时期的气候变化和近代气候变化。地质时期气候变化的时间跨度最大，从距今 22 亿～1 万年，其最大特点是冰期与间冰期相互交替出现；历史时期气候一般指 1 万年左右以来的气候；近代气候是指最近一二百年有气象观测记录以来的气候。本书指的全球气候变化为近代气候变化。

全球变化是当今国际科学研究的前沿领域之一。随着全球环境问题的日益严重，人类生存环境的自然变化与因人类活动而引

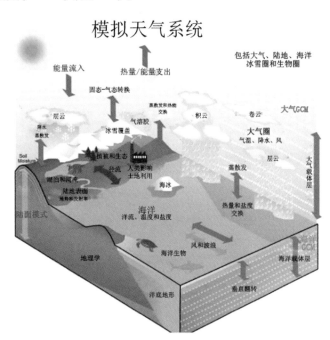

**图 1-1  全球气候系统概念图**(Karl and Trenberth, 2003)

起的环境问题已受到国际的普遍关注。自 20 世纪 80 年代开始，国际科学界先后发起并组织实施了以全球环境变化为研究对象，由四大研究计划组成的全球变化研究计划，即：世界气候研究计划(WCRP)、国际地圈生物圈计划(IGBP)、全球变化人文因素计划

（IHDP）、生物多样性计划（DIVERSITAS）。全球变化科学以"地球系统"为研究对象，将大气圈、水圈（含冰冻圈）、岩石圈和生物圈视为一个整体，探讨由一系列相互作用过程（包括系统各组成成分之间的相互作用，物理、化学和生物三大基本过程的相互作用以及人与地球的相互作用）联系起来的复杂非线形多重耦合系统——地球系统的运行机制。

近百余年来，由于有了系统的气象资料，并随着卫星和遥感等先进技术手段的产生与发展，科学研究的全球化，人类对于地球气候系统变化的认识越来越深入。虽然不同的研究对于全球气候变化产生的原因及变化幅度存在争议，但是目前全球已经形成基本的共识：近百年来全球气温处于上升之中，这种增暖在北极更为突出，人类活动尤其是温室气体的大量排放，对于全球气候变暖具有重要贡献。全球气候变化是全球变化重要研究内容，具有以下特征：

# 一、全球气温升高

气候系统变暖是毋庸置疑的，目前从全球平均气温和海温升高，大范围积雪和冰融化，全球平均海平面上升的观测中可以看出气候系统变暖是确定并且明显的。根据全球地表温度的观测资料（自 1850 年以来），最近 100 年（1906～2005 年）的温度线性趋势为 0.74℃，在北半球高纬度地区温度升幅较大，陆地区域的变暖速率比海洋大（图 1-2）（IPCC*，2007）。

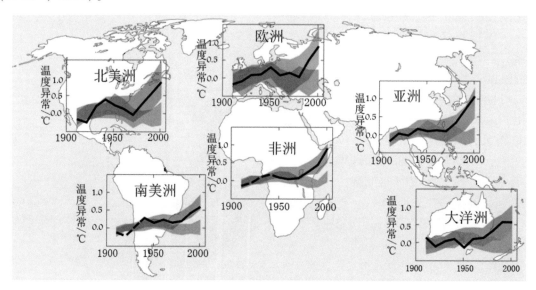

**图 1-2　近百年来全球不同区域气温变化**（IPCC，2007）

1880～1940 年这 60 年中，全球年平均气温升高了 0.5℃，1940～1965 年降低了 0.2℃，然后从 1965～1993 年又增暖了 0.5℃。北半球的气温变化与全球气温变化大致

---

\* IPCC：政府间气候变化专门委员会（Intergovernmental Panel on Climate Change）。

相似，升降幅度略有不同。北半球从 1880～1940 年年平均气温增暖 0.7℃，此后 30 年降温 0.2℃，1970～1993 年又增温 0.6℃。南半球年平均气温变化呈现波动较小的增长趋势。1880～1993 年增暖 0.5℃。自 1980 年以来全球平均年气温增暖速度特别快（图 1-2）。

1990～2005 年间，根据 NASA、GISS 和 Hadlye Center/Climatic Research Unit 的监测资料显示，全球平均气温在 16 年间升高了 0.33℃，远高于 IPCC 的预测（Rahmstorf et al.，2007）。

截至 2007 年 11 月，1998～2007 年是有记录以来最暖的 10 年，过去 50 年中气温升高的平均速率几乎是过去 100 年的两倍。2007 年全球平均地表温度比 1961～1990 年（基准年）30 年平均值高 0.41℃。2007 年 1 月是有史以来最温暖的 1 月。增温存在区域差异。2007 年全球地表温度距平水平分布表明，虽然全球尺度上增温是普遍的，但是北半球高纬度地区增温是最为明显的（Flato and Boer，2001；钟海玲和沈永平，2008）。

## 二、降　水

在全球尺度上，自 20 世纪 70 年代以来，全球受干旱影响的面积可能已经扩大。1900～2005 年，在北美和南美的东部地区、北欧和亚洲北部及中亚地区降水明显增加，但是在地中海、非洲南部地区和南亚部分地区降水减少（IPCC，2007）。对 1948～2000 年全球陆地年降水的长期监测表明，全球的年降水量有明显的下降趋势，并在 1978 年左右发生突变，平均每年减少约 0.54mm。除了高纬度（60°～90°N）降水略微增加以外，全球各纬度带的平均降水量都表现出减少的特征。20 世纪 80 年代以后全球降水量的减少是最为明显的，特别是 35°S～35°N 和 35°S～20°N 区域降水量减少速率分别为 0.98mm/年和 0.61mm/年（施能和陈绿文，2002）。在北半球，除了东亚地区之外，在中高纬度地区，陆地年降水量以 0.5%～1%/10 年持续增长；整个亚热带地区（10°N～30°N）虽然近年来陆地表面降水量呈现上升的趋势，但是总体上仍以 0.3%/10 年的速率减少。虽然热带陆地降水量在 20 世纪以 0.2%～0.3%/10 年速率增加，但是在过去几十年中这种增加趋势并不明显，而且在 10°S～10°N 之间的区域中增加量非常少，并且在绝大部分热带海洋地区降水量增加。而在南半球，降水量似乎并未发生多少改变（Dore，2005）。

## 三、海平面上升

全球海平面自 1700 年开始上升，在 19 世纪海平面上升了 6cm，在 20 世纪，上升了 19cm（Jevrejeva et al.，2008）。1870～2004 年间，全球平均海平面上升了约 195mm，平均升高速率为 1.44mm/年，在 20 世纪升高了 160mm，平均速率为 1.7±0.3mm/年（Church and White，2006）。自 1961 年以来，全球平均海平面的上升速率为 1.8mm/年（1.3～2.3mm/年），而从 1993 年以来平均速率为 3.1mm/年（2.4～3.8mm/年）（IPCC，2007）。自 20 世纪 90 年代，全球观测到的海平面上升速率要高于预测，1993～2006 年间全球海平面以 3.13±0.4mm/年的速率增加（图 1-3），比过去 115 年中任何 20 年时间内海平面上升的速率高 25% 左右（Oppenheimer，1998）。

2005～2011 年卫星跟踪分析了海洋、冰原和冰川的融化状态，证实过去 7 年里海平面以 2.39mm/年速率上升，并且海平面上升趋势并未停止（图 1-3）。过去 7 年里海平面已升高接近 17mm（图 1-3），相当于食指第一指节的宽度（Chen et al.，2013）。

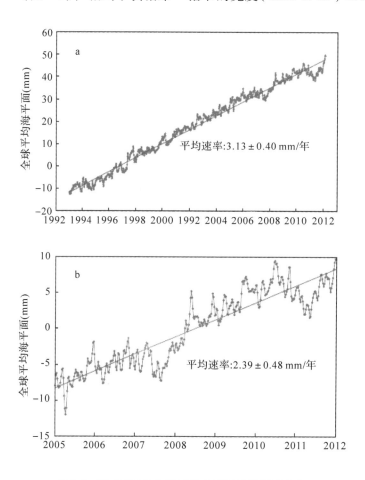

图 1-3　20 世纪 90 年代以来全球平均海平面变化

## 四、极端气候事件频发

在降水减少的地区更容易发生极端的降水事件，尤其对于北半球中高纬度地区而言，极端降水事件自 20 世纪中期以来增加了 2%～4%。1900～1995 年间，全球遭受严重洪涝的地区小幅增加。而在亚洲和非洲地区，近几十年来干旱发生的频率和强度增加（图 1-4）（Dore，2005）。

目前的研究表明，一些极端气候发生的时间已经改变。相比于 20 世纪 50 年代，美国东北部无霜季节已经提前了 11 天（Cooter and LeDuc，1995），极端酷热天气的出现频率及持续时间变化趋势虽然在不同区域中存在较大差异，然而总体上呈现出上升的态势。极端降水事件呈现增加趋势。如美国地区一年中日降雨量超过 50.8mm 的时间一直

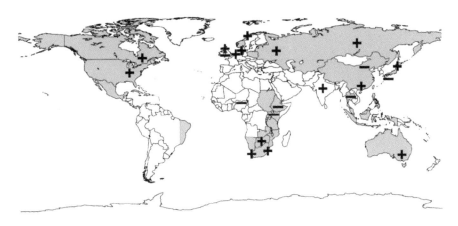

**图1-4　20世纪中期以来全球极端气候事件发生频率变化**（"＋"，增加；"－"，减少）

在增加（Karl et al.，1996）。许多国家和地区中，月或者季节降雨量增加及减少的趋势同极端降水时间中降雨量减少直接或者间接相关（Easterling et al.，2000）。20世纪60年代以后，全球大部分陆地地区极端冷事件（如低温、寒潮、霜冻、冷夜和冷日等）发生频率逐渐减少，而极端暖事件（如高温、热浪、暖日和暖夜等）发生频率明显增加。20世纪北半球大陆中高纬度大部分地区降水增加了5%～10%，近50年暴雨的发生频率增加了2%～4%；低纬度地区和中纬度地区夏季极端干旱事件增多，台风和热带气旋生成和登陆数量变化趋势不明显，但是在某些地区热带气旋强度显著增加，中纬度风暴路径有向极区移动的趋势，与海平面升高有关的极端事件（主要是风暴潮，但是不包含海啸）增多（任国玉等，2010）。

在中国，1951年以来中国大陆地区极端气候事件频率和强度发生了一定变化（表1-1），与异常偏冷相关的极端事件如寒潮、冷夜和冷昼天数、霜冻日数等，显著减少减弱，与异常偏暖相关事件显著增多，全国平均暴雨和极端降水事件频率和强度都有所增加（任国玉等，2010）。进入21世纪后，极端气候事件呈现频发态势，如在1999～2001年连续少雨大旱之后，又发生了较大范围的干旱（祝昌汉等，2003）。

**表1-1　20世纪50年代以来中国主要类型极端气候变化**（祝昌汉等，2003）

| 极端事件 | 研究时段 | 观测的变化趋势 | 结论的可信性 |
|---|---|---|---|
| 暴雨或极端强降水 | 1951～2008年 | 全国趋势不显著，但东南和西北增多，华北和东北减少，暴雨或极端强降水事件强度在多数地区增加 | 高 |
| 暴雨极值 | 1951～2008年 | 1日和3日暴雨最大降水量有一定增加，南方增加较明显 | 中等 |
| 干旱面积、强度 | 1951～2008年 | 气候干旱指数和干旱面积比率全国趋于增加，华北、东北南部增加明显，南方和西部减少 | 高 |
| 寒潮、低温频次 | 1951～2008年 | 全国大范围地区减少、减弱，北方地区尤为明显，进入21世纪以来有所增多，但长期下降趋势没有改变 | 很高 |

（续）

| 极端事件 | 研究时段 | 观测的变化趋势 | 结论的可信性 |
|---|---|---|---|
| 高温事件频次 | 1951~2008 年 | 全国趋势不显著，但华北地区增多，长江中下游地区年代波动特征较强，20 世纪 90 年代后趋多 | 中等 |
| 热带气旋、台风 | 1954~2008 年 | 登陆我国的台风数量减少，每年台风造成的降水量和影响范围也减少 | 高 |
| 沙尘暴 | 1954~2008 年 | 北方地区发生频率明显减少，1998 年以后有微弱增多，但与 20 世纪 80 年代以前比较仍显著偏少 | 很高 |
| 雷暴 | 1961~2008 年 | 东部地区现有研究区域发生频率明显减少 | 很高 |

注：对评估结论可信度的描述采用 IPCC 第四次评估报告第二工作组的规定。很高：至少有 90% 几率是正确的；高：约有 80% 几率是正确的；中等：约有 50% 几率是正确的；低：约有 20% 几率是正确的；很低：正确的几率小于 10%。

# 五、极地冰雪融化，海冰减少

卫星资料显示，自 1978 年以来北极年平均海冰面积已经以 2.7%/10 年（2.1%~3.3%/10 年）的速率退缩，夏季的海冰退缩率较大，为 7.4%/10 年（5.0%~9.8%/10 年）。南北半球山地冰川和积雪平均面积已经呈现退缩趋势（IPCC，2007）。

冰架是延伸于南极洲大陆周边海面上的大面积固定冰盖。对气候系统具有重要的正负反馈机制，在维系全球热量平衡及保持气候系统稳定性中具有重要作用。由于全球气候变暖，近年来南极冰架不断崩解，面积逐年萎缩。2003~2008 年间，每年南极冰架由于底部融化损失的质量达 1.325 万亿吨，而由于冰山崩解失去的质量只有 1.089 万亿吨。底部融化损失占总损失质量的 55%，这一数字远远超过科学家此前的估计（Rignot et al.，2013）。

1970~2000 年间地球表面积雪覆盖面积不断减少。卫星资料表明，从 20 世纪 60 年代末期开始全球已经减少了大约 10% 冰雪覆盖。北半球中高纬度的湖泊和河流冰面覆盖时间在过去的 100~150 年间减少了大概 2 周（Dore，2005）。气候变化对于南极西部冰盖的稳定性具有重要作用，南极西部冰盖完全融化将导致全球海平面升高 4~6m（Oppenheimer，1998）。

1953~2006 年间，9 月末北极海冰的面积急剧减少，减少的速率要高于 IPCC 提出的所有模型预测的结果（图 1-5），其中温室气体对于海冰减少的贡献由 33%~38% 增加到 47%~57%。如果这种状况继续持续下去，海冰减少的速率及面积将持续扩大（Stroeve et al.，2007）。在 1977~2002 年间，北极海冰面积减少了 80 万 km²，约占整个北极海冰面积的 7.4%，而且在 2002 年 9 月份出现了极低的夏季海冰面积（Johannessen et al.，2004）。自 1950 年开始，南极半岛地区冬季升温达到 6℃，已经导致 6 个冰架消失，87% 的海洋冰川消退（Stammerjohn et al.，2008）。积雪及海冰减少将通过复杂的正负反馈作用于全球气候变化（Curry and Schramm，1995）。

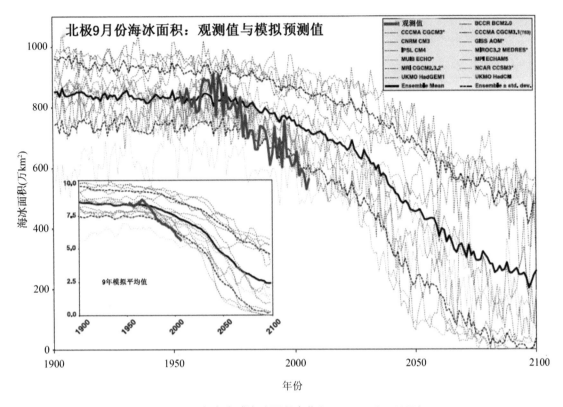

图1-5　近百年来全球海冰面积变化（stroeve et al.，2007）

# 第二节　全球气候变化未来预测

温室气体以当前的或高于当前的速率排放将会引起 21 世纪全球气候进一步变暖，并诱发全球系统中的许多变化，这些变化很可能大于 20 世纪期间所观测到的变化幅度。气候模型表明地球在 20 世纪以前经历着一个缓慢的变冷过程，然而在 20 世纪这种状况发生了改变，全球平均表层大气温度上升了大概 0.6℃，气温升高的速率加快，90 年代成为有记录的最暖的十年。随着大气中温室气体的增加，在 21 世纪，预计全球平均大气温度很有可能增加 2～4.5℃，同时，预计降雨、气候极端事件如干旱、热浪等在许多地区将增加（Salinger，2005）。

## 一、温　度

2001 年 IPCC 根据 A2 与 B2 中等排放强度情境下，预估到 21 世纪中期全球平均温度将上升 1.4℃，到 21 世纪末将分别上升 3.5℃和 2.5℃（IPCC，2001）。在 2007 年 IPCC 发布的报告中，这一数值被进一步修正。在一系列 SRES 排放情境下，预估未来 20 年将以每 10 年大约升高 0.2℃ 的速率变暖。即使所有温室气体和气溶胶的浓度稳定在 2000 年的水平不变，预测也会以每 10 年大约 0.1℃ 的速率进一步变暖，之后的温度预估越来越取决于具体的排放情景，如图 1-6 所示（IPCC，2007）。

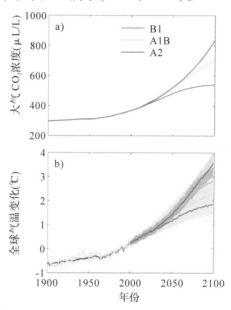

**图 1-6　不同排放情境下未来大气 CO₂ 浓度及全球平均气温变化**（Knutti et al.，2008）

根据 IPCC 提供的各种排放情景进行模拟发现，2090 ~ 2099 年全球平均温度预计将增加 1.4 ~ 5.8℃，这种增温幅度是过去 10000 年中不曾出现的（图 1-7）（Salinger，2005）。

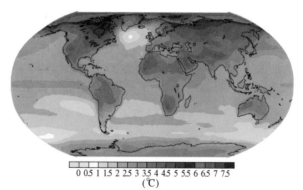

**图 1-7　21 世纪后期**（2090 ~ 2099）**预估的地表温度变化**（根据 A1B SRES 情景所做的多个 AOGCM 模式的平均估计结果，所有温度均相对于 1980 ~ 1999 年时期）（IPCC，2007）

相对于工业化革命前期，全球年平均地表温度上升 2℃ 的时间和相应的气候变化受到广泛关注，许多国家和国际组织已经将避免 2℃ 全球变暖作为温室气体减排的首要目标。在 SRES 中的 B1、A1B 和 A2 情景下，2℃ 全球变暖分别发生在 2064 年、2046 年和

2049 年。对应着 2℃ 全球变暖，中国气候变暖幅度明显更大，变暖从南向北加强，在青藏高原存在一个升温高值区。就整体而言，中国年平均地表气温将上升 2.7~2.9℃，冬季升温幅度 3.1~3.2℃ 或者更大（姜大膀和富元海，2012）。

而来自全球气候预测网站的预报，如若二氧化碳浓度翻倍，则可能最终导致世界范围内气温上升幅度在 1.9~11.5℃ 之间，这比 IPCC 预测的 2~5℃ 高得多（吕吉尔，2005）。

相比于 1990~2000 年，到 2020~2030 年期间，全球平均温度将上升 0.3~1.3℃，其中主要的增温发生在北半球中高纬度地区（Zwiers，2002）。

在热带安第斯山脉地区，利用 RCM 模型基于 A2 和 B2 排放情景进行模拟发现，未来 2071~2100 年安第斯山脉将发生明显的变暖，且在高海拔地区增温被加强，在中高对流区域被进一步放大（Urrutia and Vuille，2009）

在 A2 和 B2 排放模式下，北半球 60°N 以北地区未来具有更高的升温幅度，在两种情境下，到 21 世纪中期北半球 60°N 以北地区将升温 2.5℃，到 21 世纪末，在 A2 和 B2 两种情景模式下，北极地区温度预估将分别上升 7℃ 和 5℃。在 B2 情景下，斯堪的纳维亚和格陵兰岛东部地区在 21 世纪末将上升 3℃，在冰岛地区将上升 2℃，在加拿大群岛和俄罗斯北极圈部分将上升 5℃，最高的升温将出现在北冰洋中部的秋季和冬季，预估可达 9℃。到 21 世纪末，在北极大部分地区，秋季和冬季平均温度将上升 3~5℃（Kattsov et al.，2005）。

## 二、降　水

Kripalani 等人（2007）基于 IPCC AR4 模型预测认为，未来南亚地区，夏季季风期降雨量将呈现显著增加，大概增加 8%。印度大部分地区的降雨量将增加 12%~16%，而在阿拉伯半岛以及巴基斯坦、印度西北部和尼泊尔交界地区降雨量最大可增加 20%~24%。

在 B2 情景模式下，到 21 世纪末，预估北极大西洋周边地区降雨量将增加 5%~10% 左右，在北极高纬度地区最大降雨量将增加 35% 左右（Kattsov et al.，2005）。

## 三、海平面

决定未来全球海平面变化主要有四个因素：高山冰川和小冰盖的融化、巨大极地冰盖质量的变化（格陵兰岛、南极洲）、冰流的不稳定性（尤其是在南极冰原西部）和海水受热膨胀。预计到 2050 年，全球海平面将上升大约 33cm，到 2100 年，全球海平面将上升 66cm。这一估计同 IPCC 的预测相比显然偏高（Oerlemans，1989）。根据 Church 和 White（2006）的预测，如果按照 IPCC 预测的海平面上升速率，1990~2100 年期间海平面将上升 280~340mm（图 1-8）。

在中等排放情境下（A1B），到 2100 年海平面将上升 0.387m，其中海水受热膨胀（0.288m）、高山冰川和冰盖融化（0.106m）、格陵兰岛输入（0.024m）和南极洲输入（-0.074m）起主要作用（Raper and Braithwaite，2006）。

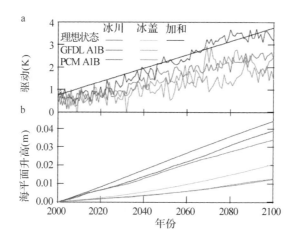

图 1-8 不同情景模式下未来海平面升高变化

在美国东北海岸区，低、中、高排放情境下，21 世纪末海平面将分别上升 15、20 和 21 cm（Yin et al.，2009）。

Rahmstorf（2007）发现工业化革命以前海平面的上升速率与温度上升呈现比例关系，并据此构建了一个半经验模型，模型预测到 2100 年，相比于 1990 年全球海平面将上升 0.5~1.4 m。Grinsted 等（2010）估计在 2090~2099 年间全球海平面在 A1B 情境下将上升 0.9~1.3 m，并且海平面在 IPCC 预估范围内变化的概率是很小的。

## 四、极端气候

如果保持目前温室气体排放速率不变或者不采取必要的减排措施，未来气候变化情境下，极端气象事件出现的概率、范围及强度均可能有所增加。如未来气候将出现极端酷热天气概率上升，伴随着极端寒冷天气概率减少，由于夜间温度上升，昼夜间温差将减少，降雨强度增加，中部大陆地区夏季干旱，冬季温度变化范围减少，北半球中纬度地区夏季温差变大等（Meehl et al.，2000）。

## 第三节 湿地与全球气候变化的关系

湿地与海洋、森林并列为全球三大生态系统，作为一种处于陆地生态系统与水生生态系统过渡地带的独特生态系统，湿地是各种主要温室气体的源与汇，因而在全球气候变化中有着特殊的地位与作用；另一方面，全球气候变化又有可能对湿地生态系统的面积、分布、结构、功能等造成巨大的影响，并有可能引起其作为温室气体的源汇功能转化，从而对气候系统形成正负反馈（傅国斌和李克让，2001）。气候变化常伴随着区域气温及降雨等条件发生变化，对湿地水文、生物地球化学过程、水循环、湿地能量平衡产生较大影响（宋长春，2003）。

# 一、湿地汇碳减缓气候变暖

作为陆地表层系统发育的最活跃表征因子，碳元素的循环过程始终是决定全球气候及环境变化的基本要素和动力来源之一（张雷，2006）。湿地处于大气系统、陆地系统与水体系统的交叉界面，在物质迁移中具有重要地位。如果某种物质或某种物质的某一特定形式输入大于输出的话，湿地就被看成是"汇"；如果某一湿地向下游或相邻的生态系统输出更多的物质时，而且若无此湿地便不会有此物质输出的话，该湿地就被看成是"源"（吕宪国，2004）。

湿地生态系统在调节生物地球化学循环、全球碳收支中起着重要的作用，并且在与大气圈温室气体交换过程中发挥着巨大潜力，其重要性主要表现在：湿地土壤和泥炭是陆地上重要的有机碳库，土壤碳密度高，能够相对长期地储存碳（Mitsch et al.，2010；Bernal and Mitsch，2012；Morris et al.，2012；Bianchi et al.，2013）；湿地是多种温室气体的源和汇（Bonneville et al.，2008；Báez-Cazull et al.，2007；Oechel et al.，2000；Gann et al.，2005；Liu et al.，2009；Schulp et al.，2008）。

湿地因其滞水、缺氧、酸性的环境且枯落物养分含量低而单宁和酚类等次生难分解化合物含量高等特性（Blodau，2004；Bridgham et al.，2006），导致其分解速率比其他陆地生态系统更为缓慢，因而单位面积上可以积累更多的碳储量（Davidson and Janssens，2006；Besasie et al.，2012；Hopkinson et al.，2012）。虽然湿地面积仅占地球陆地面积的 4%～6%，但是湿地系统却贮藏着全球高达 20%～30% 的碳物质，比农业生态系统、温带森林生态系统以及热带雨林生态系统储量都要高（Kayranli et al.，2010；Scholz，2011）。尤其是位于高纬度地区的北方湿地由于比一般湿地的年均温度更低，酸性更强，有机质分解更慢（Bridgham et al.，2006），因而尽管其净初级生产力并非最高，但其碳固定速率却非常高，在全球碳循环中占有举足轻重的地位（Bridgham et al.，1998；Euliss Jr. et al.，2006；Bao et al.，2011）。据统计，北方湿地以覆盖了北方和亚北极地区约 15% 的面积储存了全球近 1/3 的地表碳储量（Gorham，1991；Belyea and Malmer，2004）。储藏在不同类型湿地内的碳约占地球陆地碳总量的 15%（吕宪国等，1995），因而湿地在全球碳循环过程中具有极其重要的意义。湿地生态系统由于地表经常性积水，土壤通气性差，地温低且变化幅度小，造成好气性细菌数量的降低，而嫌气性细菌较发育，植物残体分解缓慢，形成有机物质的不断积累。如泥炭地是生态系统中碳累积速率较快的生态系统之一。

生物过程是生态系统生态过程的基础，生产者处于主导地位。初级生产者进行有机物质生产的过程，是形成生物量的基础。植物通过光合作用固定大气中的 $CO_2$，其中约有一半通过植物自氧呼吸重新释放到大气中，另一半形成植物的生长量（NPP），以有机碳形式存在植物组织中。植物生长形成的有机碳，主要有两种流向，即大部分以凋落物的形式进入地表成为土壤有机质的一部分；或以凋落物分解的形式回到大气；另一部分则成为系统的净生态系统生产力。生物量积累是化学元素，特别是营养元素生物地球化学循环的基础环节，并对气候和土壤具有决定性影响。而 NPP 是一个能够深刻反映环境变化的参数，对生物和非生物环境具有极强的敏感性。对湿地 NPP 的评价，一直被认为是湿地生态系统碳和能量循环评价中起主要作用的环节（刘兴土等，2006）。

湿地是地球上具有较高生产力的生态系统之一。全球湿地占地球陆地面积的 6%，但却拥有 14% 的陆地生物圈碳库。如果湿地将泥炭地计算在内，湿地将成为陆地生物圈碳库最大的组成部分。Mitsch 等（1998）研究发现，全球具有丰富的泥炭储量，特别是在加拿大和俄罗斯，可以作为潜在的二氧化碳接收器，减轻空气中增长的碳的含量。全球平均土壤呼吸释放的 $CO_2$ 量为 680 亿 ±40 亿 t C/年（Raich，1992），湿地通过固碳过程将大量的 $CO_2$ 固定于土壤、生物及岩石圈中，将有效减缓大气中 $CO_2$ 浓度升高。全球沼泽地以每年 1mm 速度堆积泥炭，一年中将有 3.2 亿 t 碳在沼泽地中积累。据最新估算，陆地生物圈总碳库为 19430 亿 t，其中湿地碳库为 230Gt，超过了农田生态系统（1500 亿 t）和温带森林（1590 亿 t）的碳储存量。

我国是一个湿地资源丰富的国家，拥有湿地面积 3850 万 $hm^2$，居亚洲第一位（国家林业局，2004）。第二次全国湿地资源调查结果表明，我国湿地面积为 5360.26 万公顷。我国泥炭湿地主要分布在青藏高原、东北的大小兴安岭地区，气候寒冷加上土壤的厌氧特性，极大限制了营养物质的转化和有机物质的分解。尽管初级净生产量较低，但碳的储量仍不断增长。不同生态系统的土壤有机碳储量反映了该生态系统截留碳的能力，由于在不同的生态环境条件下控制土壤有机碳循环的因素不同，导致土壤中的有机碳具有较高的空间异质性。有的研究针对不同土地利用方式土壤碳储量的垂直分布特征，探讨不同深度土壤累积碳量；而针对湿地土壤有机碳密度估算的研究也较为丰富，如潘根兴（1999）根据全国第二次土壤普查的资料，估算湿地土壤（沼泽土和泥炭土）的平均有机碳密度在 14.1~60.0kg（C）/$m^2$ 之间，远高于全国平均水平；马学慧等（1996）在实验数据的基础上估算中国三江平原湿地土壤（沼泽土和泥炭土）碳密度为 13.9~47.3 kg（C）/$m^2$。

## 二、湿地温室气体加剧气候变暖过程

在全球气候变化背景下，由于温度升高，降雨格局发生变化，全球气候变化耦合人类活动影响已经对全球湿地生态系统碳循环及碳平衡过程造成重要影响。湿地暖干化、水文循环过程改变、土壤透气性增加等一系列变化导致湿地目前也是温室气体，尤其是 $CH_4$ 和 $N_2O$ 排放较为强烈的生态系统，成为大气中 $CO_2$、$CH_4$ 及其他温室气体的源，并通过不同的反馈作用机制影响气候变化速率（图 1-9）。

$CO_2$、$CH_4$、$N_2O$ 三种重要的温室气体同时参与生态系统物质循环过程，植物通过光合作用吸收大气中的 $CO_2$，同时通过 C、N 循环等生物地球化学过程向大气中排放 $CH_4$ 和 $N_2O$。

沼泽湿地沉积物中的有机质在微生物的作用下进行好氧分解，并最终生成 $CO_2$。由于微生物的分解作用，每年固定在湿地土壤中的碳超过 90% 的部分又重新被释放出来，而其中的 95% 以 $CO_2$ 的形式进入大气中（Waddington and Roulet，1996）。湿地同时是大气中 $CH_4$ 主要的自然来源。据统计，全世界每年有 1.1 亿 t $CH_4$ 是来自自然湿地中的厌氧

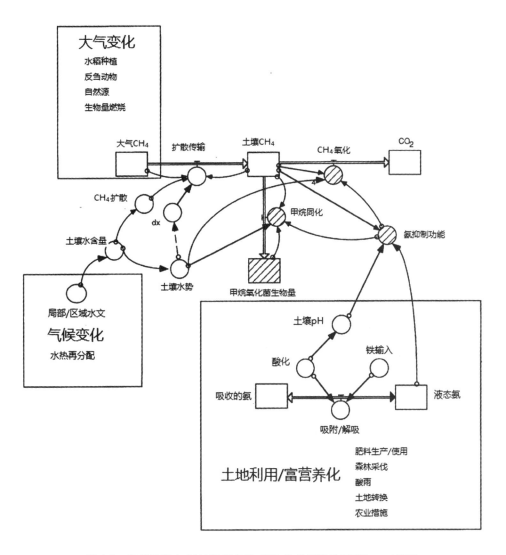

**图 1-9　气候变化与湿地温室气体 $CH_4$ 排放反馈关系**（King，1997）

分解，占全球 $CH_4$ 排放总量的 15% ~ 30%。高纬度泥炭湿地占自然湿地 $CH_4$ 总排放量的 50% ~ 60%，如加拿大湿地每年向大气中排放大约 350 万 t 的 $CH_4$，其中 66% 来自于中部的泥炭地（宋长春，2003；Moore，1995）。天然沼泽湿地和水稻田是大气中 $CH_4$ 的重要释放源，其额度占所有"源"的 40% 左右（IPCC，1996）。湿地土壤中过饱和的水分环境使得动植物残体分解缓慢，有机质含量丰富，为 $CH_4$ 的产生提供了良好的条件。据估计，全球自然湿地每年释放的 $CH_4$ 约为 1 亿 ~ 2 亿 t，平均为 1.15 亿 t/年。全球水田 $CH_4$ 释放量为 0.2 亿 ~ 1.5 亿 t/年，平均为 0.6 亿 t/年。它们分别占全球 $CH_4$ 总释放量（平均为 5.15 亿 t/年）的 22% 和 11%（蔡祖聪，1993）。

根据王明星（1993）等人估计，1988 年我国稻田 $CH_4$ 的排放量约为 1700 万 ± 200 万 t，

约占全国 $CH_4$ 总排放量 3500 万 ± 200 万 t 的一半。各种自然湿地 $CH_4$ 的排放量约为 220 万 t，约占全国 $CH_4$ 总排放量的 6% 左右。

## 三、海平面上升对湿地面积的影响

全球气候变化对于湿地面积的影响通过影响湿地水文情势及水循环过程进而对湿地面积消长产生影响。在高纬度地区冻土区、冰川分布地区及海岸带湿地区，气候变化导致湿地面积及分布变化的作用最为明显。

全球气候变化通过影响温度和降水格局、海洋和大气的循环、海平面上升、飓风和热带风暴的频率、强度、时间及分布等均可对海岸带湿地产生持续的影响，包括湿地水文、地貌、生物结构、能力和营养循环过程。海平面升高、热带风暴和飓风的频率、强度、时间和分布对海岸带湿地的格局和过程具有持续的影响（Michener et al.，1997）。

Nicholls 等（1999）考察了海平面上升对湿地丧失的影响。1990 ~ 2080 年间全球海平面预计将上升 38cm，到 2080 年海平面上升将导致全球 22% 的海岸湿地丧失，如果考虑到人类活动影响的因素，将有 70% 的海岸湿地丧失，其中由海平面上升导致的最大的海岸湿地丧失发生在地中海和波罗的海沿岸，其次为美国中部和北部的大西洋沿岸湿地，最后为加勒比海周边的海岛（图 1-10）。

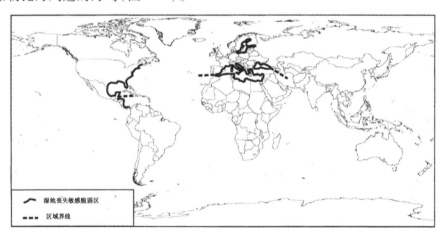

图 1-10 气候变化下最易丧失海岸带湿地分布（Nicholls et al.，1999）

在辽河三角洲地区，如果海平面上升 1m 且不加防护，上升的海水将淹没到 3 ~ 7m 高程处，海水深入辽河三角洲湿地内陆的最大宽度可达 70km，营口、盘锦两市在内的辽河三角洲南半部都将被淹没。辽河三角洲湿地被淹没的面积约为 46.67 万 $hm^2$，受害人口达到 327 万人（肖笃宁等，2001）。

海岸带与河口湿地中另外一个重要的湿地类型——红树林湿地对全球气候变化，尤其是海平面上升极为敏感。红树林生态系统出现在热带和亚热带的潮间带，是一个脆弱和敏感的生态系统，受到陆相和海相的双重影响，是全球气候变化影响的早期指示者。气候变化引起海平面升高的速率在 9 ~ 12cm/100 年时或超过红树林底质的沉积物速率时，红树林就会受到胁迫甚至消亡（卢昌义等，1995）。在仅有少量沉积物的石灰岩浅岛上，红树林生态系统可维持与海平面 8～9cm/100 年上升速率相平行，如果海平面上升速率为 9～12cm/100 年，红树林生态系统就会受到胁迫，超过此范围则红树林无法适应，在低岛上的红树林将受到毁灭性打击（Ellison et al.，1991）。此外降水格局变化导致河口区淡水输入情况的变化将对全球红树林的生长范围产生深刻影响。淡水输入主要通过影响红树林分布区土壤及水中的盐度进行调控红树林的生长及分布。红树林对盐度的要求具有一定的生态幅度，一些红树林植物在比较低盐度下出现最大生长值。如果红树林区域内降水量的变化足以导致土壤盐度或者水环境盐度发生变化，则红树林的盐度生态幅度将受到正或者负的影响，超过红树林生态幅度时，红树林将退化或者消亡。

## 四、对湿地水文情势的影响

气候变化将通过影响湿地分布地区降水、径流、蒸散发等过程影响湿地生态系统的水文情势。如在新疆艾比湖流域，1960～2007 年间影响入湖地表径流变化的主要气象因子是温度变化。1997～2007 年 11 年间径流量在气候变化的影响下增加了 14.92%。温度变化通过改变山区径流补给量而影响湖泊湿地生态过程，有利于艾比湖湿地的生态恢复（白祥，2010）。

20 世纪 90 年代气候变化是扎龙湿地乌裕尔河流域径流量减少的主要原因，其影响量约占径流减少总量的 60%，扎龙湿地蓄水量在 1956～2000 年间平均每年减少 1680 万 m³（刘大庆和许士国，2006）。在三江平原挠力河流域，1968～2005 年间挠力河年径流量的变化大约有 40% 归因于气候变化。气候变化对径流量影响的主导因素是降水量和蒸发量的变化，其中降水变化对宝清站和菜嘴子站径流量减少的贡献率分别为 43% 和 35%，蒸发量变化对两水文站径流量减少的贡献率为 10% 左右（姚允龙等，2010）。1961～2005 年间，呼伦湖湿地地区气候呈现暖干化趋势，导致呼伦湖湿地水资源短缺加剧，水位下降，湖面积明显萎缩，湖面积变化率为 –105.87km²/10 年。在 1999～2006 年间呼伦湖水面面积缩小了 410km² 以上，萎缩率达到 –339.41km²/10 年（赵慧颖，2007）。

## 五、对湿地生物多样性的影响

气候变化将对海洋、海岸湿地及河口湿地中鱼类产生重要影响，影响包括气候变化导致鱼类耗氧率增加、觅食和迁移模式改变、热带珊瑚礁中鱼类群落的改变（Roessig et al.，2004）。全球气温升高将导致珊瑚白化。短期的水温升高 1～2℃ 将引起珊瑚白化，如若升高 3～4℃ 将显著引起珊瑚死亡，而重建这些珊瑚将需要几个世纪的时间（Bergkamp and Orlando，1999）。

## 六、对湿地生态功能影响

固碳作为湿地生态系统一个重要的生态功能，在全球气候变化背景下将如何变成目前是利用湿地汇碳减排研究中的热点问题。大气中 $CO_2$ 浓度的升高、气温升高和降水格局变化等已经严重地影响了湿地高等植物的生理生态过程，改变了湿地高等植物的初级生产力。$CO_2$在大气中不断增加，并通过植物光合作用及其他生理代谢作用，在一定程度上影响了湿地高等植物的生长状况和物质积累。气候变暖改变了一些地区的降水格局，从而影响了这些地区湿地的水文情势，使湿地水位波动的频率和幅度不断增加，直接影响了湿地高等植物的初级生产力。温度升高严重影响了氮的矿化速率以及矿质氮的转化过程，直接影响土壤的供氮能力，进而影响湿地高等植物的初级生产力（郭雪莲等，2007）。

全球气候变化对湿地生态系统碳源汇功能转化影响的另一重要方面是对湿地中枯落物分解过程影响。湿地生态系统中枯落物分解速率的高低在很大程度上影响着湿地生态系统中碳的释放过程及速率。在众多气候因素中，气温和降水对分解过程影响较为深刻。一般而言，分解速率随气温升高而增加。降水主要是通过影响淋溶过程和分解者活性而作用于分解过程。一般而言，降水对枯落物分解存在正效应，降水越多，枯落物分解就越迅速。然而目前也存在一些相反的结果。枯落物的分解状况主要取决于气温和降水（湿度）的对比关系（湿热比），当温度相对于湿度很高时，分解迅速（孙志高和刘景双，2007）。

气候变化对加拿大的泥炭地及储藏在泥炭中的碳具有重要影响。据估计，加拿大大约有97%的泥炭地分布在北极和亚北极区域，其中储藏的碳约为147Gt。预计在21世纪末，这些区域年平均大气温度将上升 3 ~ 5℃，这将影响到 67.6 万 $km^2$ 的泥炭地中的 750.5 亿 t 有机碳。气候变暖主要影响泥炭地中的干湿过程，最终泥炭中大部分有机碳将以 $CO_2$ 和 $CH_4$ 的形式释放到大气中，并加剧全球气候变暖过程（Tarnocai，2006）。

# 第四节    我国湿地分布地区气候变化的区域差异

我国是世界上湿地资源最为丰富的国家之一，湿地类型多样，分布广泛，在全球气候变化背景下，湿地分布区的气候变化特征迥异，并对我国湿地的空间分布格局及湿地结构、过程及功能造成影响。不同的气象因子将成为影响湿地生态系统功能的主要驱动因子，主要为气温与降水。我国湿地分布区气候变化特征表现出空间及时间尺度上的不对称性。根据对全国 30 个湿地分布区气象站点监测资料统计显示，在过去的 50 多年中，主要的湿地分布区气温均呈现出增温趋势，平均增温幅度为 0.354℃/10 年，呈现出不对称增温态势，年最低气温比年最高气温具有更高的增温速率，分别为 0.48℃/10 年和 0.11℃/10 年。降水未与气温呈现出同步增加趋势，30 个监测点中，降水量增加的地点为 10 个，平均幅度为 15.71mm/10 年；降水量减少的地点为 13 个，平均幅度为 −16.07mm/10 年，另有 7 个地点降水量变化无资料。气温及降水的不同步性变化导致绝大部分湿地中风速减小，蒸散量降低。

# 一、东北地区

东北地区是我国纬度位置最高，经度位置最偏东，并显著向海洋突出的地区。东北地区 1959～2008 年 50 年来平均气温在整体上呈现明显的波动上升趋势。年平均气温的最低气温出现在 1969 年，为 2.83℃，最高气温出现在 2007 年，为 6.53℃。从年平均温度的空间分布上讲，全区的温度自北向南逐渐升高。位于吉林省延边朝鲜族自治州安图县和白山市抚松县境内的长白山，其温度全区最低。其次，位于内蒙古牙克石市境内的图里河镇是东北地区温度较低的区域。图里河镇气候严寒，春季干旱多风，夏季温凉短促，秋季转瞬即逝，冬季严寒漫长。根据对气象资料的整理可知，东北地区从 1959～2008 年 50 年的年平均气温为 −5.17℃，50 年来最低气温出现在 1969 年，温度为 −6.9℃（图 1-11）。年平均气温的最高值分布区在辽宁省南部，最高气温出现在瓦房店市，50 年来的年平均气温为 10.97℃。

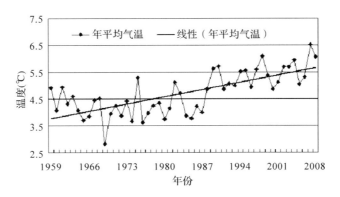

**图 1-11　东北地区过去 50 年中气温变化**

东北地区在 1959～2008 年 50 年间的平均降水量总体上呈现降低趋势，年降水量分布呈现自西向东、自北向南逐渐增加的趋势。温暖指数（WI）是所有月平均气温高于 5℃的综合。在 1958～2008 年间，WI 值在 7.298～95.802℃·月，WI 值的变化趋势呈现出东北—西南方向展布，位于东北地区北部及东北部的大兴安岭、小兴安岭东北部、三江平原东北部、长白山一带 WI 值较低，越向西南沿海地区 WI 值越高。寒冷指数（CI）是所有月平均气温低于 5℃的综合，在 1958～2008 年间，CI 值在 −154.337～ −24.160℃·月之间，CI 值从北向南逐渐升高，位于东北地区的大兴安岭、小兴安岭大部、三江平原东北角、长白山一带 CI 值较低，越向西南沿海地带，CI 值越高。干燥度指数 K 是年降水量与 WI 的比值，在 1958～2008 年间，K 值在 3.103～50.281 mm/（℃·月）范围内，最低值出现在呼伦贝尔市西部的新巴尔虎右旗，最高值出现在长白山。东北的半干旱地区为呼伦贝尔西部、白城市、通辽市、赤峰市一带。东北地区的北部、东北部、西南部温润程度较高。

## （一）额尔古纳河流域

额尔古纳河是我国与俄罗斯之间的边界河流，流域中的湿地是我国最北部、高寒、面积最大的湿地，国内总面积为 15.77 万 $km^2$，对呼伦贝尔草原和大兴安岭山地的生态安全具有重要意义。对流域内新巴尔虎左旗、新巴尔虎右旗、满洲里、陈巴尔虎旗、鄂温克旗和海拉尔 6 个气象站过去 48 年的气象资料监测表明，50 年来额尔古纳河流域全年及四个季节平均气温变化总体趋势为波动中上升，上下游平均气温变化趋势一直，且上游各时段平均气温均高于下游，增温幅度为冬季、春季、全年、夏季、秋季。上下游增温幅度比较，夏季、冬季和秋季上游较大，气候倾向率分别为 0.56、0.69、0.51℃/10 年；春季和夏季下游较大，气候倾向率分别为 0.57、0.47℃/10 年。50 年来额尔古纳河流域全年和 4 个季节降水量变化总体趋势有微弱的减少趋势，减少趋势较为明显的季节为夏季、全年。下游各时段降水量均多于上游，各时段降水量的气候倾向率为 −3.94 ~ 0.52mm/10 年；自 1972 年以来，额尔古纳河流域蒸发量变化总体减少趋势明显，全年、春季和夏季减少趋势更加显著，冬季和秋季具有微弱的增加趋势，上游各时段蒸发量均多于下游，全年、春季和夏季蒸发量的气候倾向率分别为 −41.26、−29.02 和 −19.022mm/10 年；额尔古纳河流域的气候要素变化，整体上具有明显的暖干化趋势，趋势整体上与我国东北地区一致，但是气温与降水量变化幅度较大，有明显的局地特征（顾润源等，2011）。

### （二）三江平原

三江平原位于黑龙江省东北部，是我国淡水沼泽湿地集中分布的主要地区之一。在过去的几十年中，三江平原气候发生显著改变，并成为湿地生态系统结构、过程及功能发生变化的重要驱动因素之一。1955 ~ 1999 年间，通过对三江平原 21 个气象台站的气温、降水进行监测分析表明，整个三江平原地区都是气温升高区，最大的增暖中心分布在北部平原区，另一个较小的增暖中心分布在南部山区，最大倾向值分别为 0.05℃/年和 0.048℃/年。三江平原地区两侧山区的倾向值均小于 0.035℃/年，最小的倾向值出现在三江平原最西部的依兰一带，为 0.026℃/年。三江平原地区 45 年来变暖 1.2 ~ 2.3℃，全区平均倾向值为 0.039℃/年，远远超过东北区域 0.02℃/年和黑龙江省北部 0.03℃/年的增温趋势。

从 1988 年开始，三江平原的年平均气温的距平都为正值，即三江平原的增温状况在近 12 年中一致处于较稳定状态。三江平原地区最高和最低年平均气温出现年份在东北区域的情况相同，但是三江平原地区 1969 ~ 1990 年的最大正、负距平较差值高达 +3.8℃，比同期东北区域的较差值大 +0.7℃，表明三江平原是东北区域增温幅度最大的地区之一。

三江平原绝大部分地区的年降水在 45 年中都呈现出减少趋势。降水减少中心位于三江平原平原地区。降水减少中心倾向值为 −2.0mm/年以上，最大值为 −2.5mm/年。在三江平原地区，只有东西两侧边缘地区降水是增加的，而且增加中心的强度仅为 +1.0mm/年，与东北其他地区的资料相比，三江平原地区是降水减少相对最多的地区。

### （三）扎龙湿地

扎龙湿地为典型的河滨湿地，位于北方大陆季风气候控制区，具有外在的时空特征和内在的脆弱性特征，对全球气候变化和区域环境环境要素改变以及人类活动的扰动都非常敏感。20 世纪 80 年代以来,扎龙湿地气温总体上呈现明显的上升趋势,其中,80 年代平均气温比 1961～1980 年高出 1.2℃,90 年代升高了 1.8℃。根据 Kendall 秩次相关检验,气温上升趋势明显(王兴菊,2008),气温变化倾向率为 0.207℃/10 年。通过对富裕、泰来等气象站 1957～2002 年最高、最低气温的变化特征分析结果表明,最高、最低气温存在明显的不对称变化,在部分时段还存在反向变化趋势,最低气温的变化存在明显的气候突变的特征,倾向率为 0.84℃/10 年,反映出气候变暖是以最低温变暖为主要特征的。这种极端气温的不对称变化,使该区域的气温日较差有着明显的递减趋势。R/S 分析表明最高、最低气温的变化存在明显的突变现象,1987 年是气温的突变点(柏林等,2011),表明该区域气候变暖有趋于减缓的趋势(图 1-12)(孙石和王昊,2006)。

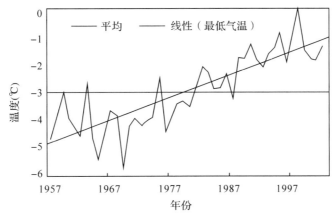

**图 1-12　扎龙湿地近 50 年气温变化**

　　扎龙湿地 1951～2008 年间年平均降水量波动较大,降水曲线峰值趋于下降,说明降水在减少。春秋两季降水变化与全年变化相比变化较小,冬季降水波动小。降水量极值变化范围比较小,对全年降水变化的影响最小。夏季降水波动最大,降水量站全年降水的比重最大,对全年降水变化的范围最大(柏林等,2011)。

# 二、华北地区

## (一)白洋淀

　　白洋淀是我国北方最为典型和最具有代表性的湖泊和草本沼泽湿地,也是华北地区最大的天然淡水湖泊湿地和重要的生态功能区,对于调节华北地区气候、调蓄洪水、维持区域生态环境具有重要意义,被誉为华北之肾。近年来,在气候变化和人类活动的双重影响下,白洋淀生态系统明显退化,气候向暖干化方向发展,湿地干旱次数增加(图 1-13)。白洋淀湿地多年平均降雨量大约为 518mm,降水年际波动较大,呈现出一年高,一年低的趋势。1955～2011 年间,湿地区年降水量呈下降趋势,尤其是 2000 年以后,降水量显著减少(图 1-14)。

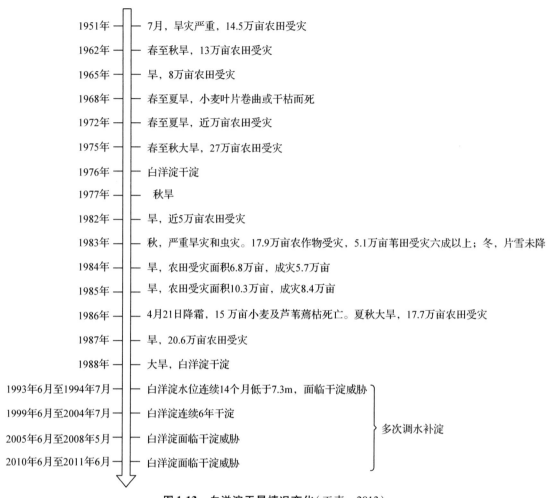

|  |  |
|---|---|
| 1951年 | 7月，旱灾严重，14.5万亩农田受灾 |
| 1962年 | 春至秋旱，13万亩农田受灾 |
| 1965年 | 旱，8万亩农田受灾 |
| 1968年 | 春至夏旱，小麦叶片卷曲或干枯而死 |
| 1972年 | 春至夏旱，近万亩农田受灾 |
| 1975年 | 春至秋大旱，27万亩农田受灾 |
| 1976年 | 白洋淀干淀 |
| 1977年 | 秋旱 |
| 1982年 | 旱，近5万亩农田受灾 |
| 1983年 | 秋，严重旱灾和虫灾。17.9万亩农作物受灾，5.1万亩苇田受灾六成以上；冬，片雪未降 |
| 1984年 | 旱，农田受灾面积6.8万亩，成灾5.7万亩 |
| 1985年 | 旱，农田受灾面积10.3万亩，成灾8.4万亩 |
| 1986年 | 4月21日降霜，15万亩小麦及芦苇蒹枯死亡。夏秋大旱，17.7万亩农田受灾 |
| 1987年 | 旱，20.6万亩农田受灾 |
| 1988年 | 大旱，白洋淀干淀 |
| 1993年6月至1994年7月 | 白洋淀水位连续14个月低于7.3m，面临干淀威胁 |
| 1999年6月至2004年7月 | 白洋淀连续6年干淀 |
| 2005年6月至2008年5月 | 白洋淀面临干淀威胁 |
| 2010年6月至2011年6月 | 白洋淀面临干淀威胁 |

多次调水补淀

**图1-13 白洋淀干旱情况变化**（王青，2013）

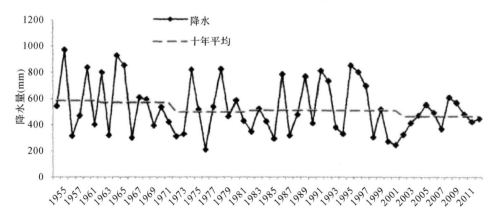

**图1-14 1955～2011年白洋淀降水量变化**（王青，2013）

1956～2010 年间，白洋淀地区气温呈现明显的上升趋势。气温上升主要包括三个阶段：1961～1965 年和 1971～1975 年间气温上升幅度不大，1981～2010 年间增温趋势显著，1966～1970 年和 1976～1980 年间气温具有小幅下降趋势，但是并没有影响到整体的增温趋势，1956 年白洋淀地区年平均气温为 12.8℃，2007 年年平均气温最高，达到14.2℃。1996～2000 年平均温度比 1961～1965 年的平均气温高 1.13℃，1980 年以后，气温明显高于多年平均气温(田美影等，2013；刘春兰等，2007)。气候变化不仅成为白洋淀区湿地生态系统退化的主要驱动因素，同时对于白洋淀上游地区入淀水量的减少具有重要贡献。如气候变化对于汤和上游地区径流量减少的贡献率为 38%～40%(胡珊珊等，2012)。

### (二)海河流域湿地

海河流域是华北地区重要的湿地分布区，流域内广泛发育了河流及湖滨淡水沼泽湿地。海河流域湿地在过去的几十年中严重退化，其中气候变化是主要驱动因素之一。1957～2008 年间，海河流域温度呈现缓慢上升趋势，温度升高，区域气候趋暖变干，在强烈的蒸发作用下，湿地周围区域干旱化，降水量在 51 年中有增有减，变化没有明显规律，但是该气候带的年均降水量呈下降趋势(图 1-15)。

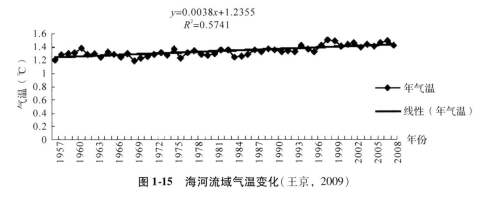

**图 1-15　海河流域气温变化**(王京，2009)

## 三、长江中下游地区

### 洪泽湖湿地

洪泽湖是我国五大淡水湖之一，洪泽湖湿地是淮河流域最大的湖泊类型湿地。根据1979～2000 年的气象资料监测结果表明，近 31 年来洪泽湖湿地四季及年平均气温普遍升高，其中冬季升幅最大，冬季增温达到 0.69℃/10 年，冬春两季升温幅度要大于夏秋两季，年平均气温的升高主要是由于冬春秋季节平均气温的升高引起的，增温主要始于2000 年。

该区域近 31 年来的降水量呈现增加趋势，在春、夏、冬季全年均呈现出上升趋势。夏季增加相对其他三个季节更加明显，降水量的线性变率达到 26.80mm/10 年，说明降水量的增加主要是由于夏季降水量增加引起的，但是秋季降水量呈现下降趋势，线性变率达到 -15.36mm/10 年。

蒸发量在四季及全年均表现出下降趋势，均通过显著性水平检验。蒸发量的变化趋势与降水量的变化趋势大致相反，在气温普遍升高的前提下，降水量作为蒸发量的主要物质来源，其变化趋势在很大程度上决定了蒸发量的变化（表1-2）。

**表1-25    洪泽湖1979~2000年气象因子变化**

| 项目 | 春 | 夏 | 秋 | 冬 | 全年 |
|---|---|---|---|---|---|
| 气温趋势（℃/10年） | 0.554** | 0.25 | 0.46** | 0.69** | 0.48** |
| 降水量趋势（mm/10年） | 6.46 | 26.80 | -15.36 | 4.92 | 25.23 |
| 蒸发量趋势（mm/10年） | -46.13** | -60.82** | -26.69** | -17.29** | -154.72** |
| 湿度趋势（%/10年） | -1.40 | -0.97 | -1.00 | -0.17 | -0.84 |
| 日照趋势（h/10年） | -29.95* | -77.48** | -45.24** | -40.17 | -196.93** |

**：$P < 0.01$；*：$P < 0.05$。

# 四、蒙新地区

## （一）呼伦湖湿地

呼伦湖是我国第五大淡水湖，湖滨周边的湿地对于维持区域生态环境安全具有重要作用。近几十年来，随着气候变暖变干及人类活动的加剧，周边湿地萎缩退化。根据满洲里、新巴尔虎左旗和新巴尔虎右旗三个气象站1959~2005年的气象资料监测表明，呼伦湖区域年平均气温增高趋势明显，20世纪70年代至2005年基本上呈正距平，1986年是累积距平值由负变正的转折点。从1986年开始气温发生了突变，增温速度加快，进入90年代后累积距平曲线更为陡直，说明升温幅度进一步加大。气温的升高，加大了湖面的蒸发量和周边地区生态环境的需水量，使该地区干旱化趋势加剧，极有可能导致呼伦湖以及周边地区生态环境的恶化。

呼伦湖区域年降水量距平百分率呈湿—干—湿—干周期性变化。1967年之前为多雨期，1968~1981年为少雨期，1982~1998年又转入多雨期，1999年至今为极干燥的少雨期，并从1999年以后，减少趋势明显加快。经过周期性变化分析，存在11年和22年的周期。降水量的累积距平变化，主峰值出现在1998年，次峰值出现在1964年，1998年以后降水量从590mm急剧减少到177mm，目前正处于干旱少雨期。

## （二）内蒙古东部

对内蒙古东部地区1951~2004年温度和降水资料分析表明，近54年来东部地区温度呈现显著升高态势，降水量波动性较大，总体上呈缓慢增加趋势，但是趋势不明显，属于气候自然波动的范围。然而1998年至本世纪降水量呈下降趋势，并存在11年和22年的周期性变化。无论是温度还是降水，目前都处于高气候变率时期，致使极端气候事件呈增加趋势，气候呈暖干化趋势（白美兰等，2006）

## （三）罗布泊周边湿地

罗布泊绿洲与塔克拉玛干沙漠相接，分布有零星的湿地，为周边的生物提供了宝贵的栖息地环境，周边的阿尔金山也是我国高山湿地重要的分布地区之一。对罗布泊周边库姆塔格沙漠的监测表明，在过去的50年中，当地平均气温具有明显的上升趋势，尤其是在 1985 年之后，增温趋势进一步加强，在 20 年时间内上升了 1℃ 左右，表明在全球变暖的大背景下，库姆塔格沙漠及其周边地区的年平均气温呈现明显的上升趋势，且上升幅度明显大于全球平均值。近 50 年来降水量在平稳波动中呈现出上升趋势，表明该地区逐渐暖湿化（杨海龙，2011）。

### （四）博斯腾湖泊湿地

博斯腾湖湿地属于温带大陆性气候，在过去的几十年中，博斯腾湖湿地逐年平均气温呈明显的上升趋势。20 世纪 60、70、90 年代的平均气温分别为 7.9℃、8.1℃ 和 9.3℃，增温主要发生在秋冬两季。博斯腾湖湿地降雨量具有周期性变化，1960～1966 年为多水期，1981 年以后进入一个新的多水期，降水增加显著（何瑛，2005）。

## 五、西南地区

### （一）若尔盖湿地

若尔盖湿地地处黄河上游，青藏高原东北，是我国第一大高原泥炭沼泽湿地，也是世界上最大的高原泥炭沼泽，对于气候变化更加敏感。自 1957 年以来，多年平均气温具有明显的升高趋势，其中秋季和冬季增温更加显著。多年平均降水量略呈减少趋势，蒸发量增大，呈现出暖干化态势。平均最高气温、平均最低气温和平均 0 厘米地温年内季节变化曲线都与平均气温年内季节变化曲线相似，变化特征及步调基本相同。1982～2003 年间，若尔盖地区年平均气温、年平均最高气温、年平均最低气温和平均 0cm 地温都呈现增加趋势，而年总降水则呈现出波动性减少趋势。1982～2003 年若尔盖湿地年平均气温为 1.7℃，其中最大值出现在 1998 年，为 2.5℃，最小值出现在 1992 年，为 0.9℃，22 年来增加了 14.5%，平均增加值为 0.014℃／年。若尔盖湿地 22 年年平均最高气温为 9.7℃，最大值为 1987 年的 10.8℃，最小值为 1997 年的 8.6℃，也呈现出逐年上升的趋势，增加速率为 0.010℃／年，22 年共增加了 2.3%。年平均最低气温变化趋势与年平均气温和年平均最高气温变化趋势一致，呈逐年增加趋势，1982～2003 年增加了 11.2%，22 年年平均最低气温为 -4.5℃，其中 1988 年 -3.5℃ 是 22 年中最高值，而 1997 年的 -5.3℃ 是 22 年中的最小值。1982～2003 年若尔盖湿地年平均 0cm 地温是 4.8℃，最大值为 2003 年的 7.7℃，最小值为 1982 年的 3.8℃，呈现出逐年上升趋势，年增加幅度为 0.013℃／年，22 年来增加了 6%。若尔盖湿地年总降水量为 664mm，降水呈现逐渐减少的趋势，年减少量为 3.2mm／年，22 年共减少了 10.5%（图 1-16）（严晓瑜，2008）。

### （二）纳帕海高原湿地

纳帕海湿地及其集水流域位于中国生物多样性三大特有中心之一的横断山区，属于国际重要湿地，是西南乃至我国生物多样性保护的重要区域。然而在过去的几十年中，气候变化叠加人类活动导致本地区湿地生态系统受到严重破坏。根据纳帕海地区香格里拉气象站 1993～2006 年各月降水数据统计，年降水多年际变率仅为 0.16，但是 10～5 月的各月降水多年际变率都在 0.7 以上，6～9 月的各月降水多年际变率在 0.3～0.4 之间波动。1993～2006 年间可划分为 1993～2002 年平偏丰水年，2003～2006 年连续偏枯

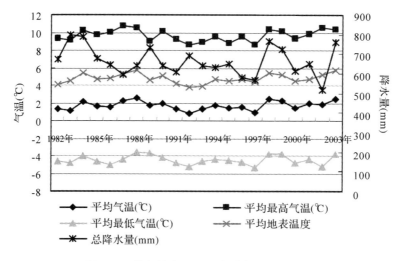

**图 1-16　若尔盖地区近 20 年来气候因子变化**

年，其中 2000 和 2002 为明显的丰水年。纳帕海地区降雨量变化并不明显（李杰等，2010）。

# 六、西北地区

## （一）甘南高原黄河源区

甘南高原地区湿地是黄河的重要水源区，也是对气候变化极为敏感和脆弱的地区。对玛曲、合作、临潭、夏河、碌曲、卓尼 6 个气象站 1957～2004 年的气象资料分析表明，该区域气温年际变化呈现显著上升趋势，气温变化的线性拟合倾向率在卓尼最大，为 0.57℃/10 年，夏河、玛曲、合作和碌曲次之，在 0.30～0.36℃/10 年，临潭最小，为 0.23℃/10 年。增温速度均大于全国增温速度。气温年际变化趋势从 1980 年后持续上升，突变点发生在 1970～1980 年间。

气温的季节性变化中，冬季气温变化曲线拟合倾向率最大，在 0.39～0.64℃/10 年之间，秋季为 0.28～0.55℃/10 年之间，春季最小，在 0.09～0.49℃/10 年之间。增温率以冬季最大，1980 年以后，气温年际变化趋势持续上升，平均气温增暖趋势与西北、青藏高原和其他地区变暖趋势基本一致，但是增暖时间提早。

除了夏河降水量年际变化不明显之外，其余各地年降水量均呈现下降趋势，倾向率在 -22.6～-9.6mm/10 年之间，其中递减最快的为卓尼，最慢的为临潭，卓尼、碌曲和玛曲的递减速度大于全国年降水量递减率（-12.69mm/10 年）。合作 1980 年之后降水量减少，突变点发生在 1980 年，临潭突变点为 1986 年，玛曲突变点为 1990 年，碌曲和卓尼突变点为 1990 年。

降水量的季节变化中，除了夏河之外，秋季降水量呈现出一致的递减趋势，且递减率较大，在 -4.0～-16.3mm/10 年之间，春季降水量递减率较小。夏季降水量玛曲、临潭呈现增加趋势，合作、碌曲、卓尼降水量递减率在 -4.1～-17.7mm/10 年之间，冬季降雪量呈一致的递增趋势，递增率在 0.5 ~ 1.4mm/10 年之间。该区域降水量递减以秋季降水量递减为主（姚玉璧等，2007）。

**（二）青海湖流域**

青海湖流域处于我国东部季风区，西北干旱区和西南高寒区的交汇地带，属于高原半干旱高寒气候区，受全球变化的影响显著。对 20 世纪 80 年代青海湖流域气候变化研究表明，青海湖流域气候变化主要表现在气温和降水的变化。近年来，青海湖流域气温增幅较为明显，其中以秋冬两季增温最为显著。20 世纪末较 20 世纪 80 年代平均气温上升了 1.26℃，尤其以秋冬温度变化最为明显，增温达到显著性 $P < 0.01$ 水平。20 世纪 80 年代以来，青海湖流域降雨量呈下降趋势，蒸发剧烈，干燥度呈缓慢上升趋势。过去的 20 年间，1988 年降雨量最大，达到 458.8mm，1990 年降雨量最小，为 263.1mm，20 世纪 90 年代降雨量明显低于 20 世纪 80 年代（马瑞俊和蒋志刚，2006）。

# 七、青藏高原地区

青藏高原近 50 年来大部分站点气温都呈增温趋势。其中仅青海河南站呈降温趋势，趋势为 -0.24℃/10 年。西藏中部的拉萨、那曲及南部的定日、青海西北部的格尔木、德令哈和茫崖等 10 个站点增温幅度高达 0.5 ~ 0.9℃/10 年，西藏狮泉河、青海治多、昌都一代和五道梁至治多地区等 18 个站点增幅为 0.3 ~ 0.4℃/10 年，青海东南部的久治和玉树等 5 个站点增幅为 0.3 ~ 0.4℃/10 年。1961 ~ 2007 年间，青藏高原呈现出显著增暖趋势，年平均气温以 0.37℃/10 年的速率上升，气候变暖在夜间较白天明显，且冬季较其他季节明显。近 50 年高原年平均最高气温、最低气温都呈显著增加，其中平均最低气温 0.44℃/10 年的升温趋势大于平均最高气温 0.33℃/10 年的升温趋势，表明气温总体上呈现出升高的趋势，高原气温变率要大于中国其他地区。

气温升高存在空间上的差异。青藏高原气温升高的时间及其持续时间存在区域差异。最早进入暖区的地区是藏东南的波密、林芝一带，其次是雅鲁藏布江河谷及其周围地区，西藏西部的狮泉河、改则等地区。青藏高原的年平均最低气温大部分呈增加趋势，主要分布在柴达木盆地西部、可可西里和阿里地区以及西藏的中部。气温降低的趋势主要发生在高原东部的局部地区（图 1-17）。

在同一季节或年平均来看，增温率一般随着海拔高度升高而增大。500m 以下的台站的温度几乎没有变化趋势。在海拔 3000 ~ 4000m，高原的北侧和西侧变暖趋势随海拔高度增加而减少。总体上 33°N 以北和以南的测站温度，分别遵循海拔高度每增加百米降温 0.34℃ 和 0.64℃ 的规律。

1961 ~ 2007 年期间青藏高原大部分站点降水呈现增加趋势。其中青海东部的河南、久治和班玛 3 个站点呈现负增长趋势，幅度为 -15 ~ -5mm/10 年；青海玉树、西藏日喀则和狮泉河等 5 个站点增幅为 -5 ~ 0 mm/10 年；西藏定日、波密和青海德令哈等 4 个站点增幅高达 20 ~ 52mm/10 年；青海西北部的治多、格尔木及其周边站点，东南部地区 11 个站点增幅为 0 ~ 5mm/10 年；西藏中部、青海中部及北部 15 个站点增幅为 10 ~ 20mm/10 年；青海治多及北部祁连等 9 个站点增幅为 5 ~ 10mm/10 年（图 1-18）。

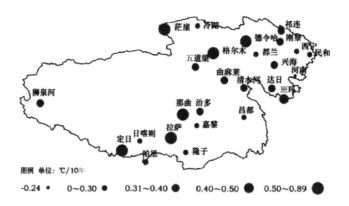

图1-17　青藏高原地区1961～2010年平均气温的增温变化分布

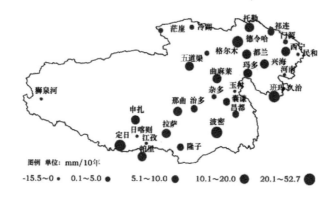

图1-18　青藏高原地区1961～2010年平均降水的增幅变化分布

20世纪50～90年代初期青藏高原平均降水减少主要是由于夏季降水量减少引起，90年代中后期开始明显增加，尤其是21世纪初降雨量增加明显。高原降雨量主要发生在5～9月。1961～2007年间，青藏高原降水呈减少趋势的站点主要分布在青海东部地区，以及西藏东南部的狮泉河和南部的江孜地区。青海的东南部和西藏的西部地区增幅较小，西藏中部和青海中北部增幅次之，高原东南部增幅较大，降水量呈东南向西北逐渐递减的分布规律。1961～2000年，西藏除了阿里地区降雨量呈现减少趋势之外，大部分地区降水转变为增加趋势。西藏和青海的柴达木盆地呈增加趋势，且增加幅度都比较大，高原上高海拔地区的降水在减少，而低海拔地区的降水在增加（韩国军等，2011）。

### （一）江河源区

青藏高原长江江源地区终年气候寒冷，年均气温一般只有－5.5～4℃，大部分地区年平均气温低于0℃，月均正温期只有5个月（5～9月），楚玛尔河流域五道梁一带仅6～9月份为正温期，曲麻莱以东、玉树地区正温期达到7个月。在江源地区中部的沱沱河沿岸年平均气温为－4.2℃，绝对最低温度为－33.8℃，冻结期长达7个月。

然而随着过去50年来全球变暖的趋势加强，青藏高原温度升高已经成为不争的事实，温度的升幅也显著大于全国平均水平。长江源区的年平均气温从20世纪60年代开始缓慢上升,1991～2001年温度平均值比1991年以前30多年的平均值上升了0.2～0.88℃,平均上升0.39℃;近10年,平均气温比20世纪60年代增加了1.42℃。该地区20世纪40年代气温较低,50年代和60年代中期气温较高,70年代中期气温下降到近70年来的最低值,80年代仍然处在一个低温期,然而90年代以来气温急剧升高的趋势延续到了21世纪初期。格拉丹东冰芯的气温纪录显示,20世纪70年代以来的增温率(0.5℃/10年)要明显高于格拉丹东地区和北半球,而90年代以来的增温率(1.1℃/10年)约为70年代以来的2倍,表明近期增温有加速的趋势,且高海拔地区对全球变暖的响应更为敏感。

　　不同月份气温的升温幅度也不相同,江河源区各月温度的升降变化存在较大差异。长江、黄河源区升温幅度年内最大的时段是春末夏初5、6月和下半年的9～11月,温度平均上升0.9℃,大于年均温度升高幅度,而年内温度最高的7～8月份升温幅度并不大,平均上升近0.4℃,小于年均温度上升幅度,因此从总体上来说,长江江源区冬半年气温升高幅度较大,呈现出气候暖干化的变化趋势。

　　长江江源地区降水主要来自孟加拉湾暖湿气流,年降水量自东南向西北递减,年降水量200～400mm,5～9月降水量占全年的90%～95%。由于源区的年平均气温在0℃以下,最暖月气温也只有4～10℃,降水、蒸发变化不明显,固态降水占很大比重。对长期的气象资料分析表明,降水近50年来的长期变化总体上不明显,而在近10年的降水有明显增加趋势。

　　洮河流域地处青藏高原东部,为黄河水量较大的一级分支,全流域面积为25527km²,干流全长673km。流域上游地区中分布有大量高原湿地,对黄河水文情势变化具有重要意义。对流域40多年的气象资料分析表明,由于受气候变化影响,过去40多年中,流域气温呈缓慢上升趋势,上升的线性斜率为0.02℃/年,这种变化趋势尤以19世纪80年代和90年代最为明显。90年代降水比80年代减少10.2%。流域上游甘南高原气温从1962年起开始处于缓慢上升之中,尤以80和90年代上升最快,80年代比70年代升高0.5℃,90年代比多年平均升高0.6℃(张济世等,2003)。

### (二)藏北高原湿地

　　藏北高原是青藏高原重要的畜牧业生产基地,虽然湿地面积在此区域中极小,但是作为对气候变化最为敏感的生态系统之一,湿地的变化对研究全球气候变化背景下高原生态系统演变趋势具有良好的指示作用。对藏北地区7个气象站点的气象资料分析表明,2001～2008年平均气温呈现升高趋势,升温幅度在0.56～1.36℃/10年之间,其中东部的索县和比如的升温最为显著,显著高于1961～2000年升温0.28℃/10年的结果,说明近年来藏北地区气温升高的速率在逐渐加快。这导致本地区冰川消融,湖泊面积扩大,部分草地转变为湿地,湿地面积增加。降雨量的增加在7个气象站点中并不一致。东、中部地区的5个气象站点呈现不显著的减少态势,西部地区的班戈、申扎的年降水量呈现显著增加趋势,说明藏北高原东部和中部地区呈现暖干化趋势,西部地区表现为暖湿化特征(宋春桥等,2011)。

### (三)柴达木盆地克鲁克湖流域

对克鲁克湖巴音河流域研究表明，1989～2006 年间，年平均气温以 0.85℃/10 年的速率升高，与年平均气温(1971～2000)标准气候值 3.7℃ 相比，只有 1989 年和 1992 年偏低 0.1～0.3℃，其余年份偏高幅度为 0.3～2.1℃。该阶段年降水量偏多 18.3%，在 1996 年以前呈下降趋势，1997 年后呈增加趋势，与年降水量标准气候值 164.2mm 相比，1994～1996 年、1999 年、2001 年降水偏少 3.4%～5.5%，2006 年偏少 13.7%，1989、2002 和 2004 降水偏多幅度达到 72%～82.1%，其余年份偏多 6.9%～37%。水面蒸发量以 137.3mm/10 年趋势减少(伏洋等，2008)。

# 第二章　湿地分布对气候变化的响应

## 第一节　气候变化与湿地发育

### 一、气候与沼泽湿地发育的关系

　　湿地是气候因素与其他环境因子相互作用的综合自然体。水热条件在空间及时间上不同的组合是沼泽湿地形成、发育和发展的决定性因素。水热条件的差异决定着湿地中植被类型组成、土壤条件、枯落物分解等主要的生态过程、结构与功能。大气热量和温度状况主要由气候决定，地表水分状况除了与地貌条件有关外，很大程度上取决于气候条件，气候因子中的降水量与温度不同组合形式是地表自然界景观千差万别的基础，也是沼泽形成发育及不同生态特征差异的控制因素（赵魁义，1999）。

　　沼泽的分布具有广泛性和不平衡性。一方面从热带到极地，从沿海到内陆、从平原到山地都发育沼泽，表现了分布的广泛性；另一方面，沼泽分布又具有不平衡性，在干旱条件下，沼泽很少发育，即使发育其规模也不大，而在降水量大于蒸发量的过湿地带湿地则广泛分布，不仅在负地貌中发育，并且也可以发育在河间地，甚至是分水岭上（黄锡畴，1988）。

　　区域气候对沼泽发育具有控制作用，水热状况的地带性差异导致高位沼泽湿地的分布与气候状况具有密切联系。高位沼泽发育典型、分布广泛的地区一般局限在大陆西岸海洋性气候区，大陆性比较强的大陆东部则很少发育（杨永兴，1988）。典型的高位沼泽发育区多分布在年均温0℃左右，最热月气温不超过20℃，湿润系数大于1的地区。我国高位沼泽分布与北美大陆泥炭藓高位沼泽分布规律相符合，都分布在7月气温≤20℃、湿润系数≥1.0的山地。藓类高位贫营养沼泽和草本低位富营养沼泽的分布具有明显的地带性分异。在欧亚大陆和北美大陆的寒温带，具有潮湿寒冷的气候（年平均气温低于10℃），以及冰川地貌、冻土等因素，因此泰加林地带成为高位藓类沼泽广泛分布的地带。如美国明尼苏达州东北部广泛分布泥炭藓沼泽就与这里的冷湿气候有关。北欧、俄罗斯平原的北部和西西伯利亚低地就是这类沼泽集中分布的地区，如西西伯利亚低地沼泽率高达40%～50%。我国三江平原地区气温相对较高（年平均气温1.5～2.5℃，7月平均气温21.0～21.9℃）、年降水量（501.9～594.0mm）、湿润系数小（0.92），限制了沼泽向高位阶段发展（杨永兴，1988）。

　　温度是制约沼泽形成、发育的主要因素之一。温度对沼泽形成的影响反映在两个指标上，即气温与土壤温度，它们对沼泽形成的影响又具有多重作用。第一，它们影响沼泽植物的种类、生长状况和生长量；第二，它们影响微生物的繁殖和活动强度，从而影响植物死亡后枯落物的分级速度与强度，控制泥炭堆积速度，进一步制约着沼泽生态系统的物质循环过程；第三，温度影响地表蒸发过程与强度，对地表湿润状况起着决定作用，直接决定着沼泽化过程的强度。

气温、土温低一般有利于贫营养和中营养沼泽植物生长，不利于富营养沼泽植物生长。如在气温、土温均比较低的大兴安岭、小兴安岭，沼泽植物多为泥炭藓等喜低温植物，尤其是泥炭藓生长对温度条件要求较为苛刻，要求在 7 月平均温度 20℃ 以下地区，因此在寒温带地区生长最好。而对于红树林沼泽而言，由于红树林为典型的热带植物，其生长过程对于温度要求更为严格，红树林集中分布区的平均海水温度约在 24 ~ 27℃，气温要求在 25 ~ 30℃ 之间，如果气温降低，则红树林将消亡，或者红树林群落的植被组成发生变化，某些更能耐低温的物种如秋茄等植物将成为优势种。

温度也将影响有机质在沼泽中的累积。在典型的泥炭地中，由于较低的气温及地温，微生物活动较弱，导致地表植物残体不断累积，将形成泥炭地。然而较低的温度导致沼泽中植被的 NPP 较低，每年向沼泽湿地中输入的有机残体较少，因此在大兴安岭及小兴安岭等低温地区泥炭地虽然有分布，但是一般发育的较为缓慢。然而较高的温度也不利于泥炭地的形成，虽然在高温下植被的 NPP 较高，每年提供的枯落物丰富，但是在高温条件下植被残体的分解速率快，导致分解过程占优势，泥炭累积作用受到抑制，因此在热带及亚热带地区泥炭地并没有普遍发育。

温度影响湿地生态系统中微生物的种群结构及生命活动。有机质积累作为沼泽基本特征之一，只有在有机残体输入大于分解速率过程时才有可能发生，而这一过程在根本上取决于微生物分解过程的强度。分解过程中，微生物数量越多，活动性越强，对沼泽植物残体分解速度就越快。在寒冷条件下，由于温度较低，不利于微生物的生命活动，植物残体的分解缓慢。在温度适宜的条件下，不仅化学过程强烈，而且由微生物介导的生物地球化学循环过程更为迅速，促进植物残体的分解。按照一般规律，沼泽植物残体的分解能力从寒带向热带逐渐增加，以温带、亚热带的荒漠分解能力最大。这也是为什么在温带、亚热带荒漠或者干旱半干旱地区极少见沼泽，且沼泽中泥炭累积弱，也是寒温带、温带东部多沼泽，且多泥炭沼泽的原因。

从宏观上，大尺度上的水热组合控制沼泽的形成与发育。我国沼泽主要形成于青藏高原、亚热带、中温带和寒温带的湿润、半湿润地区，而这些地带内的干旱、半干旱地区以及暖温带、热带地区沼泽相对较少。寒冷湿润、冷湿、温

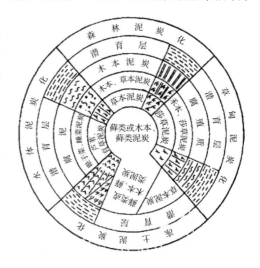

**图 2-1 我国泥炭发育过程模式图**

暖湿润的水热组合有利于沼泽形成与发育，而寒冷干燥、冷干、温暖干燥、炎热湿润地区内水热组合条件相对不利于沼泽形成和发育。

水热条件耦合其他环境因素将制约并决定沼泽发育模式。经典的泥炭发育模式为从低位（富营养）泥炭沼泽向中位泥炭沼泽和高位（贫营养）泥炭沼泽发展的图式，即泥炭沼泽发育统一过程学说。这种学说对我国不完全适用。大小兴安岭和长白山有从低位发育到高位泥炭沼泽过程，但也有泥炭沼泽越过低位泥炭沼泽发育阶段，直接进入中位或者高位阶段（图 2-1）。我国的温带、暖温带、亚热带和热带地区，由于水热条件组合的差异，许多泥炭沼泽长期停留在富营养阶段，不存在从低位发展到中、高位泥炭沼泽的必然性，显示不出从一个阶段发展到另一个阶段的规律。在同一地带内，低位泥炭可早于也可晚于高位泥炭。由于自然条件的变化，也可能出现高、低位泥炭交错堆积的现象（马学慧，1988）。

气候条件在大的地理尺度上制约着高位沼泽，尤其是泥炭地的分布规律。通过对泥炭地中花粉、化石及灰分元素的分析，重新构建泥炭地的古生态学及过去的气候情景模式发现，泥炭地的出现往往是插话式的，并非有规律的连续出现，这可能与气候变化导致的泥炭化过程有关。如在加拿大和纽芬兰地区的泥炭地中，最显著的泥炭化过程出现在公元前 3000 ~ 公元前 2500 年，此时泥炭地大量扩张，营养方式由矿养转变为雨养（Davis，1984）。对北美和欧亚大陆泥炭地过去 21000 年中藓类孢子的鉴定表明，藓类孢子的丰富程度与泥炭地的发育紧密相关，主要出现在年降雨量在 630 ~ 1300mm 和年平均气温在 -6 ~ -2℃ 之间的区域。在威斯康星冰

**图 2-2 世界泥炭地分布**（Gajewski et al，2001）

期期间，北美地区除了阿拉斯加之外没有大面积的泥炭地分布。在冰消期，北美洲东部地区泥炭地中出现了大量的藓类孢子。在北美洲，大面积的泥炭地发育出现在 9000 年前，并且在大湖区西部地区，泥炭地的发育在 5000 年前具有南移的趋势。在亚洲和欧洲地区，主要的泥炭地发育在 9000 年以前（图 2-2）（Gajewski et al，2001）。

对于澳大利亚干旱区湿地而言，最可能影响湿地分布的气候系统为热带气候系统，其影响范围可达到澳大利亚南部，且影响是广泛而深刻的。澳大利亚干旱区湿地面积的变化更多取决于某些年份的极端降雨时间，因此湿地面积对于降雨频率及强度的变化是十分敏感的。如在 50 年代和 70 年代湿地面积普遍增加，而在 20 世纪 20 年代、30 年代和 60 年代中湿地面积显著减少（Roshier et al.，2001）（图 2-3）。

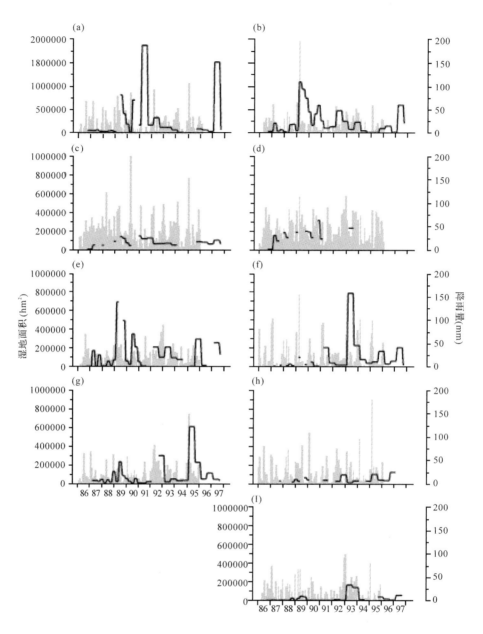

图 2-3　澳大利亚 1986～1997 年间湿地面积与降雨量关系（Roshier et al.，2001）

## 二、我国典型泥炭地发育过程

　　泥炭形成和累积是各种自然因素综合作用的结果。当有机残体的累积速度大于其分解速度时，就有泥炭堆积。泥炭形成累积的最有利条件包括：一是冷湿、温湿或高温高湿的气候，既有利于植物生长，又能制约植物残体的分解过程，为泥炭形成提供大量的物质来源；二是地形平坦或者低洼，排水不良，新构造运动以缓慢下降为主的地貌地质环境，为泥炭的积累创造良好的空间场所。干旱气候，一般只有在具有充足而稳定的地下和地表水源补给的情况下，局部地区才能有一定规模的泥炭形成和积累（马学慧，1988）。

我国有晚第三纪古泥炭、早更新世泥炭、晚更新世泥炭和全新世泥炭，而且以全新世泥炭为主，中更新世泥炭极少（马学慧，1988）。全新世是我国泥炭最重要的成炭期。根据$^{14}$C测年统计，这一时期形成和发育的泥炭占样品总数的80.3%。晚更新世末期泥炭在我国分布也比较广泛，早更新世泥炭零星分布于我国南方。黄桥晚第三纪上新世泥炭是我国到目前为止发现的最古老泥炭。第四纪以来，最适宜泥炭成炭期出现在间冰期和冰后期。在局部地区，如滨海大陆架一带也有冰期形成的泥炭。由于全新世气候向暖湿方向变化有区域差异，致使泥炭形成和发育的盛期，南方比北方出现的时间早。热带和亚热带出现在距今7000~4000年；暖温带为距今500~1500年；寒温带、中温带及青藏高原泥炭出现在距今4000~3000年以来。

### （一）寒温带和中温带——黑龙江省通江县勤得利泥炭地

分布在三江平原黑龙江一级阶地上的洼地中，属毛果苔草沼泽。泥炭层厚225cm。根据孢粉和$^{14}$C定年资料，划分为5个孢粉带。带Ⅰ，沉积物为腐泥和黑色黏土，以小型桦、赤杨、苔草花粉占优势，组成距今11000~9500年间的小叶阔叶灌木景观；带Ⅱ，沉积物是镰刀藓—棉花莎草泥炭，以榆—蒿划分为主；带Ⅲ，属镰刀藓—蒲草泥炭，以栎—榆为主的划分带；Ⅱ、Ⅲ带构成距今9500~5000年间阔叶林景观，气候明显变暖，沼泽开始发育；带Ⅳ，沉积物为苔草—镰刀藓—泥炭藓泥炭，以云杉、冷杉、松、桦划分占优势，是距今5000~2500年间，针叶树为主的针阔叶混交林景观，亦是沼泽发育较快时期。带Ⅴ，是棉花莎草—苔草泥炭和草根层，以松属、苔草划分为主，组成距今2500年到现今的红松占优势的植被时期。

### （二）暖温带——北京地区泥炭

本区全新世地层分为四组：坟庄组（距今13100~10100年），以木本花粉冷杉、云杉、松占优势，草本喜湿香蒲最丰富，标志本区河水漫溢、湖泊遍布。高里掌组多为湖沼相沉积，以喜冷偏干蒿属、菊科为主，构成冷偏干的气候。此时高里掌及大汪庄泥炭较发育。桃山组，沉积物为黑色黏土和泥炭，多以松、栎花粉为主，气候变显著转暖，雨水充沛，泥炭沼泽发育。辛力屯组，主要为黏土、亚黏土、粉砂组成，局地有泥炭夹层，多以松花粉占优势，气候温暖、较干，距今1000~2000年，一些泥炭终止发育。

### （三）热带、亚热带——西湖沼泽

根据孢粉分析，西湖沼泽发育与古气候演变经历了三个阶段。第一阶段（距今12000~1000年），以松、云杉、冷杉、落叶栎花粉为主，气候温凉偏湿，湖沼发育，一些喜湿的芦苇、香蒲、眼子菜等在浅湖岸边丛生。第二阶段，前期以松、罗汉松、长绿栎花粉为主，后期松、云杉、冷杉花粉居多，气候向温暖方向发展，但很快又转温凉偏湿，泥炭沉积物中含有碳化度较高的灌木碎块。第三阶段，以松、铁杉、栲、栎花粉占优势，喜热树种迅速扩大，气温回升泥炭沼泽发育。距今4000年前后，水域扩大，沼泽演变为湖泊，泥炭终止发育。

### （四）青藏高原——当雄县乌玛曲泥炭

当雄县乌玛曲泥炭剖面均以蒿草、扁穗草、苔草泥炭为主。孢粉分析，全新世早期、以莎草科花粉占优势，灌木花粉很少，属高山草甸景观，气候较晚更新世转暖，但较冷湿，此时局地有泥炭形成。中期，也以莎草科花粉占优势，出现少量木本花粉，如桦、柳、榛、忍冬科夹葇属花粉，气候由冷湿向温偏湿方向转化，在距今 4000～3000 年泥炭沼泽发育旺盛。晚期仍以莎草科为主，但后期耐干旱的菊科、蒿属花粉增多，气候趋于干冷，沼泽属于收缩阶段。

# 第二节　气候变化与中国湿地面积消长

湿地生态系统位于陆地生态系统与水生生态系统之间的过渡地带，对于全球气候变化极为敏感，是脆弱的生态系统。全球气候背景下，气温升高、降水格局改变及海平面升高将影响生态系统的面积、水文过程、元素生物地球化学过程及生物多样性等各个方面，直接或者间接导致湿地的大小及空间分布格局变化。大量的统计资料分析表明，湿地面积一般与气温和降水量分别呈负相关和正相关关系，然而在不同的地区，由于湿地水源补给方式的不同，气候变化对不同地区湿地面积的消长影响迥异。

## 一、长江中下游地区

受气候变化并耦合人类活动影响，鄱阳湖地区 1961～2005 年间水域面积总体呈下降趋势。气候因素对流域降水的变化起到主要作用，进入 2000 年以来，鄱阳湖水域面积相比 90 年代减少了 11% 左右，水面萎缩主要是由于变化引起的，并导致湖床沙化。除了距水体 10m 以内的湖滩还保持湿地特征之外，稍远的湖滩迅速沙化变硬，基本上失去了湿地的生态功能（肖胜生等，2011）。

## 二、东北地区

东北地区是我国湿地发育较为广泛的地区。本区沼泽湿地形成的原因主要是：气温较低、湿度较大，在年平均气温 0℃ 以下的地区，片状、岛状多年冻土及季节性冻土起着隔水板的作用。在冷湿气候和冻土等自然条件综合作用下，植物残体在地表过湿或积水的环境中，难以被微生物分解而形成泥炭，成为沼泽。该区的冷湿程度影响着湿地形成与发育。在过去的 50 年中，东北地区出现暖干化的趋势，对沼泽湿地的分布及稳定性产生巨大影响。张翼等人（1993）曾经研究气候变化对东北地区植被分布的可能影响，在 6 种气候模式下（降水增加/减少 10%，温度增高 1℃、2℃、3℃），东北地区草本沼泽的面积都在减少。

对 1975 年、2000 年和 2007 年东北地区湿地面积研究表明，研究时段的 30 多年来，湿地总面积先减少后增加，其中海岸湿地和河流湿地逐渐减少，湖泊及人工湿地持续增

加，沼泽湿地先减少后有小幅增加（图 2-4）。海岸湿地 1975～2000 年减少的面积为
888.219km²，比 2000～2007 年减少的面积 54.990km² 大得多。湖泊湿地在两段研究时间
内，1975～2000 和 2000～2007 年增加的面积差异不大，沼泽湿地在研究初期是所有类
型面积中最大的，为 43541.974km²，虽然在 1975～2000 年大面积减少，减少了
27277.360km²，但是在 2000～2007 年有所增加。河流湿地在两个研究时段内减少的幅度
有所降低，人工湿地在两段研究时段内变化的面积是所有湿地类型中最大的，分别为
11029.898km²（1975～2000）和 12231km²（2000～2007），2007 年人工湿地面积为
30995km²，占所有类型湿地面积比重最大（表 2-1）（崔瀚文，2010）。

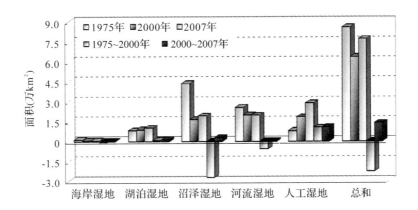

**图 2-4　东北地区 1975～2007 湿地面积变化**

**表 2-1　东北地区 1975～2007 年湿地面积变化**（km²）

| | 1975 年 | 2000 年 | 2007 年 | 面积变化 | |
| --- | --- | --- | --- | --- | --- |
| | | | | 1975～2000 年 | 2000～2007 年 |
| 海岸湿地 | 1305.660 | 417.441 | 362.451 | -888.219 | -54.990 |
| 湖泊湿地 | 7899.404 | 8427.798 | 8667.529 | 528.394 | 239.731 |
| 沼泽湿地 | 43541.974 | 16264.614 | 18830.828 | -27277.360 | 2566.214 |
| 河流湿地 | 25935.086 | 19463.299 | 19004.642 | -6471.787 | -458.657 |
| 人工湿地 | 7734.417 | 18764.315 | 30995.304 | 11029.898 | 12230.989 |
| 总和 | 86416.541 | 63337.467 | 77860.753 | -23079.074 | 14523.286 |

　　通过对 1975～2000 年、2000～2007 年两期寒冷指数的计算发现，前期与后期寒冷
指数的最小值出现在长白山天池，分别为 -154.412 ℃·月和 -152.440 ℃·月；最大
值出现在辽宁省大连，前期为 -22.973 ℃·月，后期为 -21.138 ℃·月。后期寒冷指
数的起始和终止值较前期都有所升高。以 5 ℃·月为间隔插值后，比较 1975～2000 年和
2000～2007 年的寒冷指数发现，寒冷指数的等值线向西北、北、东北部偏移，说明同一
区域后期的温度较前期温度有所升高。
　　沼泽湿地减少：1975～2000 年主要分布在 CI 等值线范围为 -115～ -110℃·月的

黑河市境内，−95 ~ −65℃·月的三江平原中部和东部及松辽平原中部，其中在 CI 等值线范围为 −115 ~110 ℃·月的黑河市境内，−90 ~ −80℃·月的三江平原中部和西部沼泽湿地减少呈大片分布。2000 ~ 2007 年主要分布在 CI 等值线范围为 − 118 ~ −113℃·月的呼伦贝尔市西部，−98 ~ −73 ℃·月的三江平原西北部及松辽平原中部、北部。

沼泽湿地稳定：1975 ~ 2000 年主要分布在 CI 等值线范围为 −120 ~ −115℃·月的呼伦贝尔市西部，−95~75℃·月的松辽平原中、北部和三江平原西部，−45 ~ −40℃·月的营口市北部及盘锦市境内。其中在 −45 ~ −40 ℃·月之间呈大面积分布。2000 ~ 2007 年分布在 CI 等值线范围为 − 93 ~ −78℃·月的三江平原东北部、中部、西南部及松辽平原中部、北部，−43 ~ −38℃·月的营口市北部和盘锦市。其中在 −88 ~ −78℃·月之间分布较为密集。

沼泽湿地增加：1975 ~ 2000 年主要分布在 CI 等值线范围为 −95 ~ −75℃·月的松辽平原中、北部及三江平原西部。因为 1975 ~ 2000 年沼泽湿地以减少为主，增加的沼泽湿地均零星分布。2000 ~ 2007 年主要分布在 CI 等值线范围为 − 118 ~ −103℃·月的呼伦贝尔市东北部及黑河市西北部，−88 ~ −63℃·月的松辽平原中、北部。沼泽湿地增加是以独立斑块数量增加方式为主，因此在以上 CI 值范围内，增加的沼泽湿地零散分布。

对比分析 1975 ~ 2000 年、2000 ~ 2007 年 CI 与沼泽湿地时空变化分布的相关关系可以看出，CI 值较低的区域（东北地区北部），值域范围为 −120 ~ −118℃·月，沼泽湿地以稳定增加为主，完全符合低温有利于沼泽湿地形成发育的规律。不仅如此，CI 的低值域部分分布在纬度较高、人烟稀少的大兴安岭地区，这也有利于沼泽湿地在不受到人为干扰的情形下形成并发育。在辽宁省南部，CI 值范围在 −45 ~ −38℃·月之间，沼泽湿地以稳定为主。而 CI 值在 −100 ~ −70 ℃·月沼泽湿地变化最为活跃。因此判定，CI 值在 −100 ~ −70℃·月之间是沼泽湿地形成及发育的最适宜范围。此外，三江平原内，前期 CI 等值线范围为 −95 ~ −80℃·月的区域，后期 CI 等值线范围升高为 −90 ~ −75℃·月，沼泽湿地由稳定状态转化为以减少为主；呼伦贝尔市西部，前期 CI 等值线范围为 −120 ~ −11 5℃·月，后期为 −118 ~ −113℃·月，沼泽湿地状态由以稳定为主转变为减少为主；三江平原佳木斯市西部，前期 CI 等值线范围为 −85 ~ −80℃·月，后期为 −83 ~ −78℃·月，沼泽湿地的状态由以增加为主转化为以稳定为主。在松辽平原中、北部的齐齐哈尔市、大庆市、白城市，前期 CI 等值线范围 −90 ~ −70℃·月，后期 CI 等值线范围上升为 −88 ~ −68℃·月。虽然该区域 CI 值增大，但沼泽湿地却以增加为主。综合考虑 CI 值变化与沼泽湿地变化的相关关系可知，CI 值的升高造成了一部分地区沼泽湿地的增加，但在 1975 ~ 2007 年间，沼泽湿地趋势是减少的，因此判定在 CI 值增大，即温度升高的过程中，沼泽湿地减少趋势占优势地位。

通过对 1975 ~ 2000 年、2000 ~ 2007 年两期干燥度指数（K）的计算发现，前期干燥度的值域范围为 3.122 ~ 50.598mm/（℃·月），后期干燥度的值域范围为 2.818 ~ 48.372mm/（℃·月），最小值均分布在新巴尔虎右旗，最大值都分布在长白山天池。后期与前期相比，干燥度的起始值和终止值都有所降低。等值线的划分采用干燥度指数值域范围划分方法。比较 1975～2000 年和 2000～2007 年的干燥度指数发现，干燥度指数等值线向东北部偏移，说明研究区同一地区后期的湿润度小于前期。

沼泽湿地减少：1975～2000 年主要分布在 K 等值线范围为 3.5～5mm/（℃·月）的松辽平原中部，6～13mm/（℃·月）的黑河市北部、松辽平原东部、三江平原大部。在 K 等值线为 6～13mm/（℃·月）范围内的三江平原大部，沼泽湿地呈现大面积的减少现象。2000～2007 年主要分布在 K 等值线为 3.5～5mm/（℃·月）的呼伦贝尔市西部及松辽平原中、北部，7～12.5mm/（℃·月）范围内的三江平原东北部。

沼泽湿地稳定：1975～2000 年分布在 K 等值线范围为 4～13mm/（℃·月）内的呼伦贝尔市西部，松辽平原北部，三江平原东部。其中，在 K 等值线范围为 5～6mm/（℃·月）的营口市北部及盘锦市的双台子河口湿地稳定的面积较大。2000～2007 年分布在 K 等值线为 4～12mm/（℃·月）内三江平原西北、东北部，松辽平原中、北部。其中，在 K 值范围为 5～6mm/（℃·月）的双台子河口湿地依然有大面积的沼泽湿地处于稳定状态。

沼泽湿地增加：1975～2000 年零星分布在 K 等值线为 4～5mm/（℃·月）的松辽平原中、北部，6～7mm/（℃·月）范围内三江平原佳木斯市西部。2000～2007 年分布在 K 等值线范围为 3.5～7.5mm/（℃·月）之间的东北地区中部的南北向狭长地带。沼泽湿地在 2000～2007 年以独立小斑块增加为主，因此增加的沼泽湿地在区内呈散落状分布。

对比分析 1975～2000 年，2000～2007 年沼泽湿地变化与 K 值的空间对应关系可知，可以确定适宜沼泽湿地形成的环境为低湿和中湿环境，在半干和过湿的环境中沼泽湿地鲜有形成和发育。在松辽平原中、北部的白城市、大庆市、齐齐哈尔市境内 K 等值线范围在前期为 4～5mm/（℃·月）之间，而后期则降低为 3.5～5mm/（℃·月）之间，沼泽湿地面积出现增加的现象。在佳木斯西部 K 等值线范围由前期的 4～5mm/（℃·月），降低为 3.5～5mm/（℃·月），并出现了小面积的减少现象。由此看来，干燥度指数的降低，即降水量的减少和温度的升高，沼泽湿地存在减少的趋势，但在其他因素的共同作用下，在干燥度指数下降的区域中出现了沼泽湿地增加的现象。1975～2007 年 30 多年来，沼泽湿地虽然在 2000～2007 年有所增加，但总体趋势是减少的，因此东北地区气候湿润程度的降低，是导致沼泽湿地减少的原因之一。

1975～2000 年影响湿地变化的最剧烈的指标是年平均气温。该时间段内，湿地的变化主要受自然因素的影响。对海岸湿地影响最大的是年平均温度，其次是年平均降水量。海岸湿地与年平均气温负相关，与年平均降水量正相关。对于沼泽湿地，影响程度较大的两个因子为年平均气温和年平均降水量。2000～2007 年影响湿地变化的最剧烈的指标仍然是年平均气温，人口取代年平均降水量成为第二重要的影响指标。在研究时段内，湿地的变化从 1975～2000 年间受自然因素影响转变为受人为因素干扰更大。2000～2007 年对海岸湿地影响最大的仍然是年平均温度，居民地对它的影响依旧很小。

东北地区干旱半干旱地区的湿地对全球变暖极为敏感。如在扎龙湿地，1979～2006 年间沼泽湿地面积收缩，在一定程度上是对气候向暖干方向发展的响应（沃晓棠，2010）。我国松嫩平原嫩江下游地区的莫莫格湿地，由于 1999～2001 年连续 3 年的干旱，加上上游水库的修建和不合理抽取地下水，湿地地表已经完全干涸，地下水位从 3～5m 下降到目前的 12m 左右，大片的芦苇、苔草湿地退化为碱蓬地甚至盐碱光板地（李刚，2010）。类似的情况也出现在柴达木盆地，中西部湿地萎缩，而边缘地区湿地面积略微增加（张继承等，2007）。

## 三、西北、西南及青藏高原地区

1990～2000 年间，在新疆、西藏和青海地区新增加了 13000km² 湿地。中国西部地区湿地面积的增加主要是气候变化的贡献（Gong et al.，2010）。1990～2004 年长江源头沼泽湿地呈现持续增加的态势，增加了 451.95km²，湖泊型湿地增加了 69.87km²，然而河流型湿地面积减少了 189.16km²，与湿地总面积消长关联度最大的自然因子为年蒸发量。自 1990 年以来，长江源地区呈现出气温升高，降水量增加和蒸发量减少的暖湿化趋势，对于湿地总面积的增加具有明显的驱动作用（李凤霞等，2011）。

在纳帕海地区，1994～2006 年间，受气候变化、区域宏观政策和人类活动扰动等多重影响，纳帕海流域坝区的湿地景观格局变化显著，主要表现为坝区湿地类景观破碎化，坝区湿地景观向非湿地景观的转换。流域湿地类景观的总丧失比例达到 16.8%，主要集中在纳帕海坝区，坝区湿地景观内部也存在明显的转换，如明水面湿地向沼泽—湿草甸景观转换，坝区以中生草甸为主的非湿地景观已经取代湿地景观成为了纳帕海坝区的基质性景观，坝区湿地生态退化明显。1993～2006 年时段的气候（主要是降水）变化对流域总体景观格局变化的影响有限，但是对纳帕海坝区湿地景观的演替产生了明显的影响。特别是 2003～2006 年时段的降水连续偏少，加上其他人为活动的干扰，导致纳帕海坝区的明水面湿地的急剧萎缩，沼泽—湿草甸向中生草甸显著转换（李杰等，2010）。

60 多年前，若尔盖高原是一片有水不能行舟，有路不能通行、人陷不见头、马陷不见鞍的湿地区。目前大部分湿地已经严重退化，局部地区出现沙化，面积大幅度减少。造成这种状况的原因，除了人类活动影响之外，区域气候趋干转暖是不可忽视的因素。据若尔盖 26 年的气象资料记录表明，该地区年平均气温每年以 0.01℃ 的速度增长，并且有逐步变干的迹象。我国西北地区的河湖湿地，从区域气候条件来看，近期一直处于暖干化发展阶段，加之人类活动，即对河湖湿地的利用与开发越来越强烈，影响的深度与广度越来越大，这两种因素的叠加，导致该地区河湖湿地的大面积萎缩与消退。据陈桂琛等人（1995）的计算，从 1908 年代到 1957 年，青海湖水位每年下降 17.25cm，面积平均减少了 8.4km²。1956 年到 1988 年，水位下降了 3.35m，面积减少了 301.6km²。随着气候的逐渐变干，位于新疆塔东缘地区的极度干旱的罗布泊，径流补给不足，蒸发强烈，河流及强劲的东北盛行风带来大量物质淤浅水底，使湖泊逐渐萎缩，留下大片盐壳，目前罗布泊正在日趋干涸。张振克等人（1998）的研究结果表明，1986 年以来，气候干化趋势更为明显，岱海湖面已经下降了 2m。

湿地的消长与区域气候变化密切相关。沼泽湿地的气候调节功能不仅能削减沼泽气温和湿度的波动幅度，而且也能够减缓相邻区域气温和湿度的变化幅度。在新疆阿尔泰山地区，1977~1989 年间，布尔津县沼泽湿地的分布面积呈下降趋势，但是下降幅度要小于哈巴河县，减少了 5.31%。1989~2000 年间，沼泽湿地面积以及斑块数明显增加，同时考虑湿地面积消长与灾害性天气包括洪灾、雪灾、旱灾、冰雹、霜冻、寒潮等的关系表明，阿尔泰山西北部的沼泽动态变化与灾害性天气现象在某种程度上存在内在联系，沼泽的变化对其附近地区的温度及湿度产生一定影响，并导致灾害性天气现象的增多，二者相互作用，目前在阿尔泰山地区，沼泽湿地已经出现退化趋势（巴哈尔古丽·阿不都拉等，2009）。

　　在青藏高原地区，2001~2008 年间，由于气候变暖速率的加快，藏北高原地区冰川雪消融加速，冰川面积迅速萎缩，融化的雪水汇集到高原湖盆，使湖面水位上升，湖泊面积增加，部分被淹没的草地转变成为湿地。增加的湿地主要分布在几大湖泊周围，湖泊扩张使周边草地和水域之间形成的过渡地区，由 2001 时的不到 $50km^2$ 增加到 2008 年的接近 $300km^2$（宋春桥等，2011）。

　　气候变暖也将深刻影响到青藏高原冻土区的存在及分布，通过影响冻土的面积及土壤的热力学过程进而影响并改变湿地的面积。目前青藏高原的多年冻土面积约为 150 万 $km^2$，相当于中国冻土总面积的 70%，在气候变暖情境下，2100 年的连续多年冻土和非连续多年冻土的界线将向高原北部迁移 1°~2°纬度，由于增温使地下冰融化，大部分连续多年冻土将消失，青藏高原总面积的 70% 会被非连续多年冻土所占据。多年冻土的消失和非多年冻土区的扩展将导致高原地区沙化速率加快，湿地面积减少丧失，这主要是由于温度增加导致蒸散发增加所致。

　　采用 GIS 支持的 DEM 模型，依据 Hadely 气候预测与研究中心 GCM 模型的 HADCM2 预测气温背景，预测长江源青藏公路沿线在 2009、2049 和 2099 年情况下冻土各区域带的变化，结果表明，到 2099 年极稳定带分布面积将由目前的 5.59% 减少到 0.65%，稳定带分布面积将由目前的 16.32% 减少到 3.2%；亚稳定带将由现在的 25.5% 减少到 17.43%，以上 3 带的空间面积在减少，分布界线向更高的海拔高度迁移。过渡带和不稳定带随气温升高，空间分布面积在逐渐扩大。过渡带面积由现在的 22.85% 增加到 2099 年的 31.01%，不稳定带分布面积由目前的 10.8% 增加到 2099 年的 27.41%，说明各地温带受到气候变暖的影响正在发生转化。极稳定带向稳定带转化，稳定带向亚稳定带转化，亚稳定带向不稳定带转化，不稳定带处于长期的多年冻土退化阶段。到 2099 年后，青藏公路沿线的多年冻土发生大面积退化，融区面积逐渐增大，多年冻土地温带谱中仅保留了稳定带，极稳定带全部消失，稳定带和基本稳定带全部转变为不稳定带。多年冻土南北界退化幅度相当大，仅仅保留的高海拔多年冻土主要集中在昆仑山高山和基岩区，五道梁高山区和唐古拉山高山基岩区，不稳定型多年冻土地温带将向北和向南发生几十公里的大范围转移，而过渡型多年冻土 50% 将转变为高温多年冻土，稳定型多年冻土约 70%~80% 将转变为过渡型多年冻土。

　　使用高程模型和冻结指数模型对青藏高原高海拔多年冻土分布现状进行模拟，对 2009 年、2049 年和 2099 年的气温情境下冻土状况进行了模拟预测，相对于上述时期，青藏高原气温平均升温幅度分别为 0.51、1.10 和 2.91℃，最大升温幅度分别为 1.62、

2.99 和 5.45℃，模拟的青藏高原多年冻土为 1272709km²。在未来气候情境下，青藏高原多年冻土在未来 20～50 年间不会发生本质性的变化。高原气温平均升高 1.10℃，多年冻土总的消失比例不会超过 19%，但是当 2099 年高原气温平均升高 2.91℃后，高原冻土将发生本质性变化，消失比例高达 58.18%，高原东部、南部的多年冻土将大部分消失，主要的多年冻土区将仅存在高原西北部范围内的区域(Li and Chen, 1999)。

南卓铜等(2002)以年平均低温 0.5℃作为多年冻土与季节性冻土的界限，模拟了青藏高原冻土图，并模拟了在年增温 0.04℃背景下多年冻土分布 50 年后的变化情况。结果表明，年平均地温在气候变暖情境下发生不同程度的增温现象，但是多年冻土没有发生大规模的退化，比较明显的退化现象发生在多年冻土边缘地区，多年冻土总面积减少了约 12 万 km²。

多年冻土对未来气候的响应，不单表现在分布面积的变化，而且还表现在对多年冻土层本身的热状况上产生影响。根据多年冻土受气候及人为活动影响的敏感程度、地温对冻土工程性质及工程稳定性影响，我国高海拔多年冻土地温划分为 3 大地温带及 6 个低温分支带。在考虑年平均气温升高趋势为 0.033℃情况下，在 30 年中平均气温升高 1℃，且维持 10 年稳定的气候变暖背景下，随着年平均气温的升高，冻土地温和地温带的冻土融化速率也将随之发生变化。低温多年冻土随着气候转暖仅仅导致融化深度微小增大，不会涉及多年冻土条件的根本变化，其他地温带将发生更大的影响，以致冻土中存在的地下冰有完全消失的趋势。

对位于高纬度地区及高海拔地区而言，冰川融水及积雪融水的补给是湿地发育的主要补给水源，同时也影响到下游区河流径流及湖泊的水位，对下游地区的湿地分布也具有一定的影响。在气候变化背景下，高山冰川的消融及退化将对湿地的水文情势造成极大影响，进而影响到湿地的面积及空间分布变化。长江源区是江河源区冰川的最集中分布区，其冰川面积占整个地区的 89% 以上，冰川融水也占长江源区径流的 25% 以上。根据对唐古拉山北坡小冬克玛底冰川敏感性分析，年平均升高 1℃，冰川物质平衡减少 686.4mm，冰川平衡线高度升高 219m。而根据对降水的敏感性分析表明，冷季(10 月至次年 5 月)降水量每变化 1mm，物质平衡变化 3.3mm。根据小冬克玛底冰川分布特征和地形特点，在这样的气候敏感下，相当于在增温 1℃时冰川后退 1.74km，当年平均气温下降 1℃时，冰川前进 5.31km，如果降水不变，当年平均气温上升到 1.7℃，小冬克玛底冰川将完全消失。所以在较大的气候增温条件下，预测到 2100 年青藏高原气温上升 3℃，降水不变则长度小于 4km 以下的冰川基本上将完全消失，整个长江源区的冰川面积将减少约 60% 以上。如果考虑降水的增加，尤其是冬季降水的增加，在冬季降水增加 20%，约相当于 40mm，则物质平衡将增加 120mm 左右，就会抵消由于升温造成的部分冰川消融，再加上冰川的积雪反馈左右，其冰川面积在 2100 年气候条件下将减少约 40%。

青藏高原江河源区冰川自小冰期以来退缩约 10%。气温上升 1℃左右，在考虑不同的冰川规模以后，估计到 2100 年青藏高原江河源区冰川将减少 35%～40%。冰川面积将从现在的 1168.18km² 减少到 700km² 左右，冰川融水的比重也会由现在占河流总径流的 25%下降到 18%。另外由于冰川大量退缩，草地和湿地蒸发量加大，许多湖泊将会退缩和干涸，沼泽地退化，沙化扩展，草地退化等一系列严重的生态问题将更加突出。

由于未来气候的变暖，使积雪也发生较大的变化，但在各地由于海拔高程的不同气候环境的关系，积雪变化的区域差异也表现得更加明显。在 GCM 大气—海洋耦合模式模拟的 $CO_2$ 倍增，全球升温 1.74℃背景下，黄河源区将出现冬夏两季雪量均增加的趋势，而长江源区则呈现夏季减少而冬季积雪增加的趋势。

## 四、气候变化对湿地面积的影响

湿地面积一般与气温和降水量分别呈负相关和正相关关系，然而在不同的地区，受湿地水源补给方式的不同，气候变化对不同地区湿地面积的消长影响迥异。

干旱半干旱地区的湿地对全球变暖极为敏感。如在扎龙湿地，1979～2006 年间沼泽湿地面积收缩，是对气候向暖干方向发展的在一定程度上的响应（沃晓棠，2010）。我国松嫩平原嫩江下游地区的莫莫格湿地，由于 1999～2001 年连续 3 年的干旱，加上上游水库的修建和不合理抽取地下水，湿地地表已经完全干涸，地下水位从 3～5m 下降到目前的 12m 左右，大片的芦苇、苔草湿地退化为碱蓬地甚至盐碱光板地（李刚，2010）。类似的情况也出现在柴达木盆地，中西部湿地萎缩，而边缘地区湿地面积略微增加（张继承等，2007）。

1990～2000 年间，在新疆、西藏和青海地区，新增加了 13000km² 湿地。中国西部地区湿地面积的增加主要是由于气候变化的贡献（Gong et al., 2010）；1990～2004 年长江源头沼泽湿地呈现持续增加的态势，增加了 451.95km²，湖泊型湿地增加了69.87km²，然而河流型湿地面积减少了 189.16km²，与湿地总面积消长关联度最大的自然因子为年蒸发量。自 1990 年以来，长江源地区呈现出气温升高，降水量增加和蒸发量减少的暖湿化趋势，但是进入 21 世纪以来降水量呈下降以及年蒸发量呈显著增加的趋势，对于湿地总面积的消长具有明显的驱动作用。蒸发量对湿地总面积的消长相对其他气候因子更具主导作用，其次为降水量的影响，且夏季各气候因子对湿地面积消长的影响较其他季节更为显著。1990～2000 年长江源头的湿地总面积共增加 353.22km²，年平均增加速率为 35.32km²，而 2000～2004 年减少了 20.57km²，这两个阶段湿地的消长与相应的气候变化特征具有很好的响应规律（李凤霞等，2011）。

在黄河玛曲地区，1990、2001 年湿地面积分别为 1151.7km² 和 1049.32km²，占玛曲县全县土地面积比例从 10.5%下降到 9.5%，整体上呈现明显的萎缩趋势，平均年递减率为 0.74%。1990～1994 年时段年平均萎缩速率为 0.86%，明显快于 1994～2001 年时段的 0.61%，气候暖干化是玛曲湿地萎缩的主要原因，人类活动加剧了这一过程（蔡迪花等，2007）。在纳帕海流域，1994～2006 年间，纳帕海流域湿地景观格局变化显著，湿地类景观破碎化、湿地类景观向非湿地类景观转变幅度大，流域湿地类景观总丧失比例达 16.8%，湿地退化严重。气候变化对流域总体景观格局变化的影响有限，但是对坝区湿地景观掩体产生明显影响（李杰等，2010）。应用 RegCM3 模型对三江源地区过去15 年气候变化与湿地面积消长的关系研究表明，湿地面积消长与气温、降水等气候因子的变化有一定的联系，基本上温度变化与湿地面积变化的方向是相反的，湿地面积下降，区域气温升高，湿地的冷湿效应减弱，反之，湿地面积增加，区域气温下降，湿地的冷湿效应加强；降水变化与湿地面积消长趋势相近，湿地面积减少后，降水量有递减的趋势，反过来如果降水量减少，湿地补给水量减少，将导致湿地面积递减（纪玲玲等，2011）。

# 第三节　未来气候变化情境下湿地分布预测

湿地生态系统的关键物理、化学及生物过程对于气候变化过程中气温、降雨及海平面升高的响应过程存在差异，造成了未来气候变化情境下湿地将在不同方面对气候因子变化的响应程度差异，并造成湿地生态系统结构的变化及其在空间上的迁移。未来气候变化情境下湿地的主要响应见表 2-2。

表 2-2　未来气候变化情境下与湿地有关的可能影响（Erwin, 2009）

| 指示器 | 2025 | 2100 |
| --- | --- | --- |
| 珊瑚 | 珊瑚死亡、白化 | 珊瑚死亡和白化程度加剧，并降低珊瑚礁附近生物多样性和鱼类产量 |
| 海岸湿地和海岸线 | 海平面上升到至海岸湿地丧失，海岸线被侵蚀 | 更为广泛的湿地丧失和进一步的海岸线侵蚀 |
| 淡水湿地 | 对 marsh、swamp 等广泛的压力，某些可能消失 | 大多数系统将发生显著变化，某些季节性泡沼将消失，同时空间分布格局发生改变 |
| 冰川环境 | 冰川退化、海冰减少，永久性冻土融化、河流和湖泊无冰期增加 | 广泛的北冰洋海冰减少，对野生生物造成损害（例如海豹、北极熊、海象）；地面下陷对某系生态系统造成影响，持续的冰川消退，尤其是热带地区 |
| 海草 | 盐度变化导致海草分布和覆盖面积减少 | 更为严重的海草丧失 |
| 水供应 | 在降雪作为重要水源的区域，河道流量峰值出现时期由春季向冬季推迟 | 在许多水资源不足国家水供应压力进一步增加，而某些受洪涝灾害过度的国家压力进一步增加 |
| 水质 | 高温、水文情势和海平面上升引起的海水入侵导致水质恶化 | 水质恶化进一步加剧 |
| 水需求 | 气候变化导致灌溉需水变化，高温导致水需求增加 | 水需求进一步增加 |
| 洪水和干旱 | 强降水事件增加导致破坏增加，更多的干旱发生 | 未来气候变化情境下洪涝灾害增加，更多的干旱事件 |

## 一、气候变化对湿地时空分布影响

气候变化还会造成全球湿地面积及其时空分布的变化。Brock 和 Van Vierssen（1992）曾经研究欧洲南部半干旱地区以水生植物为主的湿地生态系统对气候变化的响应，结果表明，气温升高 3~4℃，适于水生植物生长的湿地面积在 5 年之内将减少 70%~80%，这说明干旱半干旱地区的湿地对全球变暖是极为敏感的。Poiani 和 Johnson（1993）曾经研制了一个水文和植被的响应模型来分析美国大草原地区半永久性湿地对全球气候变化的响应，他们利用 GISS（goddard institute for space studies）、GCM 模型的输出结果（即气温升高 3～6℃，降雨量从减少 17% 到增加 29%），进行 11 年模拟，其结果表明，在目前的气候状态下，湿地面积将增加 3%，但是在温室气体排放增加情境下，湿地面积将减少 12%，明水面面积也由模拟初期的 51% 减少至第四年完全消失。加拿大萨斯喀彻温省东南部的凯诺胡的湖水水位与气象记录的 10 年尺度的变化是一致的。奥地利卡林西亚湖沉积岩芯分析表明，该湖的水位、范围、形状和湖水温度与气候变化存在明显的相关关系。气候变化和北部草原湿地的动态变化时也认为植被和面积变化与气候变化改变有良好的规律性。气候变化对北方泥炭地影响的另一种可能是高温将使永久性冻土融化，如果温度增加 2℃ 左右，北半球冻土的南部边界将北移。这不仅改变区域的水文和地貌特征，而且与碳循环的过程和速率有关，特别是在极地、亚极地区域，因为冻土是维持此地区生态系统中水位的重要因子。

　　Krinner（2003）利用全球大气环流模型分析了湖泊及湿地变化对北方气候变化的响应及其相互作用关系。研究表明，在北方高纬度地区，相比于湖泊，湿地对于夏季大气温度降低和大气湿度增加具有更重要的作用。

　　气候变化，包括气温、降水及极端气候发生的频率和强度将显著影响湿地在空间和时间上的动态分布。如在美国南达科塔地区，在 20 世纪 30 年代气候偏干，干旱发生，湿地水位减少，导致湿地区大量的明水面面积减少，而在 20 世纪 40 年代年间，降水偏多，使得洪泛期内湿地明水面面积持续增加了 4 年（图 2-5）（Johnson et al.，2005）。

　　对美国北部草原区湿地的监测表明，在 20 世纪，大部分气象监测站监测结果表明气候存在变暖的趋势，西部地区变得更加干旱，而东部地区降雨量出现增加态势。

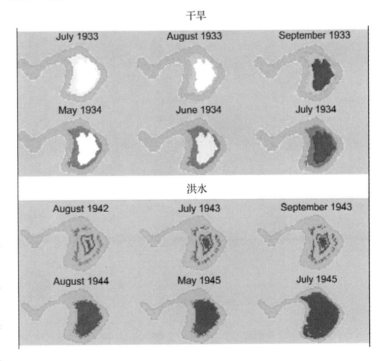

图 2-5　气候变化对美国南达科塔地区湿地分布影响

这些结果表明，历史上在北部草原地区存在的由西向东的水分梯度差异将变得更加明显。为了分析气候变化对本地区湿地面积的变化的影响，设定了三种气候变化模式：

①升温3℃，降雨量无变化；②升温3℃，降雨量增加20%；③升温3℃，降雨量减少20%。模型预测表明，湿地面积变化对于未来气候变化十分敏感。在 Iowa 和 Dakota 南部地区，仅升温就可引起明水面大幅度减少，而半干旱的沼泽化草甸出现的面积将大幅增加，在升温和降雨量减少同时发生的地区，这种状况更为明显，如 Medicine Hat 和 Minot 地区。在只有升温的情境下，大多数地区将经历长时间的干旱。如果温度和降雨量均上升，则其对于该地区水分平衡的影响同历史时期相比相对较小，变化不大。在 Algona、Watertown 和 Medicine Hat 地区产生的影响则非常小，而半干旱的沼泽化草甸在其他地区呈现出略微减少的趋势。这表明降雨量增加20%可能会抵消温度升高3℃可能带来的后果。升温伴随着降水减少对湿地面积及结构组成的影响最大。在6个监测地区中，有5个地区的沼泽湿地几乎消失，只有在 Algona 地区，可能会形成更多的半干旱的沼泽化草甸(图2-6)。

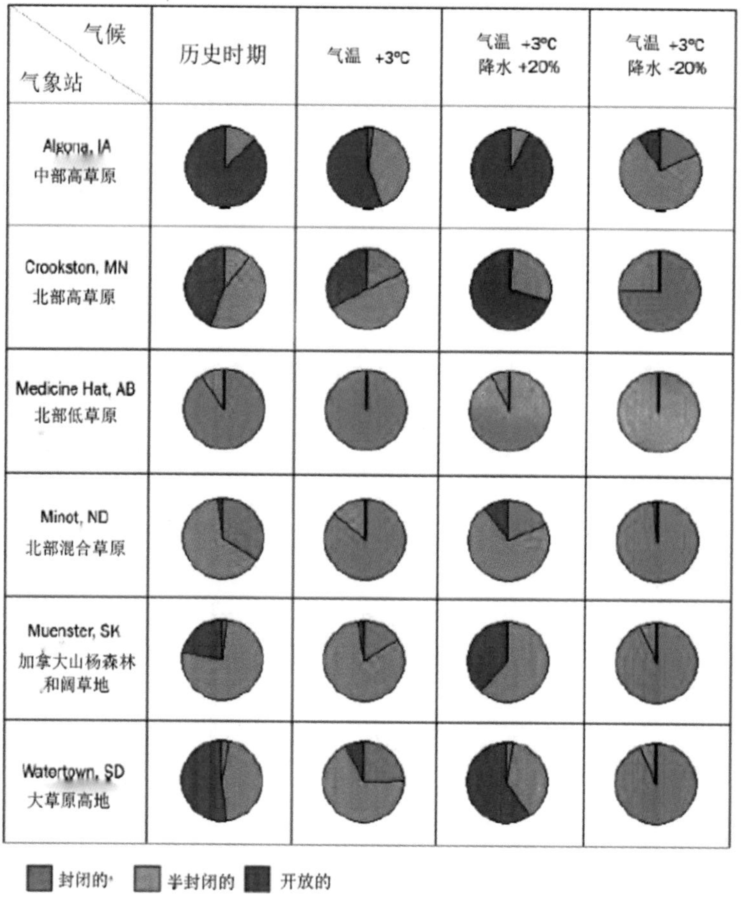

图2-6 三种气候情境下美国北部湿草原变化

在三种气候情境下，本地区水鸟适宜区将发生显著变化。温度升高3℃和降雨量的减少将导致水鸟适宜生存区大幅度减少，仅仅在东部地区尚有小部分留存。随着气候持续干旱，这部分地区将进一步减少，并且从西部 Minnesota 地区向 Iowa 地区转移(图 2-7)。

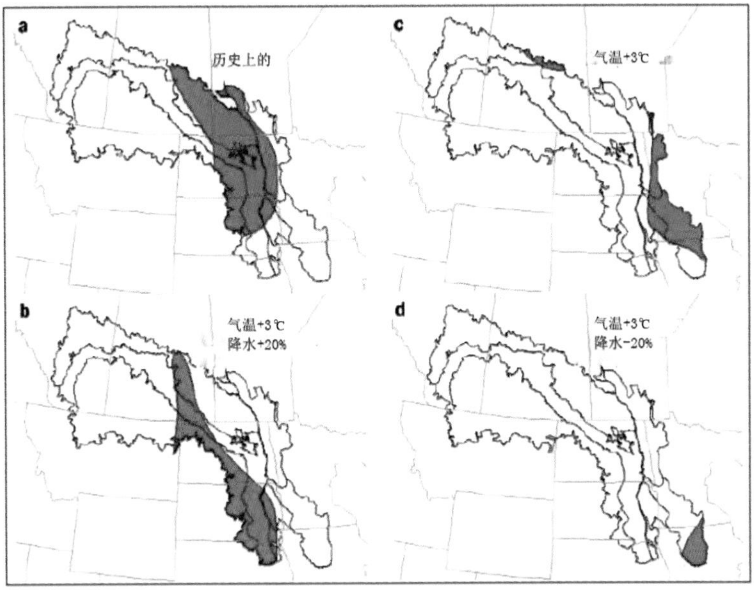

**图 2-7　三种气候变化情境下美国北部湿草原水鸟适宜分布区变化**

澳大利亚地区湿地变化同全球变化的趋势一致，自上个世纪以来，澳大利亚已经升温了 0.8℃，并且年平均最低气温比年平均最高气温具有更大的升温幅度。降雨具有很大的区域差异，在澳大利亚北部、东部和南部地区，降雨量增加，而在澳大利亚西部地区降雨量减少。海水表层温度增加，导致珊瑚白化的频率和程度增加。澳大利亚不同区域海平面变化具有差异，但是要显著低于全球平均水平。积雪的覆盖面积和持续时间在某些地区呈显著减少趋势。未来澳大利亚 2030 年温度将上升 0.4～2.0℃，到 2070 年将上升 1.0～6.0℃(Hughes，2003)。

## 二、未来气候变化对中国湿地时空分布影响

范泽孟等(2005)利用中国 735 个气象站点观测数据对中国近 40 年的土地覆被(HLZ)时空变化进行模型分析的基础上，基于 IPCC 提供的 HadCM2 和 HadCM3 模式在不同的 IPCC 下的模拟数据对中国 HLZ 在未来 100 年的时空变化进行模拟分析后发现，在未来的 100 年内，随着气温、降水及蒸腾比率等气候因子不断变化，中国土地覆被将会随着时间的推移，在空间上发生一系列变化。在 HadCM3 A1FI、A2a 和 B2a 三种情境下，水域(天然陆地水域和水利用设施用地，包括河流、湖泊、水库、坑塘、滩涂等)在未来 100 年内，水域在整体上表现出东多西少、南多北少的空间分布特征。其中，河流基本上在中国各个省区都有分布，但是青藏高原东部的祁连山与横断山区、四川盆地周围山区、东北的长白山与大小兴安岭、南方丘陵地区的河流水系比较密集，其余地方相对较少；滩涂主要分布在各大河流的沿岸，尤其是河流发育发达地段；水库、鱼坑、塘

的空间分布更为分散，长江中下游湖区、华北平原湖区、东北湖区、云贵高原湖区、内蒙古新疆湖区及青藏高原湖区等6大湖区是中国水域面积分布相对集中的区域；湿地主要分布在各大湖泊区域、流域等水域周围的低洼湿润地区和青藏高原冰雪融水区，中国水域分布较其他土地覆盖类型分布分散。

气候变化背景下未来大兴安岭地区湿地面积趋于减少，到2050年，大约有30%的湿地将消失，2100年约60%的湿地将消失。三种模拟气候情景CGCM3 – B1，CGCM3 – A1B，CGCM3 – A2情况下，湿地面积将减少62.47%、76.90%和85.83%。在气候变暖的情况下，湿地将由南向北，由边缘向中心地消失，主要发生在较为平缓的南坡，一些北坡及山间平原。在CGCM3 – A1B情境下，湿地消失的最为剧烈，在CGCM3 – A2情境下，只有在北部的高山地区将存留小面积的湿地(图2-8)（Liu et al.，2011）。

未来气候变化情境下湿地分布状况的改变将对生物尤其是鸟类栖息及迁移产生重要影响。目前台湾西部，中国东方海岸到中部内陆的零散地区、南中国海海岸、越南东北部海岸和日本海岸是 black-faced spoonbill（*Platalea minor*）主要的越冬地。然而这些越冬地在到2080年可能大幅度减少。同时，发现，鸟类冬季越冬地的中心沿着纬度方向向北迁移，在2020年、2050年和2080年分别比现在北向迁移240km、450km和600km（Hu et al.，2010）。

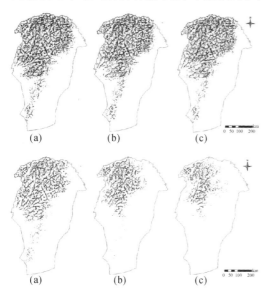

图2-8　未来不同气候变化情境下大兴安岭湿地分布变化(a：CGCM3 – B1；b：CGCM3 – A1B；c，CGCM3 – A2)

在未来IPCC2000年排放方案SRES – B2（较低排放）情境下，未来七星河湿地自然植被NPP总和和固碳量呈下降趋势，2020年、2050年和2100年下降幅度分别为5.39%、9.91%和13.59%（王芳等，2011）。

## 三、海平面上升对海岸带湿地影响

红树林生态系统的维系取决于多种因素，包括潮汐的变化、沉积过程、盐度变化、群落组成和海岸带特征。澳大利亚地区红树林具有向陆地迁移的趋势，基本上与陆地消退的趋势保持一致。因此澳大利亚地区海平面的变化将导致红树林的迁移。在澳大利亚北方地区，广泛存在的季节性淡水湿地和冲积平原沿着河流大概扩展了100km。这些沼泽湿地所处的地理位置比较低，因此其受到海平面和海水入侵的影响很大（Hughes，2003）。

在过去的几十年中，世界范围内红树林向陆地盐沼的迁移已经十分显著，同时伴随着大量的盐沼湿地的丧失，如在昆士兰地区及维多利亚地区，盐沼的损失已经达到了

80%以上（Hughes，2003）。

海平面的快速上升，可能会导致滨海及河口区湿地物种组成发生变化，进而影响到湿地的分布及物质生产等功能。海平面上升可能迫使湿地生态系统向内陆移动。但是移动的路线可能会受到内陆土地利用的阻碍，也依赖于这些系统和他们的构成部分能否在可存活的时间范围内发生迁移。海平面上升和风暴潮的增加，可使海水浸入湿地，严重影响到湿地的水文过程及水质环境，进而影响湿地的分布与存在。

珊瑚礁是最具有生物多样性的海洋生态系统，但是其对温度变化非常敏感。海平面的上升和风暴潮的增加可能会损害珊瑚礁。许多研究表明，缓慢生长的珊瑚礁可以跟上海平面上升的"中等评估水平"（每年0.5mm）。但是这些研究没有考虑珊瑚礁目前面临的其他压力，如水温升高、污染加剧及大气中$CO_2$浓度的升高。近期的研究表明，大气中的$CO_2$浓度的增加，对于珊瑚的生长具有有害作用。

Nicholls等人（1999）预言，到了21世纪80年代，仅海平面上升就将导致世界上有6%～22%的沿海湿地丧失，加上由于人类对沿海湿地的破坏，在较坏的情况下，世界上36%～70%的沿海湿地（21万$km^2$）将丧失。世界上各个地区沿海湿地的丧失幅度是不同的。由于海平面上升造成湿地面积丧失最大的地区是美洲北部和中部的大西洋沿岸、地中海和波罗的海。到21世纪80年代，地中海和波罗的海的大部分湿地将消失，在加勒比海小岛屿周围沿海湿地将受到海平面上升的威胁。

沿洲的海岸湿地将易受到海平面加速上升、海洋表面温度升高和更加频繁和强烈的风暴活动影响。亚洲的主要三角洲可能经历水体变化、咸水侵入地下水、淤泥和陆地丧失等过程。在亚洲热带地区，恒河—雅鲁藏布江（孟加拉国）、伊洛瓦底河（缅甸）、昭披郁河（泰国）、湄公河和经河（越南）三角洲最易受到威胁。预计地表径流增加和淤积物减少的地方将改变三角洲的形成，而海平面的上升和强烈的风暴潮活动将进一步侵蚀低洼的海岸线。如果海平面上升48cm（到2050年）和2～3m的风暴巨浪发生，中国黄河三角洲大约40%的地区将被淹没。亚洲的许多三角洲是迁徙涉禽的重要停歇地，海平面的上升和其他气候相关因素耦合引起栖息地的变更会威胁到这些鸟类和其他野生动物的存在。预计2010～2049年湄公河下游平均水位和最高水位将提高，洪水历时将延长。模拟显示在平常水文年和干旱水文年这些变化将尤为显著。海平面上升对湄公河三角洲的影响最大，而流域水量平衡的改变对湄公河洪泛平原的上游区影响更加明显一些。

在亚洲热带地区，由于海平面的上升，降雨量和地表径流也有变化，预计红树林的物种组成和分布地带将会有很大的变化。这样的变化使其他海岸湿地（如盐沼）更易受到海平面的上升、海浪和风暴的影响。Peiying等（1999）确认，由于气候变化和海平面的上升，海岸侵蚀和陆地的后移，黄河三角洲的盐沼正处于危险之中。许多红树林和盐沼群落拥有重要的野生动物，这些动物受到海平面的上升威胁。例如，孟加拉国的红树林为野生动物提供了一系列重要的栖息地，如果海平面上升1m，其栖息地将会被淹没。

海平面上升对环渤海湿地具有重要影响，它可以直接淹没大片湿地地区，加剧湿地的侵蚀后退、咸水入侵、扩散污染和恶化环境。例如，辽河三角洲地区，由于海平面的上升，湿地面积大幅度减少。加入海平面上升0.5m，将淹没3.5m以下地区，面积为

3530.1km²，相当于整个营口市区和半个盘锦失去；海平面上升 1m，将淹没 4m 以下地区，面积为 4667.95km²，营口和盘锦两市将全部淹没。

在高海拔地区，气候的暖干化将直接影响湿地的面积变化。对三江源地区的采用 RegCM3 气候情景进行模拟，研究表明，湿地面积的消长与气温、降水等气候因素的变化具有一定的联系，温度变化与湿地面积变化的方向是相反的，湿地面积下降，区域气温升高，湿地的冷湿效应减弱，反之，湿地面积增加，区域气温下降，湿地的冷湿效应加强；降水量变化与湿地面积消长变化的趋势相近，湿地面积减少后，降水量有递减的趋势，反过来如果降水量减少，湿地水源补给变少，将导致湿地面积递减。湿地大面积退化后，冬季气温增加最多，夏季气温增温最少，季节降水量的减少主要表现在夏季，冬季降水量变化不明显（纪玲玲等，2011）。

气候变化将显著改变世界海岸带湿地生态系统。红树林能够通过向陆或向海迁移适应小范围的海平面变化（<8~9mm/年），但是大范围的海平面上升将导致红树林生态系统灭绝。在未来情境下，红树林物种例如 *Rhizospora mangle* 向陆迁移将受到其自身生长率及海岸带开发的影响。在海平面上升及大气中 $CO_2$ 浓度变化的情况下，由于红树林物种种间生理生态的差异，未来红树林生态系统群落结构将发生改变。

海草的长期可持续发展在很大程度上取决于他们对水体中盐度条件改变的适应性，这一点在热带和亚热带尤为明显。热带物种一般生活在其对盐度和温度生态幅度的上限地区，因此气候变化和淡水输入减少导致的盐度上升对热带海草尤其具有重要影响，尤其是在河口区，由于蒸散发作用强烈这一点尤为重要。而在其他降水增加导致入海淡水量增加的地区，由于海水盐度降低将导致海草面积减少。

气候变化可以通过多种途径影响盐沼湿地，包括海平面上升。但是海平面上升并不一定会引起盐沼丧失。在英格兰东南部和其他一些沉积物供应充足的地区，盐沼可以在垂直方向上发育从而与海平面上升的速率保持一致进而保证盐沼不发生退化。在沉积物供应不充足的地区，盐沼更容易受到海平面上升的影响。

温度上升和降雨量减少可能对潮汐湿地具有重要影响，也可能耦合其他因素共同影响。例如在 2000 年春季到秋季期间，密西西比河三角洲地区，大面积的盐沼消亡，其原因可能是强拉尼娜事件导致持续的低水面、极端的干旱和高温的综合影响。

温度升高的另外一个重要影响是在北墨西哥湾地区，红树林具有北移的趋势并取代盐沼。虽然红树林不耐寒，当冰冻发生频率超过 8 年 1 次时，红树林将不能存活。但是在 12 年 1 次时，红树林将取代盐沼。历史上冰冻频率大概每 4 年 1 次，但是直到 2004 年春季，已经 15 年未出现具有对红树林杀伤性的冰冻，沿着路易斯安那海岸，在靠近海岸地区已经出现了小面积的红树林。如果这种情况不发生改变，红树林将在北部墨西哥湾和大西洋南部海岸扩散。实际上，由于气候变暖，红树林在这些地区已经出现并具有扩散趋势。

## 四、气候变化对冻土带泥炭地影响

气候变化模型预测，全球可能最大的增温将出现在北半球高纬度地区，尤其是冬季增温幅度最大。此外，预计高纬度地区冬季和夏季降雨量均将增加。全球变化背景下持续升温将造成地表雪消失，因此许多依靠融雪补水的湿地将消失或减少。全球升温背景下，由于升温和夏季时间增加，湿地蒸散发将增加进而改变水平衡，不仅将导致沼泽地水损失，而且会减少沼泽水的输入。因此，许多湿地将受到负面影响。气温升高导致永久冻土区冻土的融化将降低水位，将导致湿地从泥沼/沼泽转变为湿草甸。

泥炭地对水文循环过程改变极为敏感，并进而影响气候和碳循环（Briggs et al.，2007）。泥炭地的功能受到气候变暖的影响，而在这其中水分的变化是关键因子。泥炭地中水位降低，将导致土壤中氧气含量增加，促进泥炭地中有机质的分解。全球变暖条件下泥炭地的永久冻土融化和草原区泥炭地的荒漠化是显而易见的。同样，气候变暖背景下热带、海岸带和山区泥炭地是十分脆弱的。

对美国北部的草原湿地研究表明，全球气候变暖背景下，适宜的水禽栖息地将有干旱的中部向多雨的东部和北部边缘转移。如果不采取恢复和保护措施，在全球变暖背景下，中部地区作为水禽栖息地的湿地将不复存在（Johnson et al.，2005）。

# 第三章 气候变化对湿地水文、水资源的影响

## 第一节 湿地水文过程与湿地水平衡

湿地水文研究是认识湿地生态系统的结构、过程与功能的主要内容。20世纪70年代的人与生物圈计划(MBA)、90年代的国际地圈生物圈计划(IGBP)的核心项目BAHC以及UNESCO-IHP等，都以认识陆地生态系统与区域水文过程的耦合机制为核心内容，特别是UNESCO-IHP对洪水、洪泛平原、湿地与水资源关系研究非常重视，在重大研究计划中均涉及湿地水文研究的内容(李胜男，2008)。这些项目很大程度上带动了湿地水文研究的发展。

湿地发育于水、陆生态系统的过渡地带，具有重要的水文调节功能。其独特的水文过程对维持沼泽生态系统的健康和维护区域水平衡具有十分重要的作用。湿地水文情势制约着湿地土壤的诸多生物化学特征，从而影响到湿地生物区系的类型、湿地生态系统结构和功能等。水文过程在湿地的形成、发育、演替直至消亡的全过程中都起着直接而重要的作用(图3-1)。

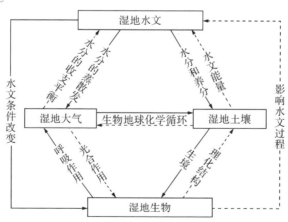

**图3-1 湿地水文与生态系统其他组分的相互作用机制**

湿地生态水文过程可分为生态水文物理过程、化学过程及其生态效应三部分。生态水文物理过程主要是指植被覆盖和土地利用对降水、径流、蒸发等水文要素的影响；生态水文化学过程是指水质研究；而水分生态效应主要指水分行为对植被生长和分布的影响(于文颖等，2007)。

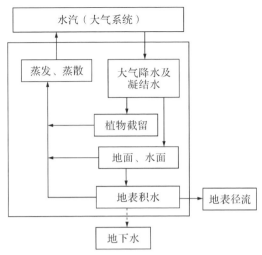

图 3-2　沼泽湿地水循环模式（王毅勇等，2003）

# 一、生态水文物理过程

湿地生态水文物理过程包括湿地植被降水截留、蒸散发、径流和地下水等水文过程。其中植被降水截留过程和湿地蒸散发过程是生态水文过程研究的重要内容，是生态过程与水文过程耦合的关键。如何从生态过程准确地模拟湿地植被的蒸发与蒸腾是评估湿地水收支及植被对于水分变化响应的关键。

## （一）降　水

降水是沼泽生态系统重要的水分收入项之一。降水量的区域分布主要受到大气环流、海陆分布和地形的影响。三江平原平均年降水量的总的分布规律为，等雨量线大致呈南北走向，山地东坡降水量最多，西坡降水量较少。在全国范围内三江平原是降水量相对较为稳定的地区之一，其年降水变率大部分地区都在 20% 左右（刘兴土和马学慧，2002），但是随着三江平原自 50 年代以来的大规模开发，降水量的逐年变化增大，降水量存在着递减的趋势（中国科学院长春地理研究所沼泽研究室，1983）。

从降水量年代际变化上来看，20 世纪 50 年代，三江平原降水量为 580.08mm；60年代为 526.63mm；70 年代降至 472.21mm；80 年代有所上升，达到 570.70mm；90 年代至 21 世纪初为 544.74mm。70 年代降水比 50 年代少 100 多 mm，90 年代比 50 年代少35mm。姚允龙（2009）研究了挠力河流域宝清站与富锦站两个站的降雨量近 50 年来的变化发现，两个站的年平均降雨量都是趋于减少，其中在夏季和秋季，降雨量都有明显的减少趋势，夏季降雨量减少的幅度更大一些，宝清站和富锦站两站夏季降雨量分别以23.1mm/10 年和 11.3mm/10 年的速度减少。

## （二）植被截留过程

湿地中的降水被地表植被截留或直接穿过植被进入水体或基质。截留水大部分损耗于叶表面上水的蒸发，其余为植物体直接吸收。只有在植物枝叶上滞留、被吸收的水量才构成截留量。植被截留量通常取决于降水总量、降水强度、植被发育阶段、植被类型和植被层次等（陆健健，2006）。

大气降水进入生态系统，首先到达植被冠层，降落到冠层上的降水在向地面下移的过程中被重新分配，分配过程的每个环节都伴随着液态水的损失和气态水的生成与发散。湿地植被通过植被截留、形成树干茎流和透冠雨，植被截留通过植被表面蒸发再回归大气中。因此，植被冠层截流也是湿地水分损失的一个途径。植被对降水的截流损失受植被的类型、结构特征、密度、枯枝落叶层和降水形式以及时空分布等多方面的影响。

关于湿地植被截流的研究多集中在森林湿地和森林—灌丛湿地。在加拿大魁北克沼泽湿地研究发现，该湿地乔木截留量约占降雨量的35%~41%。对魁北克废弃泥炭沼泽植被水文效应研究表明，云杉林泥炭地的季节性植被截流约占降雨量的32%，林木碎屑截流达12%。当降雨较小且不超过植被树冠储水容量时，植被的截流率较高；降雨持续时间较长时，植被树冠的水分蒸发损失控制着植被的截流率。

**（三）湿地蒸散发过程**

湿地蒸散发是湿地水分损失的主要途径，植被对水文过程的影响主要表现在湿地蒸发散过程上。蒸散发作为湿地生态系统的重要水文特征直接影响着其物质和能量循环。湿地蒸散研究被列为第5届国际湿地会议（1996）的核心之一。水分从有植被覆盖的地表传输到大气的全部过程统称为蒸散发（ET）。湿地蒸散发包括湿地水—土壤—植被表面的蒸发过程和湿地植被的蒸腾过程，其中湿地植被表面的蒸发过程是湿地植被截流过程的延续。

蒸发是水量平衡的重要组成部分，沼泽蒸发是指沼泽植物蒸腾和植株棵间蒸发之和，目前还无法较准确地将二者分开。世界上对蒸散发的研究已有近300年的历史（Brutsaert，1982；Souch et al.，1996；Hughes et al.，2001）。随着测量技术和计算方法的不断发展，蒸散量的测量与估算精度得到了很大提高。包括蒸发器法、蒸渗仪法、Penman-Monteith模型、波文比能量平衡法、涡度相关法和遥感方法等。其各自的优缺点见表3-1。

表3-1 蒸散发测定方法比较

| 方法 | 精确性 | 复杂性 | 缺点及局限 | 应用情况 |
|---|---|---|---|---|
| 蒸发器法 | ＊＊ | ＊ | 代表性和精确性不高 | 早期较流行 |
| 蒸渗仪法 | ＊＊＊ | ＊＊＊ | 设备复杂、笨重 | 固定地点精确测量 |
| Penman-Monteith 模型 | ＊＊ | ＊＊＊ | 参数多，需要数据量大 | 广泛 |
| 波文比法 | ＊＊＊ | ＊＊＊＊ | 假设条件较多 | 下垫面性质均一 |
| 涡度相关法 | ＊＊＊＊ | ＊＊＊＊ | 仪器精度及条件要求高 | 应用较少但前景广阔 |
| 遥感法 | ＊＊＊ | ＊＊ | 受遥感资料精度影响 | 较少，前景广阔 |

**（四）径　流**

河流径流受气候、地貌、土壤、植被等自然条件以及人类活动的耦合作用，其演变过程既表现出确定性规律，同时也有强烈的随机性。沼泽性河流径流的演变也具有一般性河流演变的特点，同时具有其独特性。分析沼泽性河流径流的特征，认识演化规律和趋势，不仅有助于深入了解沼泽湿地水循环与水平衡，而且对沼泽生态系统的结构、功能和沼泽湿地环境演化以及沼泽湿地水资源合理开发利用等都有重要意义。

不同类型湿地的降水—径流形成过程具有明显的差异。当降水发生时，部分降水被拦蓄，无法形成地表径流，拦蓄的水量通过蒸发和下渗输出系统。当地下水位接近或超过湿地土壤表面，土壤含水量接近或达到饱和时，雨量超过土壤的下渗能力，雨水开始聚集并形成径流或在更大更广泛的低洼处汇集，形成湿地表层径流。当地下水位明显低于湿地土壤表面，土壤含水量未达到饱和状态时，降水到达地面后，首先向土壤入渗，至土壤水分饱和后，降水开始汇集、流动，形成湿地表层径流。通常要估算表面径流、建立表面径流与降水量之间的数学公式是非常困难的，但是通常可以估算由于降水特别是暴雨引起的直接径流量（崔保山和杨志峰，2006；陆健健等，2006）。

### （五）　下　渗

水分在土壤剖面的下渗过程主要与土壤的理化性质有关，如土壤的孔隙度、容重、黏粒含量等，而这主要是由土壤类型决定的。三江平原土壤多为草甸沼泽土和腐殖质沼泽土，这主要是由于土壤矿质部分在缺氧或者完全没有氧气供给的条件下，大量铁的三氧化物被还原成低价的氧化物，使得剖面呈现灰蓝色的潜育层。

地下水与地表水的水分交换主要通过水在土壤剖面的运移来实现，这主要是由土壤透水性决定的。土壤透水性包括渗吸作用和渗透作用两个方面。对三江平原草甸土研究表明，沼泽土表层是半泥炭化的草根密集处，疏松多空，开始吸水较快，5min 时渗吸速度达 0.017cm/min，10min 时达到 0.010cm/min。但是因为该层厚度仅为 25cm，容水量不大。沼泽土壤的泥炭层和草根层渗透系数（K）的变化范围在 0.001～0.014cm/s，而在三江平原白浆土层渗透系数平均为 0.005cm/s。

## 二、生态水文化学过程

生态水文化学过程不同于生态过程中的化学过程，它主要是指水文行为的化学方面，也就是水质研究。人类耕作造成的点源、非点源污染和定居引起的生态水文变化已造成了世界性的水污染。近代对湿地过度开发，洪泛平原面积减少、质量下降，以及河流疏导，严重影响水流排泄，养分运移、沉积，以及污染的分布格局。湿地具有很强的降解和转化污染物的能力，它利用生态系统中物理、化学、生物的三重协调作用，通过过滤、吸附、沉淀、植物吸收、微生物降解来实现对污染物质的高效分解与净化。研究湿地生态水文化学过程有助于揭示湿地生态系统水文化学特征及其变化规律，为湿地环境保护与生态建设以及水资源保护与利用提供科学依据。

湿地植物包括挺水植物、沉水植物和浮水植物三种。大型挺水植物在湿地系统中主要起固定床体表面、提供良好的过滤条件、防止湿地被淤泥淤塞、为微生物提供良好根区环境等作用，常见的有芦苇、灯心草、香蒲等。湿地植物对污染物都具有吸收、代谢、累积作用，对 Al、Fe、B、Cu、P、Pb、Zn 均有富集作用，一般植物的长势越好、密度越大，净化水质的能力越强。湿地植物不同部位对营养物质或重金属的富集程度不同。通过湿地的径流污水中所含的污染物浓度大大降低，重金属和化学营养成分都达到了环境允许的标准。宽叶香蒲、甜茅等湿地植物以及土壤对污染物的吸收、截留、分解作用是非常显著的。尽管湿地植物对污染物的去除效率随污水成分的变化有所波动，但大多数情况下湿地对集水区排放污水中的微量金属离子的去除率还是相当高的，特别是暴雨期，处理效果都达到了 90% 以上。湿地由于具有特殊的界面特点和生态功能，能有效控制农业非点源污染，因而作为陆地释放的某些物质的过滤器功能备受关注。

## 三、水文过程的生态效应

水文过程的生态效应主要指水文过程对植被生长和分布的影响。水文过程控制着生态系统内营养物、污染物、矿物质和有机质等的运移和转化，水质的恶化、水位变化和水化学特征及其变化影响着植物的群落结构、动态、分布和演替。因此可以通过调整水文过程来控制植被动态。

湿地水位的波动、淹水周期和淹水频率控制着湿地植被类型、分布与生物生产量。通过对美国明尼苏达州北部同一个水文景观内碱沼和高位沼泽两个不同湿地类型的对比研究发现，植被对水化学梯度很敏感，水化学梯度（主要是 pH 值和 Ca 含量）对植被群落演替具有重要的作用。合理的水分供给可以增加植物对营养物的获取以及植物的固碳能力，并由此促进植物的生长和净初级生产力。湿地水文具有显著的周期特征，不同高程植被带的淹水频率、淹水历时和淹水周期都有明显差异，由此控制着湿地植被分布呈现显著的带状特征。

## 四、湿地水平衡

湿地水量平衡是湿地各水文过程的综合，是研究湿地水循环过程的基础。将湿地作为一个闭合系统，它的水量平衡满足通用的水量平衡方程，即：对于任一地区，任一时间段内，收入的水量与支出的水量之间的差额必等于其蓄水量的变化，即在水分循环过程中，水分收支平衡，这是现代水文学中的基本理论之一。

通用水量平衡公式：假定在陆地上，任取一个三度空间的闭合体，作为研究水量平衡的区域，其上界为地表，下界为无水分交换的深度，这样，对任一闭合柱体，任一时间内的水量平衡方程式为：

$$X + Z_1 + Y_1 + W_1 + U_1 = Z_2 + Y_2 + W_2 + U_2$$

式中：$X$ 为降水量；$Z_1$ 为水汽凝结量；$Y_1$ 为地表水流入量；$W_1$ 为地下水流入量；$Z_2$ 为蒸散量；$Y_2$ 为地表水流出量；$W_2$ 为地下水流出量；$U_1$、$U_2$ 分别为研究时段始末的蓄水量。

按系统的空间尺度，大到全球，小至一个区域。闭合流域系统的水量平衡方程式为

$$P - R - E = \Delta W$$

式中：$P$ 为降水量，是收入项，受制于大气候，局地下垫面变化不会引起明显改变；$R$ 为河川径流量，是支出项；$E$ 为蒸发量；$\Delta W$ 为流域蓄水量变化。

近年来，国内外学者对区域的水量平衡研究比较多（贾树宝，2000；Ali et al.,

2000；张士锋等，2003；Finch，1998）。燕华云等（2003）分析了青海湖水量平衡各因素的动态变化，为水资源优化配置提供了依据。莫兴国等（2004）采用基于土壤—植被—大气传输机理的分布式水文模型模拟了流域水量平衡变化规律。雷志栋等（2001）在干旱和半干旱地区水资源平衡分析中，以青铜峡灌区为例，提出水资源供需平衡，引水—耗水—排水平衡的内容和方法。Chongyu（1997）应用水量平衡原理对中国不同地区的水资源进行评价。任志远等（2000）以陕西关中灌区为例，对区域水土资源进行了研究，以水量平衡计算为主，分析了水土资源利用模式，提出了灌溉优化模型。

# 第二节 气候变化对湿地水资源功能的影响

## 一、湿地水文功能

### （一）天然"水库"

由于湿地是具有半水、半陆过渡性质的自然生态系统，特殊的剖面结构使其现出极强的持水性。以沼泽湿地为例，大量沼生和湿生植物，根系交织形成了具有特殊蓄水性的草根层，有的草根层与下伏的泥炭层组合成多孔介质体，呈海绵状结构，孔隙度为72%～93%，是沼泽湿地水文调节过程最为活跃的界面区域，具有较强的蓄水能力和透水性。草根层、草本泥炭层含水量多为60%～80%。全球约有96%的可利用淡水储存在湿地中，它是一个巨大的"生物蓄水库"（图3-3）。湿地沼泽土壤具有很大的持水能力，其调节系数与湖泊相近（陈刚起等，1982）。

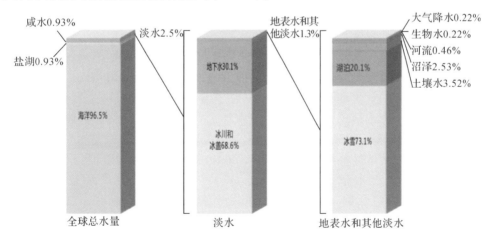

**图3-3 全球淡水资源构成**

来源：Igor Shiklomanov's 撰写章节"世界淡水资源"，Peter H. Gleick（主编），

1993，水危机：全球淡水资源指南（牛津大学出版社，纽约）

人类使用的可更新淡水主要来自内陆湿地，包括湖泊、河流、沼泽和浅层地下水（图3-4）。地下水是重要的水资源，通常由湿地补充，据估计全球有15亿～30亿人的饮水依赖地下水（世界资源研究所，2005）。

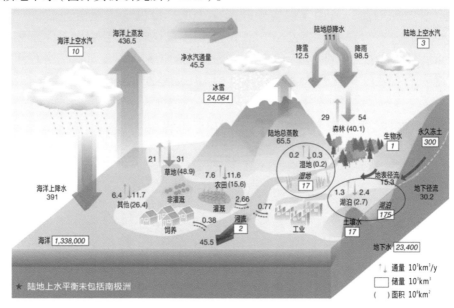

**图3-4　湿地在全球水循环过程中的水通量与储量**

注：修改自 Oki and Kanae（2006）。

湿地被称为"天然水库""地球之肾"，具有调节径流、削减洪峰、调蓄水量、补充地下水、水质净化、调节气候等重要功能。湿地保护对改善我国生态现状、维护国家水资源安全，保证可持续发展具有重要意义。

湿地能够涵养水源，水流可以从湿地移至地下土层，来补充地下水；当地下水充足时，湿地水流向上移动变为地表水，以此来排出地下水，调节河川径流。湿地能贮存大量水分，它能保持大于其土壤本身重量3～9倍甚至更高的蓄水量。湿地土壤中孔隙度比较大，草根层厚，导致湿地具有很强的蓄水能力（图3-5）。如纳帕海湖滨草甸土壤表现出极强的蓄水能力，达到2367g/kg，洞庭湖周围湿地土壤中共计调蓄水量161.99亿 $m^3$，扎龙自然保护区沼泽湿地的储水量为8100 $m^3/hm^2$。按照土壤平均厚度为0.8m计，三江平原沼泽土壤的最大蓄水量可达46.97亿 $m^3$。三江源区位于青海省南部，总面积36.31万 $km^2$，是我国最重要、影响范围最大的生态调节区和产水区，三大江河年产水量600多亿 $m^3$。因此，三江源区素有"中华水塔"之称，它对整个长江、黄河、澜沧江流域的水资源平衡、水源涵养具有决定性的作用（图3-6）。除了湿地土壤中的蓄水量之外，由于湿地均分布在地势低洼的负地貌部位，经常在沼泽湿地地表中存在大量的地表积水。如三江平原沼泽地表平均可积水30cm，则现有天然沼泽地表积水的储水量可以达到17.15亿 $m^3$，沼泽土壤蓄水和地表积水的总储水量可达64.12亿 $m^3$（不考虑潜育层蓄水为50.87亿 $m^3$）。

重要的水调节空间湿地既可减缓和抑制地表径流，又可具有卸载洪水的突出作用。据分析，三江平原的别拉洪河流域，1962 年和 1971 年降水分别为 719.9mm 和 701.3mm，超出正常年达 100mm，径流系数却为 0.198 和 0.192，仅有 19% 的降水形成了径流，其余大量降水都汇集在了沼泽湿地中。挠力河流域洪泛区沼泽湿地率为 32.7%，在夏季可减少洪峰 50% 以上。而在平、枯水期，这些滞留在湿地内的水，可以缓慢释放补给河道，维系河川的基流，从而实现对河川径流的调节。由于洪泛区湿地发育，河流常年水流比较稳定，最大径流量与最小径流量的比值为 4.6，相反，其比值可达到 42。这都足以证明湿地对河川径流的调节作用非常明显。在长江中下游通江的湖泊群湿地，洪水期可削减 35% 的洪峰流量。

图 3-5　湿地草根层蓄水（吕宪国摄）

湿地蓄积的水，经过土壤渗入至地下含水层，成为地下水重要补给来源。湿地与地下水之间的水力联系，取决于湿地剖面介质结构和下伏水文地质条件（含水岩组特性、水力梯度、导水系数、孔隙度等）。1998 年嫩江大洪水，下游湿地全部充水，使湿地区和比邻地区约 1000km² 的地下水得到重要补给，在 3 个月内，地下水位恢复了 2m 多，补给水量约达 2 亿 m³。

图 3-6　长江源湿地（吕宪国摄）

## （二）径流"调节器"

湿地可以看成为表面水流的接收系统，或者地面水流可起源于湿地而流入下游。流域上游的许多湿地可以形成地面出流，这些湿地通常是下游河流重要的水量调节器。有些湿地仅在它们的水位超过一定水平时才产生地面出流。在调节径流，防止旱涝灾害具有重要意义（图3-7）。许多湿地降低了洪水的破坏性，湿地的丧失增加了暴发洪水的风险。河漫滩、湖泊与水库等湿地是内陆水系主要的洪水缓冲区。

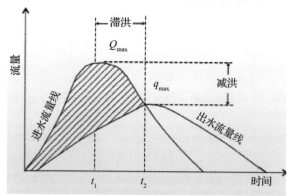

**图3-7　湿地调节径流示意图**（吕宪国，2008）

湿地的巨大蓄水能力使其具有重要的均化洪水的功能。湿地植被可减缓洪水流速，避免所有洪水在短期内下泄，一部分洪水可在数天、几星期甚至几个月的时间内从水储存地排放出来，一部分则在流动过程中蒸发或下渗成地下水而被排除。如根据1956～2000年挠力河宝清站和菜咀子站的洪峰流量实测值资料，在45年中，有26年是下游菜咀子站的洪峰流量小于上游宝清站。在典型的平水年和枯水年，下游菜咀子站洪峰流量被削减比例最大可达到76.2%，表明沼泽湿地削减洪水和均化洪水过程的作用十分显著（图3-8）。

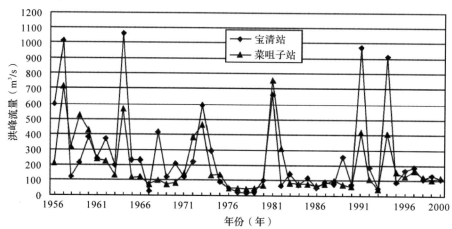

**图3-8　三江平原挠力河流域宝清站与菜咀子站**（实测）**洪峰流量对比**（刘兴土，2007）

湿地作为一种长期存在的有着丰富水资源的自然生态系统，它与区域地下水联系密切（图3-9）。湿地的地表水可以作为地下水的补给源，当水从湿地流入地下蓄水系统时，蓄水层的水就得到了补充。从湿地流到蓄水层的水可作为浅层地下水系统的一部分，可为周围地区供水、维持水位，或最终流入深层地下水系统，成为长期的水源，还可抬高地下水位。另外一种情况是一块湿地可以向其他湿地供水，或向地表水承泄区排水。如扎龙湿地地表水域浅层地下水之间具有显著的水力学联系。受湿地地表水的影响，浅层地下水具有典型的二元循环模式。湖滨地带水化学特征主要受湖泊控制，扎龙地区地下水受大气降水直接补给较弱，而在湖滨处湖水补给比例超过 50%（王磊和章光新，2007）。

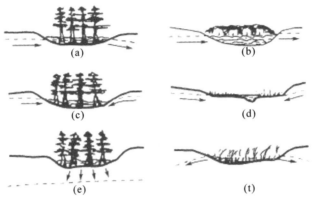

**图 3-9　湿地与地下水水力联系**（Mitch，1986）

### （三）水质"净化器"

湿地由于其特有的自然属性而能减缓水流，从而利于固体悬浮物的吸附和沉降。随着悬浮物的沉降，其所吸附的氮、磷、有机质以及重金属等污染物也随之从水体中沉降下来。湿地通过土壤、水、植被及微生物各个组分的物理、化学及生物的综合反应，将有效去除污水及农田退水中的营养元素，净化水质，防止富营养化发生，保障水资源安全（图 3-10 至图 3-14）。如在河岸湿地设置缓冲区，构建河岸湿地带，将有效防止氮磷营养元素进入河流水体中。如 50m 带宽的河岸湿地大约能去除径流、地下水和江水中 89% 的氮素，河流湿地每年每公顷可以移除 30kg 的亚硝酸根。在湖滨湿地中，一些污水中的污染物将有效地被截留净化，如霍林河流域湖泊湿地对污染物的净化效率非常高，在参加统计的 24 个的水质参数中，有 22 个水质参数有净化效果。长江中游龙感湖湖滨湿地对湖沼中的金属元素有明显的拦截左右。我国南方多水塘系统占流域面积 4.9% 时，对流域污染物和营养物的截留率在某些年份高达 90% 以上。研究表明，流域湿地的比率达到 1% ~5% 时就足以去除流域大部分的养分。

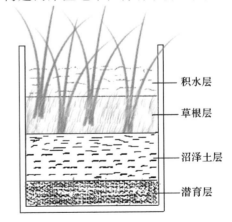

右侧标注：
积水层
草根层
沼泽土层
潜育层

**图 3-10　垂直流自然湿地水质净化示意图**
（徐治国，2005）

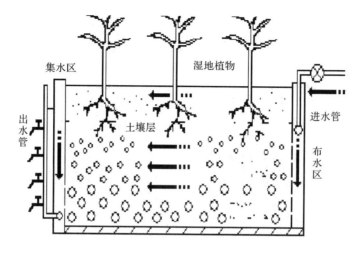

图 3-11    水平流自然湿地水质净化示意图（Guo et al.，2010）

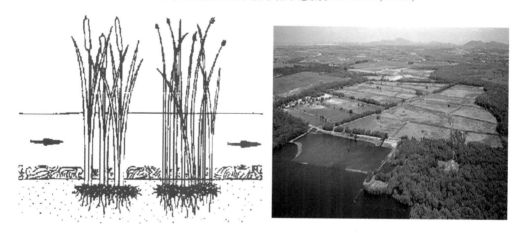

图 3-12    表面流人工湿地水质净化示意图（Sun and Saeed，2009）

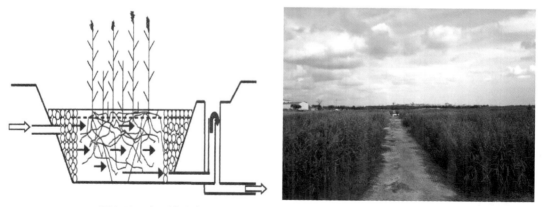

图 3-13    水平潜流人工湿地水质净化示意图（Sun and Saeed，2009）

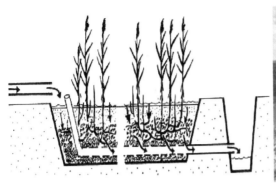

图 3-14　垂直潜流人工湿地水质净化示意图（Sun and Saeed，2009）

近年来我国大力发展城市湿地以对城市中的生活污水、工业废水等进行净化处理，并取得了良好的效果。我国在"七五"期间开始人工湿地的研究。天津市环保所在 1987 年建立了芦苇湿地工程，随后，北京昌平于 1989 年建立了自由水面流人工湿地，1990 年，国家环保局华南环境科学研究所与深圳东深供水局在深圳白泥坑建成了湿地处理系统示范工程。随着人工湿地技术的发展，人工湿地作为一种高效、价廉、环境友好型的污水处理技术在城市中得到了广泛的应用。

## 二、气候变化对湿地水资源功能影响

在新疆艾比湖流域，1960～2007 年间影响入湖地表径流变化的主要气象因子是温度变化。1997～2007 年 11 年间径流量在气候变化的影响下增加了 14.92%。温度变化是通过改变山区径流补给量而影响湖泊湿地生态过程，有利于艾比湖湿地的生态恢复（白祥，2010）。

20 世纪 90 年代期间气候变化是扎龙湿地乌裕尔河流域径流量减少的主要原因，其影响量约占径流减少总量的 60%，扎龙湿地蓄水量在 1956～2000 年间平均每年减少 1680 万 m³（刘大庆和许士国，2006）。在三江平原挠力河流域，1968～2005 年间挠力河年径流量的变化大约有 40% 归因于气候变化。气候变化对径流量影响的主导因素是降水量和蒸发量的变化，其中降水变化对宝清站和菜嘴子站径流量减少的贡献率分别为 43% 和 35%，蒸发量变化对两水文站径流量减少的贡献率为 10% 左右（姚允龙等，2010）。1961～2005 年间，呼伦湖湿地地区气候呈现暖干化趋势，导致呼伦湖湿地水资源短缺加剧，水位下降，湖面积明显萎缩，湖面积变化率为 –105.87km²/10 年。在 1999～2006 年间呼伦湖水面面积缩小了 410km² 以上，萎缩率达到 –339.41km²/10 年（赵慧颖，2007）。

在长江源区河川径流形成中，沼泽湿地占据主要地位，其次是冰川融水和降水。源区冰川融水补给率为 8.9%，且主要集中在沱沱河与布曲流域。正是由于高寒沼泽湿地的补给，使得源区大部分河川径流的年际变差 <2.0，是源区径流稳定而充沛的重要因素。在全球气候气候变化下，长江源区呈现出暖干化趋势。近 40 年来，长江源区径流

呈现持续递减趋势，径流量减少了 15.2%，发生频率在 20% 以上的常遇径流均明显减少，而 <10% 的稀遇洪水出现频率则显著增加，反映出源区水源涵养功能减退。但是同期以冰川融水为主的沱沱河流域径流过程变化不明显。在减少的径流中，气候变化的影响占 5.8%，流域内分布面积较大的高寒草甸和高寒沼泽草甸退化的影响可占 5.46%。其中气候变化对以降水型河流的影响最大，其次是冰川型河流。气候与植被覆盖变化对径流过程的影响均与冻土环境变化有关。气候及其影响下的冻土变化驱动长江源区高寒草甸与高寒沼泽草甸生态系统退化了 5.43% 和 12.9%，严重退化的高寒草甸和高寒沼泽草甸使得大致 49% 的降水量不能形成径流，导致区域水径流系数减少，是长江源区径流减少和洪水频率增加的主要驱动因素（王根绪等，2007）。在全球气候变化背景下，如何促进源区高寒生态系统尤其是高寒草甸与高寒沼泽草甸生态的稳定，对于维护源区水源涵养功能、保障流域水安全具有重要意义。

# 第三节　未来气候变化情境下湿地水文过程响应

　　气候变化将加剧阶段性和长期性的水资源短缺，水资源对气候变化是脆弱的。气候变化主要对降水、蒸散和径流过程产生影响，气候引起水循环变化的影响将会对极端气候事件的频率、强度产生影响，并对满足不断增长的水需求可能性产生影响。

## 一、对湿地水文过程变化影响

　　气候变化会使高纬度地区和融雪驱动的流域可能产生的强降水天数和洪水频率增加。在山地流域，较高的气温会使雨/雪比率增加，加速春季融雪的速率，缩短降雪季节的时间，导致更快、更早和更大的春季径流。

　　GCM 模型模拟的气候变化表明，在全球平均温度增暖 1.5 ~ 4.5℃ 的情况下，全球平均降水将增加 3% ~ 15%。降水区域分布的详细变化还不确定，但是可以肯定降水将在高纬度地区增加，特别是在冬季，在大多数情况下，这个结果可以推展到中纬度地区。潜在的蒸散随着气温的升高而增大，即使在降水增加的地区，较高的蒸散速率还是会导致径流的减少。由于降水增加而导致净流量增加，这种情况可能主要发生于高纬度和高山流域，而低温可能会引起径流减少。对于以降雪为主的高山流域，由于气候变暖，尤其冬季，冬季和早春径流将增加，而晚春和夏季径流减少，这样就会使季节径流过程发生迁移，使年内水资源的分配发生变化。大气 $CO_2$ 的增加会影响到植被对水的利用。$CO_2$ 浓度增加会减少植被的蒸散速率，趋于使径流增加，但是另一方面，$CO_2$ 浓度升高也可以对植被的生长产生贡献，使蒸腾组织的面积加大，从而使蒸腾增加。这两种相反作用的净效果将取决于植被类型和其他相互作用的因子，如土壤类型和气候。

　　径流对温度和降水的变化是敏感的。用 GCM 模型对美国主要河流的模拟结果表明，温度增加而降水不变，将导致径流减少；在降水不变的条件下，温度增加 2℃ 会使径流量减少 2% ~ 12%，增加 4℃ 导致径流减少 4% ~ 21%，在降水减少 10% 而温度升温 2℃

的情况下，估算的径流在大多数地区将减少 14% ~ 40%；如果温度增加 4℃ 则径流减少得更多，由于冬季径流将增加，春夏季径流减少，洪峰将变得更大。姚允龙等（2009）对三江平原典型的沼泽性河流挠力河流域径流量 1956 ~ 2005 年的演变过程研究表明，挠力河径流量不断减少，其中气候变化与人类活动是径流量的减少主要驱动因素。

青藏高原江河源地区是我国长江黄河两大河流的发源地，源区是其主要的产流区，在全球变暖的情境下，江河源区的水文及水资源变化直接影响到下游流域的水资源及生态环境。根据控制江源源区的水文站资料分析，自 20 世纪 60 年代以来，长江与黄河流域的年平均气温呈现上升趋势，80 年代以来增幅更大，降水在黄河源区一直呈上升趋势，而在长江源区在 70 年代为负距平，但其径流结果却不相同。在黄河上游气温的影响似乎大于降水变化，而长江源区的降水影响较大。

在考虑冻土、积雪、湖泊及不同下垫面和降水气温分布的情况下，模型预测分析表明，在青藏高原黄河源区，当气温升高 2℃ 时，即便流域平均降水量增加 10%，年径流量也将减少 7% 左右。夏季径流量将减少 15.7%；若降水量增加 20%，虽然年平均径流略有增加，但是夏季径流量仍将减少 3% 左右；气温升高 1℃ 所引起的径流变化和降水减少 6.4% 所引起的径流变化相等。根据 GCM 气候情景，未来几十年中黄河源区气温仍将保持增加趋势，约为 1.5℃，在此情景下，兰州以上黄河流域汛期径流量约减少 16 亿 $m^3$，全年径流量减少约 19.5 亿立方米。

对于青藏高原而言，由于本地区河流的径流量有相当部分来源于冰川积雪融水，因此，未来气候情景下，除了个别小流域之外，水分供应将减少。暖冬可能影响水分平衡。冰川消融初期，本地区径流量将增大，但是到 2100 年时，冰川径流将逐渐减少为现在的一半到三分之二（沈永平等，2002）。

全球气候变化不仅使得降水、气温、云量等气候参数发生明显变化，而且会对全球水循环过程和区域水文情势产生深刻的影响。区域水资源状况与降雨、气温之间是一种非线性的关系，也就是说相对较小的降雨和气温的变化将导致水资源状况的较大变化。如若降水量减少 10%，气温增加 2℃，河川径流量一般要减少 15% ~ 35%。

气候变化通过降水事件对湿地水文水资源的影响不仅表现在降水总量上，更重要的是降水强度和频率以及降水量时空分布不均。同时，气温升高导致蒸散量增加将加剧湿地水文水资源对气候变化响应的脆弱性。在扎龙湿地地区，最高气温与最低气温的不对称性增温过程对沼泽湿地的蒸散发过程产生重要影响，二者升温速度的差异决定了蒸散量的变化趋势。最高气温升高抵消最低气温升高对蒸散耗水的负面影响。最高气温升温幅度大于最低气温升幅的时期，蒸散梁呈现出明显的上升趋势，在最低气温升幅大于最高升幅时，尽管平均气温呈上升趋势，但蒸散量仍然呈现明显的下降趋势。扎龙湿地区域在 1961 ~ 2000 年间平均气温升高了 1.68℃，但是芦苇沼泽蒸散量却降低了 92mm（王昊等，2007）。

亚洲和非洲在赤道附近地区以及亚洲东南部年径流未来将会增加，在北美，两个模型模拟结果有较大差异，HadCM2 模拟年径流略有增加，而 HadCM3 则相反，这主要是 HadCM3 模拟的潜在蒸发比 HadCM2 大。气温的升高使得降雪量减少，同时冰雪覆盖的地区面积将会下降，春季融雪径流将大幅减少，而冬季径流将增加，极端事件（干旱和洪水）也将增加。利用 CGCM1 和 HadCM2 结合水量平衡模型（WBM）模拟全球径流，同时分析了人为因素对水资源的影响，结果认为：在未来 25 年里人口增长和经济的发展将决定着全球水资源的供需关系，也就是说，人口和经济发展对水资源的影响要远大于气候变化对全球水资源的影响。

用两种（随机和回归）统计降尺度技术生成未来气候变化，输入两个不同水文模型，模拟加拿大魁北克 Saguenay 流域的 Chute-du-Diable 子流域径流，结果表明，年平均径流量和水库入库水量有上升的趋势，春汛峰值也将变大。采用三个海气环流模式（Had-CM3，ECHAM4/OPYC3 和 ARPEGE/OPA）驱动 19 个区域气候模式模拟气候变化，采用 GSM-SOCONT 模型模拟流域径流，对瑞士阿尔卑斯山地区 11 个流域进行径流对气候变化的响应研究，结果表明，在所有的流域中，融雪径流发生时间提前，使得水文规律发生变化，年径流量显著减少；在有冰川存在的流域，水文规律变化主要由温度升高引起的，而在低纬度地区则由降水变化引起；径流模拟的不确定性主要由海气环流模式和区域气候模式引起的，水文模型的参数虽然有一定的不确定性，但是相对前者，这种不确定性微乎其微。

我国科学家八五期间利用随机天气模型、流域蒸散发模型、流域水文模型、水资源综合评价模型及 GCMs 预测的未来气候情景系统研究了全球气候变化对我国水文和水资源以及水资源供需的影响，结果表明：在四种 GCMs 情景下，松花江流域径流增大的可能性大，辽河流域径流既可能增加也可能减少；京津唐、黄河上中游及淮河流域年径流减少可能性大；汉江年径流变化不明显；东江年径流增加较大；研究的七个流域年径流的增加或减少主要发生在春、夏、秋三季，尤以夏季最为显著，这将对水库水量调节及防汛抗洪造成不利影响：在四种 GCMs 情景下，任一流域水文情势的变旱或变湿都没有超出本气候带的水文情势。

未来 50 年山西省径流最可能的变化趋势是径流随气温升高将逐步减少。袁飞等（2005）应用大尺度陆面水文模型（可变下渗能力模型 VIC）与区域气候变化影响研究模型 PRECIS 耦合，对气候变化情景下海河流域水资源的变化趋势进行预测，结果表明，未来气候情景下，即使海河流域降水量增加，年平均径流量仍将可能减少，预示着海河流域的水资源将十分短缺。郝振纯等（2006）的研究指出，黄河源区未来 100 年的水资源量总体趋势是不断降低，水量的年际分布也将越来越不均匀，旱涝威胁日趋严峻。

对未来气候变化情形下美国加利福尼亚州气温及降水量的变化趋势及不同区域的变化特征进行分析研究，结果表明，未来加州增温趋势较为一致，而降水量的模拟结果无显著变化趋势。加州沿海山区气温变化较为缓和，内华达山脉地区及加州东北部地区气温变化较为显著。降水量的变化波动性较大，敏感区域主要集中在加州西北部沿海地区，内华达山脉北部及加州南部沿海地区。基于全球气候模式（GCM）通过降尺度方法分析结果显示，圣华金河源区域日平均气温的实测值和模拟值拟合结果较为理想，模型模拟期内站点日均气温平均确定性系数为 0.97；受到内华达山脉地区特殊的地形条件及气象条件等因素影响，降水量的模拟结果相关性较弱，平均确定性系数约为 0.760，A2 情景下未来 4 个时期(21 世纪 30 年代、50 年代、70 年代和 90 年代)的平均气温变化分别为 +1.6℃，+2.1℃，+3.7℃ 和 4.2℃，B1 情景下未来 4 个时期的平均气温变化分别为 +1.0℃、+1.7℃、+2.3℃ 和 +3.4℃，夏季平均气温在两种情景下变化较为显著，其中 A2 情景下未来 4 个时期夏季日平均气温变化分别为 +2.9℃、+3.8℃、+4.7℃ 和 +5.6℃，B1 情景下分别为 +1.2℃、+1.4℃、+3.6℃ 和 +4.6℃，而冬季次之，春季和秋季变化相对较小。

利用确定的加州未来气候变化情形，耦合 HSPF 流域水文模型研究未来气候变化对流域径流的影响。通过分析得出增量情景下年均径流量变化区间的大致范围为 −43.7% ~ 16.8%。若其他因素保持不变，气温上升将引起径流变化为 −23.7% ~ −8.3%。在 A2，B1 情形下，未来径流量变化范围为 −32.3% ~ 19.7%；A2 情形下径流量减小趋势大于 B1 情形。径流的逐月变化分析表明，5 ~ 9 月份径流存在下降趋势，1 ~ 4 月份及 11 ~ 12 月份径流量存在不同程度的上升趋势。在各气候变化分析情形下，冬春季径流主要呈现增加趋势，而夏季径流呈现下降趋势，秋季径流变化程度较为缓和。在增量情形下，降水不变气温上升将引起的径流中心(CT 值)分别向前移动 16 ~ 45 天。保持气温不变降水量的变化将导致 CT 值的变化仅为 1 ~ 4 天。B1 排放情形下模拟结果显示 CT 值分别提前 13 ~ 20 天，而 A2 排放情形下 CT 值分别提前 34 ~ 38 天，其中降雨量变化引起 CT 值变化仅为 2 ~ 4 天，表明气温升高为影响径流过程的主要因素。通过对比分析表明，在 21 世纪中期圣华金河流域上游地区暖干气候特征将会较为明显，年径流存在减少的趋势，干湿季变化特征更加显著，径流的季节性变化增强，径流过程将显著提前。

## 二、对湿地水资源影响

湿地由于特殊的水文物理特性，对气候变化的响应极为敏感。气候变化不仅会引起水资源在时空上的分配特征差异，而且可能加剧洪涝、干旱灾害的发生频率。气候变化对湿地水文水资源的影响具体表现在以下两个方面，一方面，气候变化将加速大气环流和水文循环过程，通过降水变化以及更频繁和更高强度的扰动事件(如干旱、暴风雨、洪水)对湿地能量和水分收支平衡产生影响，进而影响湿地水循环过程和水文条件；另一方面，气候变化将会增加经济社会用水和农业用水，可能会更多挤占湿地生态用水，使湿地水资源短缺状况更加严重。

湿地因其水资源补给方式不同对气候变化的响应也存在显著差异。大气降水是高位泥炭沼泽湿地的唯一补给水源，这也导致该类型湿地对气候变化的响应最为敏感。分布在瑞典中东部的高位沼泽湿地，因降水量减少导致湿地水位自 20 世纪 50 年代以来持续降低，沼泽湿地水资源短缺，湿地环境明显退化，比以径流为主的主要补给方式的湿地受气候变化的影响更大。

湿地类型的多样性和湿地生态系统内部的复杂性导致气候变化对湿地水文水资源的影响方式和程度不尽相同。内陆河流域湿地水文水资源量的变化主要是由于气候变化影响下河流水过程的变化引起的。在波兰境内的雷夫河流域，气温升高，夏季降雨量减少，导致流域潜在蒸发量增加了 7%，河流水量减少，流域湿地水位随之下降了 60cm，湿地土壤含水量急剧降低。在高海拔及北方高纬度地区，春夏季节融雪径流是湿地水资源的主要补给来源，但是气温升高导致冬季径流量增加，春夏季洪水频率明显减少，湿地水量的时空分布特征及可利用性受到显著影响，导致以春夏季节融雪径流为主要补给方式的湿地，其水文水资源对气候变化的响应更为敏感。内陆湖泊湿地，尤其是终端或者封闭性湖泊湿地，主要受到降水补给，水资源量更容易受到气候变化的影响，对气候波动引起的进水量和蒸发量之间的差额变化尤为敏感。只有春季降雨和融雪在生长季降雨量基础上增加 10%，才能补偿由于气温升高和蒸散发增加造成的湿地水分损耗。在干旱和半干旱地区，气候变化引起的水体盐碱化将导致湿地可用水资源减少。利用 SRES A1 和 B1 排放情境以及 GCMs 多模式对澳大利亚默里—达令流域盐沼湿地的模拟研究发现，2050 年湿地水体盐度将会增加 13%～19%，可能使许多脆弱性较高的沼泽湿地因为没有足够的水资源而退化消失。

气候、地貌和地质条件是决定自然湿地水文的主要控制因素。湿地敏感的水文系统，流入量和流出量发生微小变化，都会导致湿地水位下降和湿地消失。全球气候变化导致的径流减少和蒸散发增加会加速湿地的丧失。气温升高、降水量变化、海平面升高是影响湿地水文的主要因素。气候因子(如气温、蒸发量和降水量等)的变化主要是通过对湿地能量和水分收支平衡的影响来改变湿地的水文特征，从而影响湿地水循环过程和水文条件。气候变暖通过减少水供应和增加水需求来改变水分的收支平衡，进而影响湿地生态系统的水分状况和生态特征。降水是维持湿地水量补给和水位环境的关键因素，对湿地水文尤其是对湿地水文周期产生重要的影响。根据中国《气候变化国家评估报告》预测，到 2020 年，中国年平均气温可能增加值 1.3～2.1℃，年降水量可能增加 2%～3%，湿地水文状况对降水量的季节性变化非常敏感，降水量的变化会导致其发生显著的改变。降水日数在北方显著增加，降水区域差异更为明显。由于平均气温增加、蒸发增强，总体上北方水资源短缺将进一步加剧，未来极端天气气候时间呈增加趋势。这意味着中国北方内陆湿地水文对全球气候变化更加敏感和脆弱，湿地水资源紧缺和水文周期扰动更为严重，将加剧湿地退化。对于非永久性湿地，环境的干湿交替特征随着植物生长季节气温和降水量而发生一定的变化。

## 三、对湿地水文—植被关系影响

湿地生态系统的结构和过程具有极强的时空变异性，主要是由湿地生态系统独特的水文情势决定的。气候变化影响下，湿地水文状况即使发生相对较小的变率，湿地生态过程也会呈现大幅度的变化。就湖滨湿地而言，湖泊水位的波动对其生态系统结构和功能有着决定作用。在美国五大湖区，气候变化影响降水、气温及蒸散发的变化导致湖泊水位波动。季节性水位波动增加了湖滨湿地物种多样性和初级生产力，但是在极端干旱或者洪涝情境下，湖滨湿地生态系统初级生产力显著下降。在干旱和半干旱地区，气候变化可能带来湿地水体盐碱化风险，进而对湿地植物群落演替产生深远的影响。在澳大利亚南部，气温升高和降水量减少因地表径流减少和蒸发量增大，导致盐沼湿地水体和土壤中盐分物质不断富集，湿地植物群落由物种丰富的淡水群落向物种匮乏的耐盐性群落发生明显转变。从长远看，在水文状况持续变化的情况下，这类盐碱湿地会对新的湿地水文条件做出响应，并产生耐盐物种去适应新的水文条件。

受气候变化的影响，湿地水文—植被之间的动态时序关系表现出极大的不稳定性。湿地植被通过根系吸水和气孔蒸腾对水文过程直接作用，同时也通过垂直方向的冠层结构和水平方向的群落分布对降雨、下渗、坡面产汇流以及湿地蒸散发发生间接影响，形成了湿地生态对水文过程的反馈作用。在奥卡万戈三角洲，湿地水文与植被覆盖状况的定量分析结果表明，在未来干旱条件下，湿地将由于缺水而逐渐萎缩，不同生态区内的植被优势种群及植被分布状况的变化，将会对湿地水文过程产生直接控制作用。

## 四、对湿地面积的影响

气候变化将导致湿地中水位下降，并影响到水域面积。例如盘锦湿地水域面积的改变与其气候因子的改变有着密切联系。对欧洲南部半干旱地区湿地生态系统对气候变化响应研究结果表明，气温升高 3 ~ 4℃，湿地面积在 5 年之内就将减少70% ~ 80%。中国白洋淀地区气温升高趋势明显，导致本地区水域面积减少趋势明显。

长江江源地区的高寒湿地位于全球气候变化最为敏感的川西北高原东北部，冷湿的气候条件下沼泽相当发育。高寒湿地总面积为 10445.1km$^2$，其中沼泽占湿地总面积的49.17%，集中分布在当曲、楚玛尔河、沱沱河的源头、通天河区域等地。近 50 年来，从结构上看，草甸、沼泽和湖泊三种湿地类型的面积均有所减少，分别减少了1843.76km$^2$、186.54km$^2$ 和 114.8km$^2$，就变化幅度而言，湿地减少率为 1.48%，其中高寒泥炭沼泽减少率 3.83%/年为最大，草甸、湖泊和河流的减少率分别为 2.72%/年、0.85%/年和 0.02%/年。沼泽湿地面积的减少与气候变化下青藏高原湿地水文过程发生显著改变密切相关。在 20 世纪 30 年代以前，沼泽积水一般为 20 ~ 40cm，最深可达1.0m 以上，近 10 年的沼泽水深一般只有 10 ~ 15cm，很多沼泽地仅仅呈过湿状态。沼泽湿地的减少，致使区域水汽补给通量减少，沙化和荒漠化面积增加，干旱化趋势加剧（梁川等，2013）。

# 第四章　气候变化对湿地生物多样性的影响

## 第一节　气候变化对湿地植被群落结构及演替过程的影响

### 一、湿地植被群落演替

**(一)演替的概念**

群落演替是指群落经过一定历史发展时期，由一种类型转变为另一种类型的顺序过程，也就是在一定区域内群落的发展和替代过程。在这个过程中，一些植物替代另一些植物，一种种群替代另一种种群，群落的结构发生相应的变化。控制植物群落演替的机制很复杂，是多因子相互作用的结果。水文条件的改变会影响湿地植被的格局，进而影响植被的演替。水深度减小，导致沉水植物、浮水植物被挺水植物取代，随着湖泊的沼泽化，一些耐水湿植物相继侵入形成以一年生草本为主的湿生草甸。例如对芦苇 (*Phragmites ausrtalis*)沼泽进行研究表明，土壤含水量充足时，芦苇生长发育良好，土壤含水量不足，同时由于水分蒸发而引发的盐分上升，抑制了芦苇的正常生长，因此芦苇长势较差。盐生植被的演替受土壤因子梯度变化的影响，盐生植被从海滩原生裸地上发生，形成先锋群落，先锋群落一般是极耐盐、瘠、耐海水浸淹、定居力强的植物，随着先锋植物的生长，为演替后期的植物创造了更加适于生长的盐度、水分以及有机质条件，使得演替向前发展。

**(二)演替过程中生物多样性变化**

新形成群落最显著的特点是物种的增多。无论是荒芜的平原还是新形成的湖泊边沿地区，随着演替时间的增加，物种数将显著增加。在海岸带泥滩地的演替过程中，物种丰富度在 13 年间从 23 种增加到 91 种。当有木本植物入侵时，生物多样性降低。这种物种多样性先增加又减少的趋势是原生演替的一般规律。

**(三)演替过程中生物生物量与生物量分配的变化**

在原生演替早期生长较慢、耐受性强的物种占优势，这些物种能够有效利用不多的营养物质与水分，缓慢积累生物量。随着生态系统逐渐成熟，如果生长环境比较优越，那么生物量能够快速积累，最终生物量大的物种将侵占土壤，并通过阻止其他物种的进入而阻止演替。例如在松树林的演替过程中，当乔木和灌木入侵之后，维管植物覆盖度大大增加，地上生物量积累从 $2.7g/m^2$ 增加到 $9700g/m^2$，根生物量从 $8.8g/m^2$ 增加到 $5734g/m^2$，随着乔木成为优势种，地上部分生物量与根生物量的比值从 0.32 增加到 1.7。

　　随着植被的发展，地上部分与根生物量的比值发生了很大的变化，在演替的早期，光反应迅速的物种入侵，大量的生物量分配在光合组织中。那些营养利用率较高，大部分生物量分配在地下部分的植物在这种情况下很有竞争优势，所以它们逐渐取代前者而占优势。物种对土壤营养物质的竞争随着生态系统生产力的增加而加剧，导致越来越多的生物量分配在地下部分。

### （四）营养物质在演替过程中的作用

　　营养物质往往会成为演替的限制因素。群落演替速率通常与营养水平呈正相关。在营养匮乏的地区可能很快有植物入侵，但是生物量积累缓慢，这样就延迟了耐受力差的物种的入侵，也限制了生物因素相互作用。改善营养条件是加速演替的有效途径。氮是湿地土壤中最主要的限制性养分，20 世纪 60～80 年代，国外许多研究就已经证实了盐沼湿地中氮素对植物生长的限制作用。湿地氮的生物循环过程研究主要集中于生物体的吸收，积累和分配。近年来美国和法国对盐沼湿地植物尤其是在海岸盐沼生长、分解、积累过程和种群动态研究以及自然及人类活动对盐沼植被的干扰以其响应研究方面分别做了大量的长期定位监测。湿地植物对氮素的吸收持留能力依植物类型而异。在以芦苇为优势种的恢复湿地中，芦苇对输入的无机氮的吸收量高达 66%～100%。植物体的含氮量在湿地入水口处最高，距离入水口越远，氮含量越低。

### （五）水文条件变化对植物群落结构组成的影响

　　湿地水文条件促使湿地地表形成独特的植被，对物种丰富度起到限制或促进作用，并通过影响植物的个体形态以及群落组成影响植被的结构与功能。水位是影响群落类型分异与分布的重要因子，水位梯度变化改变土壤水分、空气、物理化学过程与盐碱化程度，从而对植物生态型和物种多样性产生影响，导致湿地群落随着水深梯度变化替代性显著。

　　在湿地的自然演替过程中，水文过程对于优势群落的控制尤为明显。例如在三江平原，随着地表水减少，沼泽湿地地表植被将由漂筏苔草转变为小叶章－杂草类群落，而水分增加，则将促进乌拉苔草群落变为漂筏苔草群落（图 4-1），这一点在三江平原广泛分布的蝶形洼地中尤为常见。由边缘至中心地区，随着地表水的增加，植被也由旱生转变为湿地及水生植被。

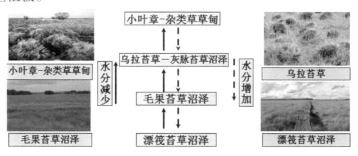

**图 4-1　三江平原植被演替过程对水分变化响应**

在河流湿地及湖泊湿地中，水文过程对湿地植被的组成及演替过程影响略有不同。河滨湿地由于特殊的地貌特征及水文过程，因此地表植被通常具有明显的条带状，在靠近明水面地区主要为水生植物种类，而后随着离明水面距离增加，植被的生活型逐渐向湿生型及中生型转变。而且由于岸边湿地经常性的淹水状态，因此，只有适应厌氧性条件的植物在湿地中生活良好。如图 4-2 所示的葫芦岛地区五里河岸边湿地群落结构组成。五里河大桥以上河段城市河道的沉积物颗粒组成相对较大，植物覆被率较低，植物矮小且零星分布。在五里河大桥下游河道，沉积物颗粒变细，植物变的高达，植物种类逐渐丰富，出现了优势种和建群种。在枯水期，大部分河床干涸出露，植物生长茂密且在河床不同不为生长有明显的植物群落建群种，河床相沉积物连同其上生长的植物从水边到堤岸呈现出明显的条带状分布，形成了景观生态学上的缀块（张秀武等，2007）。

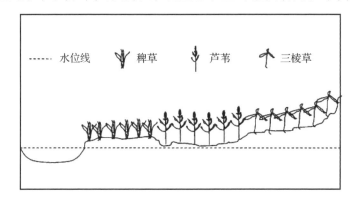

**图 4-2　葫芦岛河道植被结构组成**（张秀武等，2007）

河滨湿地一般具有高度的生物多样性。暖温带河滨湿地植被以草本植物群落为主。如在黄河下游地区的黄河湿地国家级自然保护区中，河滨湿地中 15 个草本植物群落中共有 31 科 73 属 94 种植物，包括 2 科蕨类植物门植物和 29 科被子植物门植物，其中禾本科植物最多，为 12 属 17 种（表 4-1）。

**表 4-1　黄河湿地自然保护区河滨湿地植被构成**（韦翠珍等，2012）

| 科名 | 属数 | 物种数 | 科名 | 属数 | 物种数 |
|---|---|---|---|---|---|
| 禾本科（Gramineae） | 12 | 17 | 茜草科（Rubiaceae） | 1 | 1 |
| 菊科（Asteraceae） | 12 | 13 | 无患子科（Sapindaceae） | 1 | 1 |
| 莎草科（Cyperaceae） | 7 | 12 | 施花科（Convolvulaceae） | 1 | 1 |
| 蓼科（Polygonaceae） | 2 | 5 | 荨麻科（Urticaceae） | 1 | 1 |
| 车前科（Plantaginaceae） | 1 | 2 | 萝藦科（Asclepiadaceae） | 2 | 3 |
| 伞形科（Umbelliferae） | 3 | 3 | 柽柳科（Tamaricaceae） | 1 | 1 |
| 玄参科（Scrophulariaceae） | 2 | 2 | 木贼科（Equisetaceae） | 1 | 1 |
| 香蒲科（Typhaceae） | 1 | 3 | 藜科（Chenopodiaceae） | 2 | 3 |

（续）

| 科名 | 属数 | 物种数 | 科名 | 属数 | 物种数 |
|---|---|---|---|---|---|
| 豆科（Fabaceae） | 4 | 5 | 葡萄科（Vitaceae） | 1 | 1 |
| 灯心草科（Juncaceae） | 1 | 1 | 大戟科（Euphorbiaceae） | 1 | 1 |
| 茄科（Solanaceae） | 1 | 1 | 苋科（Amaranthaceae） | 2 | 3 |
| 十字花科（Brassicaceae） | 3 | 3 | 凤尾蕨科（Pteridaceae） | 1 | 1 |
| 大麻科（Cannabacea） | 1 | 1 | 睡莲科（Nymphaeaceae） | 1 | 1 |
| 桑科（Moraceae） | 2 | 2 | 唇形科（Lamiaceae） | 1 | 1 |
| 锦葵科（malvaceae） | 2 | 2 | 蔷薇科（Rosaceae） | 1 | 1 |
| 满江红科（Azollaceae） | 1 | 1 | 总计 | 73 | 94 |

　　由于河滨湿地具有独特的水文地貌特征，因此往往随着距离河道距离的增加，植被的分布呈现出显著的带状规律分布，如图 4-3 所示。在 AC 地区分布有草地和草本植物的斑块，但是在 WC 部分很少能够发现陆地植物。草本、灌木及落叶性乔木通常在 FP 出现。而在 HS 通常会出现针叶林。

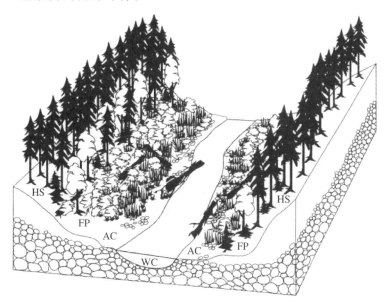

**图 4-3　河道两岸植被带状分布特征**（Gregory et al.，1991）

　　河流每年的洪水泛滥频率对河滨湿地中物种丰富度具有显著的影响，如图 4-4 所示。一般来说，洪水频率的增加对于河滨湿地物种丰富度具有促进作用，然而当洪水频率过高时，河滨湿地物种丰富度将减少，植被将变得非常稀疏。在极度频繁或者有限的洪泛情况下，往往只有一种或者两种优势植被。对洪泛频次（FF）与河滨湿地物种丰富度（SR）之间分析表明，二者的拟合关系为

$$SR = 31.29 + 6.71FF \times e^{(-2.24 \times 10 - 10 \times FF11.6)}$$
$$(r^2 = 0.74，P < 0.01，n = 16)$$

洪泛频次能够解释河滨地区维管束植物 63% 的变化，非禾本科植物变化的 65% 和物种萌发的 22%。

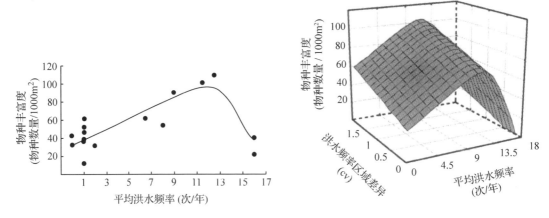

**图4-4    洪水频率与河滨湿地物种丰富度关系**

注：修改自 Pollock 等（1998）。

消落带地区由于水库及泡塘的周期性蓄水及泄洪过程，导致消落带结构组成具有独有的特征。对三峡库区 156m 蓄水位后消落带新生的植物群落研究表明，本地区共有 33 种高等植物植物，包括西南毛茛（*Ranunculus ficariifolius*）、石龙芮（*R. sceleratus*）、金鱼藻（*Ceratophyllum demersum*）、莲（*Nelumbo nucifera*）、水芹（*Oenanthe japonica*）、齿果酸模（*Rumex dentatus*）、红蓼（*Polygonum orientale*）、长鬃蓼（*P. longisetum*）、穗状狐尾藻（*Myriophyllum spicatum*）、南方狸藻（*Utricularia australis*）、黑藻（*Hydrilla verticilata*）、矮慈姑（*Sagittaria pygmaea*）、欧洲慈姑（*S. satittifolia*）、菹草（*Potamogeton crispus*）、草茨藻（*Najs graminea*）、鸭跖草（*Commelina communis*）、凤眼蓝（*Eichhornia crassipes*）、灯心草（*Juncus effusus*）、翅茎灯心草（*J. alatus*）、木贼状荸荠（*Heleocharis quisetina*）、牛毛毡（*H. yokoscensis*）、扁穗牛鞭草（*Hemarthria compressa*）、双穗雀稗（*Paspalum paspaloides*）、菰（*Zizania latifolia*）、蕹菜（*Ipomoea aquatica*）、宽叶香蒲（*Typha latifolia*）、萤蔺（*Scirpus juncoides*）、蔍草（*S. triqueter*）、圆叶节节菜（*Rotala rotundifolia*）、眼子菜（*Potamogeton* sp.）、喜旱莲子草（*Alternanthera philoxeroides*）、稗（*Echinochloa crusgalli*）、苹（*Marsilea quadrifolia*）。

本地区的植被类型可以划分为 8 个群丛：

（1）双穗雀稗群丛（Ass. *Paspalum paspaloides*），群落高度为 40～50cm，总盖度 70%～90%。优势种为双穗雀稗，伴生种主要为萤蔺、长鬃蓼、圆叶节节菜、苹、喜旱莲子草、笔管草、狗牙根。偶见种为荩草、聚雪草、眼子菜、青葙、牛筋草、青蒿、苍耳、白茅、红蓼。

（2）蔍草－双穗雀稗群丛：群落高度 40～90cm，总盖度 80%～90%。蔍草高度 90～100cm，盖度 50%～70%。优势种为蔍草、双穗雀稗，伴生种主要有南方狸藻、喜旱莲子草，偶见种为苹、聚雪草、长鬃蓼。

（3）苍耳群丛：群落高度 70～120cm，总盖度 100%。苍耳高度 75～130cm，80%～100%。优势种为苍耳，伴生种主要为双穗雀稗、狗牙根，偶见种为藜、笔管草、喜旱莲子草、青葙、紫苏等。

（4）萤蔺群丛：群落高度 40～50cm，总盖度 75%～90%。萤蔺高度 60～80cm，盖度 30%～50%。优势种为萤蔺，伴生种主要有圆叶节节菜、长鬃蓼、天子苹、喜旱莲子草、双穗雀稗，偶见种为稗、眼子菜、蔗草、紫菀。

（5）喜旱莲子草群丛：群落高度为 45～50cm，总盖度 65%～75%。优势种为喜旱莲子草，伴生种主要有紫苏、小蓬草、苠草，偶见种为白茅、紫苏。

（6）酸模 - 香附子群丛：群落高度 14cm，总盖度 10%。优势种为酸模、香附子，偶见种为通泉草、陌上菜、稗等。

（7）宽叶香蒲群丛：群落高度 130cm，总盖度 80%。优势种为宽叶香蒲，伴生种主要有喜旱莲子草、长鬃蓼。

（8）长鬃蓼群丛：群落高度 40cm，总盖度 25%。优势种为长鬃蓼，伴生种主要有苠、青葙。

在三峡库区 156m 蓄水位后，消落带内植物群落沿河流侧向空间梯度可以分为 3 个植物带。

河漫滩 1 年生草本植物带：位于消落带最低水位线（145m）的河漫滩，植被多以 1 年生草本为主，如青葙、长鬃蓼、酸模等。植物密度及盖度均较低，主要植物群落为长鬃蓼群丛、酸模 - 香附子群丛。

苍耳带：分布在河岸一级阶地和二级阶地的坡坎上，呈带状分布，带宽 5～30m。

双穗雀稗带：主要分布在河岸二级阶地的地势低洼处，分布面积较大。优势群落为双穗雀稗群丛，此外还有呈斑块状镶嵌分布的蔗草 - 双穗雀稗群丛、宽叶香蒲群丛、喜旱莲子草群丛、萤蔺群丛。

在消落带中，植物群落随着环境梯度的变化而呈现动态变化，水位是植物分布的主导因素，此外海拔变化引起的淹水深度、持续时间和淹水频率对植物群落有显著影响。在三峡库区消落带，随着高程的增加，各梯度每年淹水时间从 8 个月刀不受淹没，其植被群落发生了明显的变化，各群落优势种从适应水生的水蓼过渡到陆生的白茅、伴生种也由扁穗牛鞭草等湿生植物过渡到苍耳、小白酒草等旱生植物（孙荣等，2011）。

地下水位的波动对于河滨湿地地区地表植被的演替也具有控制作用（图 4-5），尤其是在季节性的洪水泛滥地区，这种影响显得尤为重要的。如草甸需要较小的地表水，这对某些季节性的草甸尤为重要，而对于干旱灌丛（xeric scrub）而言，并不需要地下水的供给。在此二者之间的地下水位，植被逐渐由草地过渡到灌丛。这种地下水对地表植被的调控作用一般在大的空间尺度上较为明显，而在大多数岸边湿地中，由于受到地表河流、地下水及降水的综合补给，这种作用并非非常明显，只有在地下水补给作用尤为明显的地区才能显现。

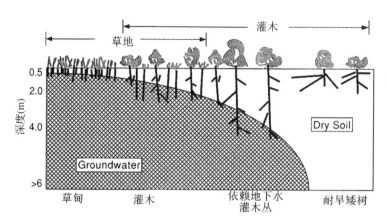

**图4-5    地下水位与地表植被演变的关系示意图**

注：修改自 Elmore 等（2003）。

## 二、气候变化对湿地植被群落结构的影响

气候变化对湿地生态系统的重要影响之一是使植物群落及种群发生变化。湿地生态系统演化常受气候和水文条件的制约，不同的湿地植物群落沿水文梯度分布，它们的扩展与收缩与水位波动有关。如洪水规模、最低水位、季节性洪水发生时间、年平均水位、长期和短期的水位变化等，特别是对河岸湿地生物多样性有较大的影响。一般情况下，大的河岸湿地受其特殊水文条件的影响，物种类型复杂。人为的气候变化主要是通过气候均值、变率和变化幅度及极端事件对生态系统产生影响——气候变化的速率远超过生态系统可以适应和自身重建的速度，气候变化的间接影响涉及改变土壤特性和产生震动现象（如火灾、病虫害），这些间接影响可以使一些物种比其他物种受益，进而会改变生态系统的物种构成。

水文波动是湿地水文情势的重要方面，对植物生长也具有重要的影响作用。不同的湿地植物对水分条件变化响应不同。植物群落的形成演变一方面决定于土壤中种子库与外来物种的相互作用，另一方面受到环境条件的限制作用，而水分条件如水深、淹水周期与淹水频率等对种子的萌发具有选择效应。静水环境下，水深是影响植被分布的主要因素，植被组成随水深变化而形成带状分布，但当处于波动水文状况下，水深作用减小，淹水周期与频率对植物群落组成的影响增强。湿地植物的生长发育需要特定的环境条件来满足其生理需求，因此湿地淹水时常也会影响到植物繁殖作用，从而对群落组成进行再选择。此外，疏水作用降低湿地水分含量，排干的分布也会对湿地物种分布产生干扰，致使本土植物种类数量下降而被外来物种代替，改变群落物种组成与群落功能，促使湿地发生演替。

演替的发生主要是由于植物的耐受性不同，水文条件的长期变化会引起群落中敏感型物种减少或消失，被新物种替代。而物种变化直接影响生态系统的固碳能力，从而对土壤中有机碳的蓄存产生影响。对长期潜水面下降对植物影响研究表明，水位变化前后

植被发生明显变化，地下水湿生灌丛入侵，湿地草本植物和相似物种逐渐退化消失。有关泥炭地苔藓类植物对水位变化响应研究表明，金发藓对潜水位变化反应较为敏感，低水位时金发藓代替泥炭藓而持续扩张能够降低湿地的碳汇功能。在崇明岛东滩湿地植被演替过程中，随着水分条件变化，先锋物种海三棱藨草逐渐演替为芦苇群落。

　　气候变化影响下，湿地生物多样性受到较大影响。气候暖干化影响到物种的分布和繁殖。2001 年以来，由于气候干旱和上游来水补给减少，导致长江中下游地区湿地面积萎缩和减少，导致湿地植被退化。在气温升高、水位降低的趋势下，湿地植被由沉水植被逐渐向浮水和挺水植被演替，水生植被向沼泽化和草甸化方向演替（刘俊威和吕惠进，2012）。气候变化通过影响湿地水域面积进而对湿地中的生物多样性产生影响。在过去的 50 多年来，随着气候变暖，水量减少及水质的下降，白洋淀地区多种珍稀的物种灭绝，生物多样性遭到严重破坏。白洋淀连续干淀，湿地生境破碎甚至部分消失，加之水污染严重，湿地生物多样性急剧减少。例如，白洋淀浮游藻类的数量曾经相当丰富，但是在近几十年来，物种数不断下降，1958 年调查发现 129 属，1975 年调查发现 92 属，1980 年调查发现了 64 属，减少了 50% 强。白洋淀鱼类资源 1958 年调查共有 17 科 54种，1980 年调查有 14 科 40 种，1989 年调查有 11 科 24 种；浮游甲壳类动物的物种数量下降，多样性降低，耐污种类的生物密度增大。

　　对海北高寒湿地区域监测表明，在 1957～2002 年间，海北高寒湿地气候呈干暖化趋势，高寒湿地植被在气候干暖化趋势加剧的影响下，植被群落组成发生变异，物种多样性、生态优势度均比湿地原生植被的物种有增多的趋势。原生适应寒冷、潮湿生境的藏嵩草为主的草甸植被类型逐渐退化，有些物种甚至消失，而被那些寒冷湿中生为主的典型草甸类所替代，组成植物群落的湿中生种类减少，中生种类（如线叶嵩）大量增加，群落盖度相对降低，群落生产量大幅度下降（李英年等，2003）。

　　对于中纬度地区，如果未来 100 年全球平均增温 1～3.5℃，则相当于把现在的等温线向极地防线移动约 150～550km，或相当于把海拔高度提高 150～550m，因此，植被物种构成可能会发生改变，一些物种会消失，而新的生物群体即新的生态系统将会建立起来，与物种自身重建速度相比，预测的气候变化速率相对要快，再加上许多生态系统的支离与隔绝，多种胁迫的存在和适应性措施的有限，生态系统，尤其是山地中的湿地生态系统对气候变化是敏感而脆弱的。

　　1982～2003 年期间，东北地区植被覆盖变化总体呈缓慢下降趋势，覆盖变化减少趋势的区域受温度和降水显著影响的面积比分别为 4.75% 和 5.83%；1982～1992 年东北地区植被覆盖变化呈增加趋势，覆盖变化增加趋势的区域受温度和降水显著影响的面积比分别为 21.71% 和 5.06%；1993～2003 年东北地区植被覆盖呈减少趋势，覆盖变化减少趋势的区域受温度和降水显著影响的面积比例为 2.96% 和 9.63%。

　　使用 Biome3 的生物模式，在使用青藏高原气候、土壤、植被和冻土资料的基础上，以 Hadley 气候中心海洋大气 GCM 模式输出的未来气候变化输出结果表明，到 2100 年 $CO_2$ 浓度为 500mL/m³，由此引起的 $CO_2$ 生理效应对青藏高原的植被群落在未来气候变暖条件下的变化十分明显，其结果见表 4-2。可以看出，11 种植被群落在气候变化条件下都发生了明显变化，温带草原到寒温带针叶林这 6 中类型群落的面积都增加了，而温带荒漠到冰缘荒漠的面积都缩小了，也即植被带向更高海拔地区迁移，由于地形差异和高原水热条件的分异，总的植被带向西北方向迁移（沈永平等，2002）。

**表 4-2   青藏高原各生物群落在气候变化情况下的面积变化**

| 生物群落 | 面积变化(万 $km^2$) | |
|---|---|---|
| | 目前条件下生物群落 | 气候变化下的生物群落 |
| 寒温带针叶林 | 18.36 | 44.86 |
| 温带落叶阔叶林 | 0.75 | 4.94 |
| 暖温带常绿阔叶林 | 4.53 | 6.06 |
| 热带季雨林 | 0.25 | 0.92 |
| 温带灌丛/草甸 | 13.72 | 31.58 |
| 温带草原 | 8.31 | 25.42 |
| 温带荒漠 | 24.69 | 10.47 |
| 高山草甸/灌丛 | 25.25 | 29.91 |
| 高山草原 | 75.50 | 54.78 |
| 高山荒漠 | 59.72 | 41.14 |
| 冰缘荒漠 | 21.03 | 2.19 |
| 总计 | 252.10 | 252.28 |

注：引自沈永平等(2002)。

# 第二节   气候变化对植物生理生态特征的影响

气候变化对植物生理生态影响主要经由三个方面，即升温、水分波动及 $CO_2$ 浓度升高。这三个方面通常具有复杂的耦合关系，与植物的生理过程形成复杂的反馈机制。

## 一、温度升高对植被生产力及干物质分配的影响

温度是影响植物生长、发育和功能的重要环境因子，是调节许多陆地生态系统生物地球化学过程的关键因素之一，如土壤呼吸、凋落物分解、N 的矿化、细根动态、植物生产力和植物养分吸收都受其影响。温度的变化或温度与其他因子（如 $CO_2$ 浓度、降水和光照等）的复合变化必将引起植物乃至陆地生态系统类型等不同尺度的变化。

温度升高对植物的影响可分为直接和间接两种作用。直接影响是对植物本身的影响，温度升高将直接改变植物的光合能力和生长速率，从而改变植物的物候，并延长植物的生长期。但是温度对植物的间接影响往往比直接影响更明显。间接影响是对植物的生态环境因子的影响，包括对凋落物分解、N 矿化作用、微生物生命活动程度、植物营养的有效性、土壤水分有效性的影响，因此植物的生长，生物量生产及分配也将随之发生改变。

温度升高对植物的生长具有一定的促进作用。一定范围内温度升高可促进植物细胞

分裂和生长，从而可以增加生物量。对全球 20 个寒带和温带生态系统变暖实验样地的数据监测表明，气候变暖明显地增加了地上部分的植物生产力，比对照样地平均增加19%。对森林的监测表明，在 1987～1991 年间年平均气温增加 0.48℃，树木年轮平均宽度增加 6.1%，预测年均温度增加 1℃将使阔叶树红松林的材积增加。夜间增温对于生物量的增加具有主要贡献，而气候变暖显著特征为夜间最低温度增高。利用被动式夜间气温变暖实验证明，在实验的前两年，温度大约增高 1℃，植物生长量(直径或嫩枝长度)增加 15%。在水稻田中，与夜间常温对照相比，夜间高温处理明显加快早稻的秧苗出叶速率，显著提高秧苗素质，有利于分蘖的发生和生长。在全年温度升高 3℃ 和 5℃情况下，细叶青冈相对生长速率增大，年生物量生产分别增大 53% 和 47%。在温度增加 1℃以上的情况下，矮篙草(*Kobersia humlis*)草甸的地上生物量增加 3.53%，其中禾草类增加 12.30%，莎草类增加 1.18%。气候变暖情况下，我国长白山和大兴安岭森林主要树种都表现出一致的趋势，即树木的生物量随温度的上升而增加的规律。

　　植物光合作用方式的差异往往导致其对增温过程具有不同的生理响应。在温度升高情况下，$C_4$ 植物比共生的 $C_3$ 响应大，主要是因为 $C_4$ 植物在高温下表现出更高的量子产量、生长速率和水分利用效率。高山草甸群落中，温度升高使灌木生长增加而草本植物生长降低，并可能会引起群落组成的变化。通常，降雨量少、较寒冷的生态系统对温度升高的响应最大。尤其是冻土地带位于个体亚寒带地区，气温的升高增加了植物的生产力，这将导致较大的生物量贮存(尤其是木本植物为主的生态系统)及增加叶片和根残体的 C 向土壤流动。

　　不同生态系统(高海拔或高纬度苔原、低海拔或低纬度苔原、草地和森林)中，温度升高使地上平均生物量增加 19%，但是寒冷的高海拔或高纬度地区生态系统植被生长响应比温暖地区大，森林和草地生长甚至出现负效应。欧洲从南至北不同温度地带灌木丛中，热带地区生物量的积累与温度升高成反比，而在寒冷地带生物量积累与温度升高成正比。寒冷地区温度升高促进植物生长的原因是温度往往成为低温地区的限制因子。

## 二、升温对植物形态的影响

　　植物经过长期的进化和适应，形成对所处区域气候相应的适应机制。气候变化对许多植物的形态会产生显著的影响。温度的上升或下降，降雨的增加或减少，均影响植物的形态特征和生长发育，甚至引起植物死亡。

　　植株以不同形式表达各种生理胁迫反应，其体态变化信息尤为值得注意。温度升高促进株高、地径、分枝数、总生物量及组分生物量(根、茎、叶重)等增加；温度下降，植物叶片的表皮细胞变薄，栅栏组织厚度减小，叶片厚度减小，海绵组织也变得更为疏松，栅栏组织/海绵组织的比值减小，细胞间隙变大。温度升高引起的水胁迫导致植株的萎蔫，它与植物细胞壁内的膨压(即植物活细胞吸水膨胀对细胞壁所产生的压力)有关。由于细胞壁具有一定的可伸缩性，随着植株吸水过程中细胞的逐渐膨胀，细胞壁则随之逐渐绷紧，此时植株表达出的体态特征为嫩芽/茎挺拔与叶面舒展。反之，倘若植株根系供水不能满足叶片蒸腾与生长的需求，细胞壁则出现松弛，叶片与嫩芽出现下垂。

　　温度是影响植物生长、发育和功能的重要环境因子，当温度升高影响植物的生长时，其形态结构也可能发生变化。例如升温促进了桦木和岩高兰茎的生长，增加了冠层的高度；在温带，升高温度导致花旗松和云杉形成较小的个体，即茎长和平均枝长降低、枝和芽的数目均增加，形成了"浓密"的冠型。不同物种，不同功能型植物的叶片对温度升高的响应存在差异。总的来说，植物的比叶面积随温度升高而增加，而且同一温度范围内，快速生长植物的比慢速生长的植物增加幅度大，但是叶片大小和萌发数量不受增温的影响。

　　温度作为影响植物生长的关键因子之一，也会影响植物的根系结构。温度升高将促进根的扩展、改变根的分枝模式、增加单位根长养分的吸收，例如温度升高使红桦（*Betula albo-sinensis*）的细根生物量，根幅，根系总长度，根夹角均减少，改变了红桦的根系结构，而且对浅层根系结构影响较大，这是红桦对气候变化的一种有利适应。但是这种影响在不同物种之间差异显著，某些物种根的生长与温度几乎没有关系，这种差异可能是由于物种、个体发育阶段的不同造成的。

　　大气温度升高对花芽分化以及花器官具有一定的影响。例如切花菊在花芽分化的时候是与适宜的平均温度线性相关，温度越高花芽分化速度越快；小花型夏菊花芽分化的速度随着温度升高而加快，从而使花芽分化所经历的时间也随着温度的升高而呈减少趋势。对于花芽分化率适当的高温处理能促进多花野牡丹由叶片分化向花芽分化的转变，明显提高花芽分化率；温度越高，棉花花柱越长，然而升温对棉花雌雄蕊可能具有不利影响。

　　温度升高对植物成花的影响具有较大差异性。首先，温度升高可以促进植物成花。对荷兰莺尾球茎进行35℃、14天加上40℃、3天的高温处理可以显著促进早成花、多成花。中国水仙的鳞茎在贮存期间接受高温处理可以显著提高成花率。不同物种成花对升温的响应差异明显，温度升高可以抑制某些植物成花。柠檬侧芽离体培养物在20℃培养温度下的成花率可达40%，而在25℃则剧降为0。在20~35℃范围内，25℃能促进桃的花器官提早成花，30℃也促进提早成花，但花器官发育受到一定程度的抑制，35℃则严重抑制花器官发育。还有研究表明，升温可以导致花逆转。短日植物裂叶牵牛在高温下可导致已分化的萼片原基、花药原基发生逆转。

## 三、升温对植物生理过程的影响

　　温度是影响植物光合生理生态最重要的环境因子之一。温度影响催化反应过程中酶的活性和膜的透性，从而影响植物的光合作用。大多数植物的光合作用表现出与其正常生长环境相适应的最适温度。每种植物的光合作用，都有其最低、最适合和最高温度范围。因此，温度对于植物光合作用的影响有两种情况：①环境温度高于植物光合的最适温度时，植物的光合速率降低。其原因可能是温度升高时，相对减少了 $CO_2$ 的溶解度和 Rubisco 对 $CO_2$ 的亲和性。②环境温度低于植物光合的最适温度时，温度增加与 $CO_2$ 浓度升高对植物光合速率的影响表现为协同作用，即温度增加时植物的光合速率加快。这可能是由于光合作用属酶促反应，光合速率会随温度的上升而增加。

在光强、$CO_2$浓度相同时，温度对光合作用的影响很大。在光合作用正常进行的温度范围内（10～35℃），光强、$CO_2$充足时，温度高，则光合强。在光强度高时，对光合作用影响最大的一个因素就是温度，适当提高温度将增强光合效率。在24～35℃时，随着温度的升高，樟树叶片光合速率逐渐降低。同时随着温度的升高，光合速率达到最大值时所需的光合有效辐射也逐渐变小。

在高温下，光合作用会被严重抑制，净光合速率明显下降。高温的损伤作用表现在破坏光系统Ⅱ，使光系统Ⅱ的量子产率降低，而使初始荧光升高。植物还通过释放较低的异戊二烯在内部机制上调整生化合成速率以免受高温的损伤。不同的物种对高温的适应性不同，夏季的测定结果表明，沙地灌木羊柴和油蒿比沙柳在高温下具有更高的光合速率，而且沙柳的光系统Ⅱ受到了严重的抑制，而羊柴和油蒿未受到影响。深根系羊柴和油蒿比人工插条栽植的沙柳更适于在高温干旱的环境下生长。

植物生长对温度增加的响应不仅包括光合响应，也包括整株植物呼吸作用。通常认为，呼吸速率随温度升高而增大。但是在高温下，植物碳水化合物含量下降，呼吸作用和生长会受到限制。叶暗呼吸对温度的长期适应很大程度上取决于氮和碳水化合物浓度变化。就群落暗呼吸而言，温度是制约群落暗呼吸的主导因子。羊草（*Aneurolepidium chinense*）和大针茅（*Stipa grandis*）群落暗呼吸速率受夜间气温变化的影响。在不同的夜晚，温差较大时，对群落暗呼吸速率的影响比较明显。

温度升高同样也影响植物的气孔导度、蒸腾速率和水分利用效率。研究表明，温度升高使气孔导度增加，蒸腾速率增加，从而降低植物的水分利用效率。但是过高的温度对植物的生长不利，因为在较高温度环境条件下，升高温度往往导致气孔导度降低，或气孔发生不均匀关闭。

## 四、水分条件对湿地植物生理生态特征的影响

湿地植物具有复杂的结构特性以适应湿地长期积水或者季节性积水的生长环境，水分条件变化会改变植物的生理生态特征。水深梯度影响土壤水分、供氧等环境条件，植物可以通过改变自身的高度、茎粗、种群密度来适应不同的环境胁迫。厌氧条件下耐水植物的生长需要其体内具有发达的通气组织，输送氧气到达根部。如湿地树种赤杨幼苗在淹水3周后茎的淹没部分不定根大量发育，同时伴随着气孔导度和光合速率的增加。水分条件变化可以通过改变土壤通气状况影响植物组织器官发育。作为引起湿地退化的重要原因，水分减少引起的干旱对喜湿性植物生长具有明显抑制作用。比如地下水位下降促使芦苇植株生长状况变差，叶绿素含量降低，进而影响其光合作用。

水分变化改变湿地地表植被类型与个体形态，影响植物对水分的需求与利用效率，从而制约植物的光合与呼吸作用过程。对三江平原主要植物光合作用研究表明，干旱迫使毛苔草气孔开度减小，限制了其光合作用。对芦苇生长与地下水位关系研究显示，在0～40cm范围内，其叶长、叶宽和叶面积随水位降低而减小，叶绿素含量降低，最小饱和光照强度降低，水位达到0～60cm时对芦苇生长形成抑制。周期性淹水与持续淹水条件可以增强香蒲的净光合速率以及气孔导度。除水分胁迫对叶绿素及气孔导度的影响外，淹水

条件下，土壤较低的 Eh、根际厌氧环境以及缺氧条件产生的土壤有毒物质都对植物光合作用降低产生一定作用。

## 五、$CO_2$ 浓度升高对湿地植物生理生态特征的影响

大气 $CO_2$ 浓度升高具有施肥效应。如 $CO_2$ 浓度升高促进了小叶章生物量的积累，但不同生长期的促进程度有所差异。$CO_2$ 浓度升高对小叶章地上生物量的促进幅度在生长前期较为明显，而对地下生物量的促进作用在生长后期表现明显。小叶章生物量和根冠比对高浓度 $CO_2$ 的响应与供氮水平有关。在高氮水平下，$CO_2$ 浓度使小叶章生物量显著增加，而氮素不足时 $CO_2$ 浓度升高对生物量的促进作用并不显著。

小叶章生理特性对 $CO_2$ 浓度升高的响应依赖于氮素供应状况。缺氮条件下，$CO_2$ 浓度升高使叶绿素、游离氨基酸和可溶性蛋白含量降低，可溶性糖含量增加；而当氮素供应充足时叶绿素、游离氨基酸和可溶性蛋白含量均显著增加。施氮促进小叶章叶绿素、游离氨基酸和可溶性蛋白合成，降低了可溶性糖含量。抽穗后期小叶章光合能力已经出现下降的趋势，施氮可以促进小叶章的生长，调节其对 $CO_2$ 浓度升高的适应现象。$CO_2$ 浓度升高增加了植物固碳量，而且对小叶章不同部位碳分配也有影响。根固定碳量占植株总体碳库比例均不同程度的增加。

$CO_2$ 浓度升高改变了小叶章的生物量分配方式，更多的光合产物分配到地下，根冠比增加。对小叶章各器官的碳含量和固碳量的研究结果表明，$CO_2$ 浓度升高条件下，小叶章各器官的碳含量虽然没有发生明显的变化，但固碳总量增加，而且根部碳分配比例提高，说明 $CO_2$ 浓度升高条件下生物量的显著增加引起了固碳总量的增加。根部生物量和碳分配比例增加将有利于有机碳向地下的输入，且随着根系残体数量增加，会促进土壤中的碳积累。一些研究也表明 $CO_2$ 浓度升高通过增加干物质和根部碳分配比例进而向土壤中增加有机碳输入。

$CO_2$ 浓度升高降低了植物组织的 N 含量，而含 N 量的降低不利于促进植物的光合作用和水分利用效率，这也是植物产生"光和下调"的原因之一。$CO_2$ 浓度升高导致小叶章茎、叶 N 含量降低，在生长初期尤为明显，这与地上生物量的变化相似。而根中氮含量也呈降低趋势，且在腊熟期降低幅度最大，与此时的地下生物量快速增加相对应。$CO_2$ 浓度升高条件下植物组织 N 浓度降低的机理目前并没有一致的认识，可能有以下几方面的原因：一种解释为稀释效应，$CO_2$ 浓度升高，植株生长较快，植株体内淀粉积累，养分含量降低；另一种解释为 $CO_2$ 浓度升高，养分利用效率提高。$C_3$ 植物碳固定效率提高，因此少量二磷酸核酮糖羧化酶和叶片蛋白质氮用来生产更多的干物质，其结果是 $CO_2$ 浓度升高，植物 N 利用效率提高。$CO_2$ 浓度升高条件下，小叶章根、茎和叶各器官的氮含量均下降，而且最大降低幅度出现的时期与地下生物量、地上生物量的快速增长相对应，即植物快速生长的同时没有同比例地增加 N 的吸收量，因而各器官 N 含量表现为降低。小叶章各器官 N 含量的降低使 $CO_2$ 浓度升高，植株生长加快，植株增大及体内淀粉积累，稀释效应引起养分浓度降低。$CO_2$ 浓度升高对小叶章茎、叶 N 含量的影响在氮素不足条件下更为显著，而当氮源充足的时候对其影响减小，这也从另一方面反映出

氮素可以缓解植物对高 $CO_2$ 浓度产生的适应现象。高 $CO_2$ 浓度条件下，植物对 N 素营养利用取决于 N 的供应水平。当 N 素供应成为植物生长限制因素时，叶片 N 含量就会下降。而叶片组织中 N 含量的降低必然会抑制植物生长对高 $CO_2$ 的反应。叶片 Rubisco 蛋白含量占总可溶性蛋白的 30% ~ 50%，当 N 成为限制因素时，Rubisco 中的 N 也可能会重新分配到 PCR 循环中的其他酶类或者其他组织和器官，从而对 Rubisco 进行调节，这样使得 N 素缺乏植物的光合作用更加受到 Rubisco 的限制。

$CO_2$ 浓度升高条件下，湿地植物小叶章的生长期提前。$CO_2$ 浓度升高通过对植物生理活动的影响，从而控制着植物根、茎、叶等器官的生长发育。随着 $CO_2$ 浓度增加，小叶章形态特征发生变化，表现为株高增长和分蘖数增加。

# 第三节　增温对植物物候特征的影响

物候是指植物为了适应气候条件的节律性变化而形成与此相应的植物发育节律，物候学是一本"生命脉搏"的教科书。植物物候是植物受生物因子和非生物因子如气候、水文、土壤等影响而出现的以年为周期的自然现象，它包括各种植物的发芽、展叶、开花、叶变色、落叶等现象。在确定植物如何响应区域气候条件和气候变化方面，物候观测是最敏感的资料之一。随着全球气候变暖，植被物候也发生变化，以适应气候变暖引起的生长季延长，由此引起植被生产力、结构组成及土壤—植被—大气系统水热碳交换的变化。这些变化反过来又影响气候系统，从而加剧气候变化。

## 一、升温改变植物物候

温度控制生态系统中许多生物和化学反应速率，且温度几乎影响着所有生物学过程，植物物候也不例外。温度的升高直接影响着植物的物候。在温度增加的情况下，植物春季芽的展开提前，花期提前，秋季植物芽的休眠推后或无影响。愈来愈多的研究表明，植物的物候期比较明显地响应了气候变化。随着近年气温的升高，植物生长季延长、春季物候期提前、秋季物候期推迟成为一种全球趋势。例如随着气温的升高，华北地区近 40 年木本植物物候期在春季有明显提早来临趋势；春季增温使中国河西走廊绿洲作物玉米、春小麦和棉花的生长季均提前；气候变暖使河西绿洲作物玉米、春小麦的生长期缩短；使棉花的生长期延长，使甘肃陇东黄土高原冬小麦全生育期和越冬期缩短。增温使黄土高原冬小麦生殖生长阶段的开花及成熟日期提前，使生殖生长阶段的开花至乳熟有延长趋势，而乳熟至成熟期有缩短趋势。

温度高低与花期早晚间有一定的数量关系。一般而言，全球温度每升高 3.5℃，春季花期将提前 2 周。在我国，年平均温度上升 1℃，大部分植物始花期提前 3 ~ 6 天；在英国，春季平均温度每升高 1℃，植物始花期分别提前约 2 ~ 10 天；在地中海西部地区温度每升高 1℃，橄榄树最大花粉浓度的到达时间提前约 6 天；在匈牙利，温度每升高 1℃，刺槐花期提前 7 天。芦苇作为一种广泛分布的世界种，对于研究全球气温升高对植物物候影响具有较好的指示意义。随着平均气温的升高，芦苇的萌发特征呈提前趋势，温影响着芦苇的展叶和开花，温度升高，展叶期提前，芦苇开花期与展叶期变化趋势较为一致，芦苇的开花期与年平均气温具有一定的关系，年平均气温越高，则芦苇开花期相应提前。

## 二、植物物候变化区域性差异

各物候现象与区域的年平均气温相关，存在区域性差异。气温（包括旬平均气温、旬最高气温、旬最低气温、≥5℃积温）对各物候期的影响最大，是制约植物生长发育最重要的气象因子。在气温变暖的过程中，气温变化对物候期的影响大小依次为物候期发生当月的平均气温 > 物候期发生上月的平均气温 > 年平均气温。大约32% ~ 83%的植物生长季起始日期与经纬度、海拔高度相关。

温度的增加使植被生长季延长，在北纬45°N以北地区植被尤为明显。1981 ~ 1999年19年间欧亚大陆、北美大陆的平均生长季NDVI指数分别增加了12%、8%，活动生长季增加了18天、12天，这一变化导致春季提前、秋季推迟。北半球NDVI的年际变化与温度、降水的年际变化具有强相关性。在北半球高纬度地区NDVI的年最大值以及该值出现的时间与温度之间存在着密切的相关性。

## 三、我国植物物候变化区域性差异

由于遥感技术发展及大量数据的获取，进入21世纪，我国开始系统、深入、细致对我国不同地区植被物候现象及其与气候的响应进行研究。随着全球气候变化影响的日益增加，我国北方典型草原的生长季返青期有较大的变异性，如黄枯期变化表现出锡林郭勒典型草原的生长季西南部较早、中部及东北部较晚的格局，生长季长度的变化格局为西南地区最短，中部地区最长。北京地区植物生长与温度之间的关系远比其与降水之间的关系密切，各气候参量和植被生长状况之间的关系因时间尺度而不同。北京1988年以后春季开始日期提前9.63天。我国温带地区植物生长季延长1.16天/年。春天植被发芽期提前0.79天/年，而休眠期推迟0.37天/年。物候现象开始数据与其前2~3个月的平均温度有重要的联系。早春期间（3到5月初）温度每升高1℃能够使植物发芽提前7.5天，秋季（8月中旬到11月初）增加相同温度植被休眠时间可推迟3.8天。降水的变化也影响植被生长期的延续，但是其影响对不同植被类型和物候期有所不同。

中国东部温带地区植被生长季节多年平均起讫日期的空间格局与春季和秋季平均气温的空间格局相关显著，植被生长季开始和结束日期分别与2~4月份平均气温和5~6月份平均气温呈负相关关系。东部暖温带植被生长季初日和生长季长度呈现出主要随纬度和海拔高度变化的空间格局。整个区域的物候春季初日以提前为主，华北平原提前的趋势最为显著；夏季、秋季和冬季初日以推迟为主，也以华北平原推迟的趋势比较显著。东北大部分地区树木在第100~150天开始生长，到第26~290天逐渐停止生长，生长季长度集中在140~180天。

东北地区植被生长季开始日期提前受春季温度的影响显著。针叶林、针阔叶混交林、阔叶林、草甸和沼泽植被随温度升高，植被生长季开始日期提前。春季降水对植被生长季开始日期影响较小，仅与针叶林生长季开始日期的延迟显著正相关。5月份降水对草原植被生长季日期提前影响显著。植被生长季结束日期的变化趋势表现不一，针叶林和沼泽植被生长季结束日期推迟，而阔叶林、草丛、草甸植被呈现微弱提前趋势。针阔叶混交林，灌丛，草原和农田植被生长季开始日期推迟，结束日期提前，生长季缩短。

东北地区植被生长季结束日期受温度影响较小，仅秋季温度与草原植被生长季结束日期推迟显著正相关。降水对东北地区植被生长季结束日期的变化影响高于温度的影响。随着秋季降水量的增加，针阔叶混交林、草原和农田植被生长季结束日期推迟。生长季降水量对针阔叶混交林和农田植被生长季结束日期推迟影响显著。夏季降水与草丛生长季结束日期具有显著影响。

不同季节温度和降水对不同植被生长季长度变化影响不同。阔叶林和沼泽植被生长季长度延长受春季温度影响显著；灌丛植被生长季长度延长受降水影响显著；草丛和农田植被生长季延长受夏季和生长季的降水量影响显著。东北区域植被变化与气温相关性显著而与降水无显著相关，气温升高引起的生长期提前和生长季延长是植被增加的一个重要原因。

# 第四节　气候变化对湿地动物的影响

气候变化对动物的影响主要是通过温度和降水的变化而产生影响，主要包括物种的物候、物种迁移、生物入侵等方面。据统计，平均1℃的增温将导致大多数物种的分布区域扩大300m范围左右，且许多昆虫的幼虫仅仅能在比较窄的温度变化范围内发育，升温1℃间显著影响其生命过程。气候变暖导致水温升高，将增加喜温生物的数量而减少低温生物的数量，以致群落优势种发生演替，并改变整个食物链和食物网的结构，从而引起水生生态系统的变化（表4-3）。

表4-3　气候变化对湿地生态系统物种影响

| 气候变化 | 对湿地生态系统的影响 | | | |
| --- | --- | --- | --- | --- |
| | 植被 | 鸟类(水禽) | 哺乳动物(麝鼠) | 鱼 |
| ·气温上升<br>·冬季降雨或降雪增多<br>·冰雪覆盖减少<br>·冬季低水位的时期减少<br>·春季融化提前<br>·春季水位提前上升<br>·蒸发量增大<br>·径流量减少<br>·水位提前下降 | ·波动的持续时间和强度是很重要的<br>·冬季水位上升：自然植被死亡<br>·夏季水位下降冬季水位上升：野生动植物资源利用和生产力受到限制 | ·在繁殖季节里易受伤害；受时间的影响繁殖时期缩短<br>·水位上升：生境减少，增加竞争、死亡<br>·水位下降：生境变干、弃巢，增加对资源的掠夺 | ·时间变化影响生殖的成功<br>·3月水位下降：几乎没有供动物睡眠或防冻用的干草和树叶<br>·5月水位下降：有供动物睡眠或防冻用的干草和树叶<br>·冬季水位较低：由于饥饿、疾病和掠夺的增加，造成麝鼠数量减少 | ·春季水位低：鱼类到达产卵地点受到限制<br>·产蛋后水位下降：蛋暴露<br>·在产卵和哺育期水位较高：一年中新生鱼类的数量上升，生长和生存能力上升<br>·冬季水位低：生境减少，增加冬季的死亡率 |

## 一、对湿地动物分布的影响

### (一)温度的直接影响

温度是影响地球物种最关键的因子之一。特定的物种分布在特定的温度带内。这样，全球气温的升高也必然影响到物种的分布。对移动能力不同的动物，全球气候变化对其分布的影响结果不同。移动能力较强的动物，随着气温的升高，分布区向北移动，当温度变化在其忍受范围之内时，其分布范围因其分布边界的移动而扩大。移动性差的物种，温度的升高对其种群构成直接的胁迫，使其种群变小，分布范围缩小。

### (二)通过对湿度的影响

由气候变化引起的降雨格局的改变，使部分地区变得更加干旱，加上温度升高蒸散作用加强，使大气及土壤湿度降低，尤其是湿地生态系统，从而使栖居于其中的野生动物不得不改变其处境，转移到适合的生境中去。对 Brazil 的洪泛森林(flooded forest)和 Pantanal 湿地的长期监测表明，在全球急剧变暖的近几十年，这两个湿地生态系统大面积缩小，其中的野生动物分布区也随着缩小，有的甚至已消失。

### (三)通过对植被的影响

植被是动物赖以生存的场所，也是动物的食物来源。气候变化引起植被分布的改变，相应地也会引起生存于其中的动物分布的改变。

### (四)通过对种群大小的影响

在一定范围内，动物的分布范围与种群大小有很大的关系。当生境的变幅在其忍受范围之内时，种群的大小与分布范围呈正相关。对那些受益于全球气候变化的动物种群，其分布范围会随着种群的壮大而扩展。例如近年来频繁的极端气候事件，尤其是干旱，常会引起一些昆虫的大暴发，从分布中心向更大范围扩展。

## 二、全球气候变化对野生动物物候的影响

在全球气候变化中，温度升高使野生动物的物候发生改变。但不同的物种对气候变化的反应存在着差异，同一种动物由于分布空间不同，且各年度间气候变化不同，其物候变化也存在着空间与时间上的差异。气候变化引起的这些物候的变化，最终对种群动态及群落结构产生什么样的影响，现在还有待于进一步研究。

## 三、对野生动物繁殖的影响

动物的繁殖期是对气候最敏感的时期，微小的气候变化都有可能影响到其繁殖的成功率。全球气候变化已使野生动物生境的生物因子和非生物因子都受到不同程度的影响，生存于其中的野生动物的繁殖也受到了影响。这种影响可能是正向的也可能是负面的，关键看动物繁殖的限制因子在全球气候变化中的变化方向。当限制因子变得对动物有利时，其繁殖的机会增加，繁殖后代的成功率也会增加，种群逐渐壮大；反之，动物的繁殖会进一步受限，繁殖后代的成功率减小。有报道说，气候变化对野生动物繁殖

生境的改变也会影响到其繁殖欲望，进而影响到种群的繁殖速率。如北极的野鸭，在干旱年份筑巢的欲望明显降低，从而使其繁殖率降低。

有关全球气候变化对野生动物繁殖影响的生理机制的探讨还比较少，但有证据表明，气候变化已在全球层面上影响了野生动物的繁殖。如加利福尼亚海滨繁殖的海鸟的繁殖能力与对雏鸟的抚育能力随着全球的变暖而降低。繁殖成功率是繁殖地状况与繁殖能力综合作用的结果。从以上可以看出，气候变化在对野生动物繁殖的影响中起着双重作用，一方面是对动物本身繁殖力的影响，另一方面影响其后代的成活率。当气候变化还在成年动物忍受范围之内，还没有对成体构成显著影响的时候，可能对幼体来说就已达到致命的强度，使其成活率降低。有关这方面的研究报道较少，这一结果只是基于对动物繁殖研究的基础上的一种推测。

## 四、对种群大小的影响

种群变动由出生与迁入和死亡与迁出两组数据决定。影响出生、死亡和迁移率的一切因素都同时影响种群的数量动态。气候变化主要是通过影响动物的生境及其繁殖率来进一步影响这几个变量，最后影响到其种群的波动。

随着全球气候的变暖，地带性植被类型的分布边界将向北移动，并伴随着一定面积的扩张，这就为野生动物生存提供了很大的空间，使其种群个体数量增加。但在极地完成生活史或在极地进行繁殖的动物，极地面积的缩小会给这些动物带来很大的冲击。据估计，北极冻原现有 840 万～1040 万只鹅类在这里繁殖。由于泰加林及北部森林（boreal forest）向冻原的转移，到 2070～2099 年其数量将缩减一半。生活在其他特定生境中（如湿地、云雾林、南极冰川等）的动物，生境的改变对其构成的影响更深刻。对哥斯达黎加云雾林保护区的研究发现，动物种群的数量随着湿度的变化而变化。最明显的是在 1987 年的高温、干旱时期，对 $30km^2$ 面积的 50 种青蛙和蟾蜍的调查中发现已有 20 种消失。气候变化对不同种类的野生动物影响不同。一些种可能会通过增加种群密度来抵消其生境的缩小给种群大小带来的影响。但总的影响趋势是一致的，即生境的缩小会伴随着种群的缩小。多种模型预测得出相同的结论。但在研究广布种时遇到一个很棘手的问题是，在其分布区的某一地段进行调查时，很难确定该地段数量的波动是由于气候变化驱动下动物的重新分布造成还是种群个体数量发生变化的结果。

## 五、对野生动物群落组成与结构的影响

全球气候变化对野生动物种群分布与大小的影响，不可避免地影响到动物群落的组成与结构。譬如全球气温升高影响到海洋环流，使海洋生物的营养供给发生变化，进而影响到海洋生产力，并通过食物链最终影响到海洋动物群落结构。海鸟是这种变化系列中的一个很好的指示种。在 1949～1993 年间，加利福尼亚海水表层 200m 的浮游动物生物量降低近 70%，这意味着海鸟将不得不深入到更深的海水层面寻找食物。从 1987 年开始对加利福尼亚南部 $70500km^2$ 面积 159000 种海鸟进行的调查中发现，随着海平面及海水温度的上升，海鸟的丰富度降低，仅在 1987～1994 年间其数量就下降 40%。

## 六、气候变化对湿地生物灭绝的影响

湿地是大多数鸟类栖息及迁移停歇地。气候变化导致湿地中物种结构及面积的变化，影响了候鸟栖息、觅食、繁殖及迁移。许多依赖湿地鸟类全球受胁，其生存状况的恶化速率超过其他生境的鸟类（非常肯定）。生态上依赖沿海和内陆湿地的鸟类，特别是迁徙水鸟受全球气候变化及湿地丧失的影响更大。在964种依赖湿地的鸟类（除信天翁和海燕）中，203种已灭绝或全球受胁（占总量的21%）。依赖沿海系统的种类所占比例更大，其全球受胁程度也超过内陆湿地（图4-6）。2006年鄱阳湖水面面积严重萎缩，在湖区越冬栖息的候鸟只有40多万只，比2005年同期减少了43.6%。目前我国大多数研究更多的关注鸟类迁移路线及栖息地的分布及变化。如曾经80%的Anatidae出现在内陆湿地，主要集中在长江冲积平原，而目前出现北移的迹象。目前的大多数物种的分布状况同20世纪70年代有很大差异，分布范围变小，具有向北迁移的迹象（图4-6）。

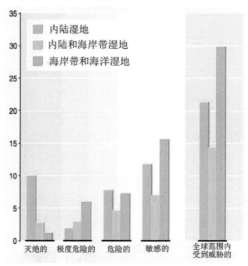

**图4-6    全球受威胁水鸟（包括海鸟）的不同受威胁类别**

随着冬季温度的增加，欧洲西部海岸越冬鸟类分布的变化。据预测，随着生境的丧失，气候变化将导致高极地生长的水鸟种群数量的减少。随着冷水鱼适宜范围的减少和暖水鱼适宜范围的扩张，许多鱼类分布将更靠近极点（中等肯定）。越来越多的证据表明，自20世纪70年代以来淡水脊椎动物种群的持续和迅速减少，生命行星指数下降（图4-7）。1970~2000年间淡水种群持续减少，且减少速率超过其他类别，平均减少了50%，而同期陆地和海洋动物减少了30%。总体上30年来各生态系统种群的持续减少，集合生命行星指数跌落约40%。许多依赖湿地物种都发生了迅速的和持续的减少一些内陆依赖湿地物种（如软体动物、两栖动物、鱼类和水鸟）的数量和种群呈现大规模下降，其剧烈程度超过陆地和海洋物种（中度肯定）。例如，据估计北美淡水动物未来的平均灭绝速率约为陆地动物的5倍，沿海和海洋哺乳动物的3倍以上。

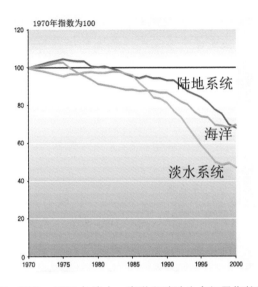

**图4-7　1970~2000年淡水、海洋和陆地生命行星指数的趋势**

全球变化背景下，内陆和沿海水鸟种群中，数量减少的多于数量增加的，尤其是大洋洲区和新热带区。欧洲和北美的指数表明，水鸟种群处于较好的状态，但即使在欧洲，也有39%的种群在减少。种群减少最多的科包括鹈鹕（71%）、潜鸟（67%）、剪嘴鸥（60%）、鹳（59%）、秧鸡（50%）、水雉（50%）、篦鹭（48%）、鹤（47%）。只有鸥、火烈鸟、鸬鹚保持了相对健康的状态（图4-8）。

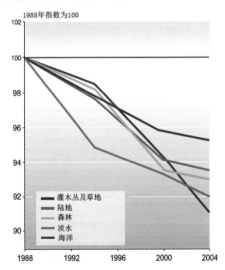

**图4-8　IUCN红名单中不同生态系统鸟类指数**

湿地具有丰富的生物多样性，其中存在许多尚未充分研究的物种。全球气候变化背景下，一些所知甚少的湿地动物（如无脊椎动物）也明显受到灭绝的威胁。例如，IUCN红色名录报道，约有275种淡水甲壳动物和420种淡水软体动物全球受胁。美国是50%

的甲壳动物和 2/3 的淡水软体动物遭受灭绝的风险，至少 1/10 的淡水软体动物可能已经灭绝。另外一些广泛分布的物种也遭受到气候变化的高度威胁，例如覆盖了全球大部分地区（亚洲部分地区除外）的 22 个区域的蜻蜓和蜻蛉都高度受胁。澳大利亚目前有 4 种全球受胁种，北美有 6%（25 种）的物种需要保护，新热带区有 25 种全球受胁种，另外还有 45 种优先保护种。湿地（和森林）生境的丧失和退化是蜻蜓目昆虫受胁的主要驱动力。

对于鱼类而言，气候变化将增加其生存的压力。但据估计全球 10000 种已知的淡水鱼类中，超过 20% 已受胁、濒危，或列入过去几十年灭绝名单。对于 20 个评价最完全的国家，平均 17% 的淡水鱼类全球受胁。维多利亚湖中超过 123 种棘鳍鱼已经灭绝。欧洲（含前苏联地区）有 67 种淡水鱼受胁，包括鲟鱼、鲫鱼和其他鲤科鱼类。被列入 IUCN 红名单的 645 种条鳍鱼类中，美国有 122 种，墨西哥有 85 种。

湿地中分布有多种两栖类动物，由于其特殊的生活习性，两栖类是优秀的环境质量指示物种。全球气候变化对于两栖类生物的威胁要远高于鸟类及哺乳类。目前世界上约 1/3 的两栖类（1856 种）受到灭绝的威胁，至少有 43% 的两栖类种群下降，其中大部分是淡水依赖种。与此相比，鸟类中仅有 12%，哺乳类中有 23% 受胁。依赖流水生境的物种比依赖静水生境的物种更易受胁。包含受胁种数（13～98 种）最多的流域有：亚马逊河流域、长江流域、尼日尔河流域、巴拉那河流域、湄公河流域、中国珠江流域、印度克利须那河流域与中美洲巴尔萨斯和乌苏马辛塔河流域。受到保护的淡水两栖类种群的下降速率远高于陆地物种（图 4-9）。

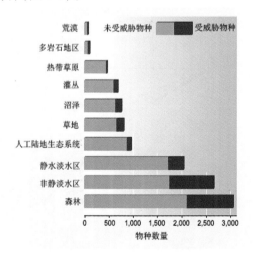

**图 4-9　依赖与湿地的受威胁和未受威胁两栖类物种数**

对于爬行类动物而言，淡水和海洋龟类全球受胁程度较高（图 4-9）。全球 200 种淡水龟中至少有 100 种受到威胁。自 1996～2000 年间，淡水龟极危种数翻了一番。亚洲超过 75% 的淡水龟被列入 IUCN 红色名录全球受胁种，其中包括 18 种极危种和 1 种灭绝种。多数海龟都依赖沿海湿地觅食与繁殖。所有的 7 种海龟都被列入 IUCN 红色名录，其中 3 种极危、3 种濒危，澳大利亚平背龟生存现状仍然未知。鳄鱼生活在多种湿地中，包括草本沼泽、木本沼泽、河流、泻湖和河口等。全球 23 种鳄鱼中，4 种极危、3 种濒危、3 种易危。其他种灭绝的风险相对较低，但在部分地区已消失。几乎没有关于水生蛇类和半水生蛇类的信息，但有若干种被列为易危种。

对于湿地中哺乳动物而言，全球气候变化背景下，依赖湿地的全球受胁种占了很高比例，但目前还有很多物种缺乏足够的数据而无法评价。IUCN 评价的依赖淡水种中，超过 1/3(37％)的全球受胁，包括海牛、江豚、海豚等。其他被归入全球受胁种的淡水哺乳动物包括淡水海豹、淡水水獭、马拉西亚和印度尼西亚的水鼩、非洲的獭鼩、麝香鼠、马达加斯加无尾猬、沼泽猫鼬、獭狸、矮河马以及依赖淡水湿地的麋鹿。依赖沿海湿地的哺乳动物也表现出很高的受胁水平，约 1/4 的海豹、海狮、海象被列入 IUCN 受胁名单，据估计全球鲸类的死亡率已达到每年几十万头。

# 第五节　气候变化与生物入侵

## 一、生物入侵的概念

生物入侵(biological invasion)是指因某种原因非本地产的生物或本地原产但已绝灭的生物侵入该地区的过程，而此物种在自然情况下无法跨越天然地理屏障。外来入侵物种可以是从自然分布区通过有意或无意的人为活动而被引入或是在当地的自然或半自然生态系统中形成了自我再生能力、给当地的生态系统或景观造成明显的损害或影响的物种。生物入侵形成的种群可能会进一步扩散已经或即将造成明显的生态破坏和经济负面后果的事件。

外来生物入侵的主要传人途径分为人类有意引入、随人类活动无意传入以及非人为因素的自然传入三大类。

### (一)有意引入

指人类有意实行的引种(包括授权的或未经授权的)，将某个物种有目的地转移到其自然分布范围及扩散潜力以外的地区。

(1)植物引种。人们为了农林生产、景观美化、生态环境改造与恢复、观赏、食用等目的有意引入的外来生物，引进物种逃逸后"演变"为入侵生物。植物引种对我国的农林渔业等多种产业的发展起到了重要的促进作用，但人为引种也导致了一些严重的生态学后果。在我国目前已知的外来有害植物中，超过 50％ 的种类是人为引种的结果，引进物种逃逸后给经济与环境带来危害的案例比比皆是：种植业上引进的喜旱莲子草(水花生)和凤眼莲(水葫芦)、用于沿海护滩而引进的植物如"大米草"等。

(2)动物引种。人们为了畜牧业生产、观赏、食用等目的有意引入外来动物种。牛蛙是我国最早引入的养殖蛙类，它具有个体大、生长快、肉味鲜美等特点。1959 年从古巴引进后，先后在 20 多个省市推广养殖。由于一些地区养殖管理不善，以及实行稻田、菜田等自然放养而逸为野生。獭狸在1953年被引入东北动物园饲养，供观赏用。但獭狸在南方饲养后毛质变差，养大后无人问津而被弃养。水产养殖引进外域鱼种如虎鱼、麦穗鱼、福寿螺等。

（3）为食用目的引入。美食是我国传统文化的一部分，中国人对野味的品尝是其他民族无法比拟的。人们为了追求食品的色、香、味、新、奇，食用野生动物，从而为满足餐馆野味消费而走私入境野生动物如毒蛇、果子狸、非洲大蜗牛等。

（4）作为宠物引入。一些动物作为宠物而在城市中广泛养殖，通过放生而造成外来生物入侵。巴西龟已经是全球性的外来入侵种，目前在我国从北到南的几乎所有的宠物市场上都能见到。水族馆和家庭水族箱的普及也使一些外来水生动植物成为外来入侵种，例如用于观赏而引进的食人鲳；又如原产美国的水盾草现已出现在浙江的河流中。

（5）植物园、动物园、野生动物园的引入。我国许多城市都有动物园、植物园、野生动物园。已经有许多外来动植物从园中逃逸野化形成入侵的事例。动物园中的野兽野禽可能逃到野外，在野外自然繁殖。现在各地时兴建立野生动物园，大量物种被散放到自然区域中，如管理措施不够严密，动物园、植物园和野生动物园的外来物种就有可能逃逸（其中可能会携带外来的野生动物疾病），这些潜在的外来入侵种源可能会带来灾难性后果。

**（二）随人类活动无意传入**

无意传入指随着人类的贸易、运输、旅行、旅游等活动而无意识地引进，很多外来入侵生物是随人类活动而无意传入的。尤其是近年来，随着国际贸易的不断增加、对外交流的不断扩大、国际旅游业的迅速升温，外来入侵生物借助多种途径越来越多地传入我国。

**（三）自然传入**

自然传入指非人为因素引起的外来生物入侵。

（1）外来植物可以借助根系和种子通过风力、水流、气流等自然传入。植物可以通过根系、种子通过风力传播。

（2）外来动物可以通过水流、气流长途迁移。动物可以通过水流、气流长途迁移。麝鼠原产北美洲，以后引入欧洲各国，1927年从北美洲引入前苏联，通过前苏联境内分别沿着西北和东北两端边境的河流自然扩散到我国境内；西北方向沿伊犁河、额尔齐斯河扩散到新疆；东北方向沿黑龙江和乌苏里江两条界河扩散到黑龙江省，1953年在新疆北部伊犁河发现，随后在黑龙江省有正式报道。鸟类等动物迁飞还可传播杂草的种子。

（3）外来海洋生物随海洋垃圾的漂移传入。随着废弃的塑料物和其他人造垃圾漂浮的海洋生物也会造成危害，对当地的物种造成威胁。这些垃圾使向亚热带地区扩散的生物增加了1倍。与椰子或木材之类的自然漂浮物相比，海洋生物更喜欢附在塑料容器等不易被降解的垃圾上漂浮，借助这些载体，它们几乎可以漂浮到世界的任何地方。

## 二、生物入侵的影响

生物入侵带来的危害主要分为3个方面，分别是对物种、物种多样性和生态系统以及人类社会的影响。

### （一）对物种的危害

入侵种在进入一个生长发育条件适宜的生境中成功占有一个生态位后，大量繁殖，与原来生态位物种形成竞争，造成原来的物种失去生长发育所需的养分，阳光，食物，栖息空间等。严重的情况下，很可能造成原来的物种大量减少甚至灭绝。

### （二）对物种多样性和生态系统的影响

入侵种在竞争中击败原生态系统中的物种后，将造成生态系统的失衡，干扰原食物链，带来的是原生态系统中物种的大量减少，甚至灭绝，这样生态系统中的多样性也会随之降低。排挤本地种，改变种群、群落或生态系统的结构或功能，导致生态系统的单一或退化，污染当地的遗传多样性。

### （三）对人类社会的影响

入侵种不仅会影响入侵地的生态系统，造成生态系统功能的减弱，造成大量的经济损失，同时还会形成对人类健康的威胁。如凤眼莲的大量繁殖造成河道的阻塞，影响水渠灌溉；紫茎泽兰的大量繁殖造成地力衰弱，影响农业生产。

## 三、气候变化对生物入侵的作用

全球气候变化和生物入侵是影响生物多样性和生态系统功能的两个重要因素，也是最重要的两个生态话题。过去它们对生物多样性的影响常常被认为是独立的，现在已有许多研究认为气候变化影响了生物入侵的速率和程度。全球气温上升、降水模式改变、极端气候事件频率和量级的变化都可能改变入侵生物的分布和流行。

气候变化能直接影响入侵植物在某一特定区域的生存能力，同时改变它们与土著种的竞争关系。对于生态系统而言，全球气候变化将使一些生态系统对外来生物的抵御能力变弱，从而使外来种系而言，全球气候变化可能改变了外来种和土著种的竞争态势。首先，由于土著种与其所处的环境长期适应，全球气候变化创造的新环境常常减少了其对土著种的适宜度，而入侵种一般能较快适应新环境。其次，许多入侵种在资源可利用度高的环境中最易成功，一些全球气候变化类型直接增加了植物资源的可利用度。因此，全球气候变化可能导致外来生物大规模入侵与快速扩散，土著种被排除，生物多样性减少，原有生态系统被改变。

一般认为生物入侵过程分为外来种的引入、成功定殖与建群、时滞阶段以及扩散和暴发4个阶段。从生物入侵的几个阶段来看，全球气候变化有利于生物入侵，全球气候变化主要从以下3个方面对入侵生物有利：为引入提供新的机会；使建群和成功定殖变得更容易；使入侵种群具有持久性和传播能力。

（1）温度升高：温度是限制植物和许多动物生存、生长和繁殖的重要因素。近代的生态学观测证实，过去100年间地球平均气温上升了0.6℃，高山森林线和树线在海拔高度上不断往上延伸。在一些目前外来种还不能生存的地区，全球变暖能为外来种的引入提供新的机会。由于低纬度地区升温较少而高纬度地区升温显著，这些改变在高海拔和高纬度地区尤其明显，而之前温度在这些地区是限制因素。暖冬导致一些外来物种冬季死亡率降低。

持续的气候变暖还可能增加外来物种的耐受性，扩大它们适宜生存的区域。随着全球变暖的进一步发生，起源于较温暖区域的外来物种可能形成更大的种群，数量庞大，扩散和分布范围更广。

（2）海平面上升：海平面上升导致海滨生境中含盐度增加，从而影响植物的生长发育。相对于抗盐性和抗水淹能力较差的土著种而言，入侵种更能承受海平面上升所造成的负面影响。海平面上升可能会提高耐盐和耐水淹的入侵种的相对竞争力，改变其入侵过程。因此，在种间竞争的过程中，耐盐性强的入侵种会逐渐占优势，由此造成海滨植被结构简单、种类组成单一，生物多样性降低。

（3）$CO_2$浓度增大：$CO_2$是最主要的温室气体，对全球变暖的贡献率达到60%。大气$CO_2$的持续增长会增加水体表面溶解的$CO_2$浓度，降低碳酸盐离子浓度，从而降低海洋pH，对许多海洋生物的生存造成影响，给外来生物入侵带来机会。大气$CO_2$浓度的升高还会改变$C_3$和$C_4$植物的竞争态势。$C_3$和$C_4$植物由于光合结构和相关生理生化过程的差异，对$CO_2$浓度增加表现出不同的响应趋势。$CO_2$浓度上升对$C_3$植物光合作用以及初级生产力的促进作用比对$C_4$植物更显著，从而提高了群落中$C_3$植物的竞争力。此外，$CO_2$浓度增加还能提高$C_3$植物光合作用效率对高温的耐受性，降低$C_4$植物和CAM植物的相应耐受性。因此$CO_2$浓度增加会使生态系统$C_3$植物和$C_4$植物间的平衡关系被打破，以$C_4$植物为优势种的群落也许会更容易被$C_3$植物入侵。

（4）降水量增加：水是植物生长的一个重要的限制因素。波动资源假说认为，降水量的增加是通过增加水的可利用度而有利于入侵的。许多入侵植物能发育出深主根，使它们能够得到那些浅根物种不能得到的水分。相对于土著种而言，如果入侵生物对水具有高度需求的话，那么它们很可能从可利用水资源的增加中获利。水需求量高的特征包括生长迅速、寿命短、聚集频繁，这些特征正是机会主义物种的典型特征，在入侵生物中很常见。

（5）极端气候事件：全球气候变化能导致极端气候事件频率和强度的增加。大气环流的变化可能改变暴风雨的频率、降水模式和大气循环。由于生物通过大气的长距离扩散很大程度上受大气环流所控制，入侵生物的扩散线路可能受到改变。入侵生物的这种长距离扩散常常取决于极端气候事件。海平面上升后风暴潮和巨浪等异常灾害发生的频率和量级增加，巨浪等会冲走植物根系周围的有机质，降低外来沉积物的沉积过程，从而造成植被面积减少、结构简单，甚至会使现有植被彻底破坏，产生裸地，更容易被入侵者定殖。

## 四、生物入侵对全球气候变化的响应

全球变化促进了生物入侵，反过来生物入侵也会影响到全球变化。如互花米草是我国作为生态工程种20世纪70年代从美国东海岸引进的，互花米草保护裸滩的作用是非常好的，但是由于缺乏天敌，其开始在我国沿线海岸大量繁殖。而今由于互花米草巨大的生物量，是一个巨大的碳库，开始影响到碳循环，并且还会释放二甲基硫等硫化物，这些温室气体对全球变暖有一定的影响。生物入侵影响了生物群落、生态系统的结构和功能，其反馈机制对全球变暖产生影响。

目前生物入侵的进程已影响到其他全球变化因子，主要是改变了大气温室气体，尽管改变方式是复杂而难以预测的。最典型例子是亚马孙河流域盆地大片森林被烧毁后代之以草地，形成新的生态系统。这种变化对当地乃至全球范围的大气、温度、降雨和物质循环的影响都是深远的。同时，越来越多的科学家注意到其他全球变化对生物入侵的明显影响。如一直有人基于生态气候模型来预测许多入侵种的潜在地理分布。全球变暖是未来气候变化趋势；温度改变亦会改变降雨等过程。因此，生物入侵趋势亦有所变化。例如，一种外来蟾蜍——海蟾蜍（*Bufo marinus*）在更温暖的澳大利亚分布范围会更广。另有模型显示高温减少昆虫世代历期，增加冬季存活率，并导致昆虫种群向极地和高海拔地区扩散。温暖气候还会加快虫媒病的生长和异地传播。

## 五、全球气候变化背景下生物入侵后果

短期来看，气候变化可能导致地理分布范围边缘的种群暂时减小，但长期而言，预计全球气候变化将促使土著种和外来种极性迁移，潜在地有利于全球生物的均质化。在日本，一半的温室害虫是外来种。温室为害虫提供了一个生态岛，很适宜于外来入侵昆虫的生存，导致温室害虫区系在全世界范围相似。因此，全球气候变暖和人类诱发的生物入侵之间的相互作用可能最终导致生物均质化——土著种逐渐被扩散到当地的外来种取代的过程。伴随着持续性的全球气候变化，土著种和外来种的定义和关键区分因素变得更加模糊。土著种可能变得更加不适应当地环境，而外来种可能对环境适应得更好。因此，外来种可能更具有竞争力或甚至在一些地方成为保证当地生态系统功能持续性的必需物种。这将为生态系统的管理提出很大的挑战。

气候变化能直接影响入侵植物在某一特定区域的生存能力，同时改变它们与土著种的竞争关系。对于生态系统而言，全球气候变化将使一些生态系统对外来生物的抵御能力变弱，从而使外来种更有可能成为入侵种。对于入侵种和土著种的相互关系而言，全球气候变化可能改变了外来种和土著种的竞争态势。首先，由于土著种与其所处的环境长期适应，全球气候变化创造的新环境常常减少了其对土著种的适宜度，而入侵种一般能较快适应新环境。其次，许多入侵种在资源可利用度高的环境中最易成功，一些全球气候变化类型直接增加了植物资源的可利用度。因此，全球气候变化可能导致外来生物大规模入侵与快速扩散，土著种被排除，生物多样性减少，原有生态系统被改变，甚至导致严重的社会经济与生态环境问题。

# 第五章
# 气候变化对湿地碳库及碳固定过程的影响

## 第一节  湿地土壤碳库及其特征

湿地作为一种独特的生态系统，是各种主要温室气体的"源"与"汇"，在全球气候变化中有着特殊的地位与作用。全球湿地总面积与海洋和森林面积相比相对较小，但由于湿地有很高的生产力及特殊的生态环境条件，使其成为极为重要的生物地球化学场。全球碳循环研究是全球变化科学中的研究重点之一。当今国际重大环境科学计划，如国际地圈—生物圈计划（IGBP）、世界气候研究计划（WCRP）、全球环境变化的人文因素计划（IHDP）及全球变化与陆地生态系统（GCTE）中，陆地生态系统碳循环是其中的核心研究内容。与全球碳循环密切相关的陆地生态系统主要有森林、草地、农田、湿地和内陆水体五大类生态系统，湿地是陆地生态系统碳循环的重要组成部分。据 IPCC 估算，全球陆地土壤和植被的碳含量分别为 17500 亿 t 和 5500 亿 t，其总量相当于全球大气碳总量的 3 倍左右。储藏在湿地泥炭中的碳总量为 1200 亿~1600 亿 t，储藏在不同类型湿地中的碳约占地球陆地碳总量的 15%。一般认为，湿地是 $CO_2$ 等温室气体的"源""汇"和全球尺度上的气候"稳定器"，其对全球气候变化具有重要影响，因此，湿地碳素变化对全球变化的影响一直是国内外湿地研究的热点。

## 一、湿地土壤碳库

土壤碳库是地球表层最大的有机碳库，贮存了大约 15500 亿 t 有机碳，是大气碳库的 3 倍，生物碳库的 3.8 倍，在全球碳循环中起着关键作用。土壤每年 $CO_2$ 排出量大约是化石燃料 $CO_2$ 释放量的 10 倍，与大气交换的土壤有机碳大约占陆地表层生态系统碳储量的 2/3。土壤有机碳库的微小变化，对全球碳平衡都将产生重大影响。土壤有机碳处于特定环境条件下的动态平衡之中，环境条件和人类活动的干扰都会影响其代谢过程。气候变化通过影响土壤中外源碳的输入和土壤有机碳的分解，直接影响土壤有机碳的蓄积和温室气体的排放。因此，大气 $CO_2$ 浓度升高将会对土壤有机碳的积累与释放产生影响。

土壤作为陆地生态系统的主要碳库之一，促进其碳汇功能，固存更多的有机质，是一个既可以起到减缓大气 $CO_2$ 浓度，又提高土壤本身肥力水平的途径。土壤有机碳库是陆地生态系统中最活跃的碳库，其总量分别是大气和植被碳库的 2~3 倍，其消长动态将直接影响到未来的气候变化趋势，是气候和环境的指示性指标。据研究，土壤有机碳 10% 的变化，其数量相当于人类活动 30 年排放的 $CO_2$ 量。因此土壤有机碳的微小变化直接影响到大气中温室气体浓度的剧烈改变进而影响全球气候变化，所以土壤碳循环中碳源汇效应以及影响因子研究成为研究热点之一。

湿地是 $CO_2$、$CH_4$ 等温室气体的"源""汇"和全球尺度上的气候"稳定器"，同时对全球气候变化具有较强的敏感性，而全球气候变化对湿地演化也有严重影响，特别是全球气温升高、海平面上升和降水量变化，会导致湿地退化、面积减少，促进湿地碳储量发生变化。因此，湿地碳储量变化对全球气候变化的响应一直是国内外湿地研究的热点。

湿地在植物生长，促淤造陆等生态过程中累积了大量的有机碳和无机碳，以有机碳为主要存在形式。湿地土壤由于处于水分过饱和的状态，具有厌氧的生态特性，土壤微生物以嫌气菌类为主，活动较较弱，大量的动、植物残体分解缓慢并以有机质或泥炭的方式赋存并积累，逐年累月形成了富含有机质的湿地土壤和泥炭层，起到了固定碳的作用，是地球上天然的碳库和碳"汇"。湿地是世界上最大的碳库之一，它虽占陆地面积的 2%~6%，储存的碳却占陆地土壤碳库的 18%~30%，仅次于海洋和热带雨林而位居第三位（IPCC，2007）。对于湿地中碳库的储量不同的研究中差异较大。2001 年，IPCC 认为湿地碳储量约为 3000 亿~6000 亿 t，占陆地生态系统碳储存总量的 12%~24%，在 2007 年 IPCC 对这一数据进行了进一步修正。Zhang 等（1999）认为湿地占有全球陆地表面积的 3% 弱，但其碳库储量占陆地碳库总储量的 15%~30%。吕宪国等（1995）认为湿地占陆地碳库总储量的 15%。湿地碳储量高于农田、森林、草地等生态系统，相当于陆地生态圈总碳储量的 20%（Maltby et al.，1993），对陆地碳循环发挥着重要的碳汇功能。

湿地植物、水分、土壤及沉积物的碳密度具有很强的空间分异性，在一定程度上影响着碳储量。国内外学者对湿地土壤有机碳密度有较多的研究报道。湿地土壤有机碳密度可高达相应气候地带农业土壤的 3 倍，一般在 $150t/hm^2$ 以上，很多沼泽和泥炭湿地的碳密度高达 $300t/hm^2$ 以上。全球湿地生态系统平均的碳密度为 $686t/hm^2$，其中土壤碳密度达 $643t/hm^2$，占整个生态系统的 90% 以上。全球湿地 1m 深土壤的有机碳密度介于 $600~1500t/hm^2$，$0~30cm$ 表土的平均碳密度达 $375t/hm^2$。对于红树林沼泽土壤和盐沼湿地土壤碳密度而言，红树林沼泽土壤平均碳密度（$0.055 \pm 0.004g/cm^3$）明显比盐沼湿地（$0.039 \pm 0.003g/cm^3$）高，导致这种差异的原因可能是更温暖的气候导致更高的生产力。在一些泥炭沼泽湿地，表层含碳量高达 50% 以上。若尔盖高原湿地草甸土表土（$0~30cm$）和沼泽土表土（$0~40cm$）的有机碳密度分别为 $15.10kg/m^2$ 和 $20.39kg/m^2$，而湿地泥炭地（泥炭层 $0~60cm$）土壤有机碳密度高达 $110.22kg/m^2$。这可能是由于处于高纬或高海拔地区，冷湿的气候促进了有机碳的积累，使得高纬地区湿地贮藏了全球近 1/3 的地表碳储量(Gorham，1991)。我国热带亚热带草甸和草本沼泽表层土壤有机碳密度平均约 9.37kg/m²，这是因为该湿地地处北亚热带低维地区，温度较高，有利于有机碳分解而减弱其积累。东北平原土壤碳密度处于全国平均水平，其中黑龙江沼泽湿地土壤有机碳密度为 3.28g/cm²，湿地土壤有机碳储量的增加主要取决于碳密度的增加。

国外关于湿地碳的研究开展较早且广泛，主要包括碳的累积与分配、碳的分布特征及其影响因素等方面。国际上关于湿地生态系统碳储量估算的研究起步于 20 世纪 70 年代，这一时期主要集中于美国沼泽湿地、沿海湿地、稻田湿地及河口湿地等，旨在认识生态系统植被生物量、碳排放和分解、沉积物迁移转化，探讨有机物数量的增加模式及转移规律。随着生物量测定方法及遥感技术的进一步发展及应用，80 年代末期，对全球尺度自然湿地分布、生产量估算及碳排放的研究有了较快发展。20 世纪 90 年代，湿地生态系统因其巨大的碳储存及其温室气体的排放能力成为全球气候变化科学中的前沿与热点，对湿地碳储量相关的研究重点是湿地生态系统与气候变化之间的相互影响机制，集中于沼泽湿地碳平衡、湖泊沉积物、湿地生态系统历史固碳能力回顾等(Gorham，1991)。

21 世纪以来，湿地生态系统碳储量估算的研究几乎覆盖了全部气候区域及湿地类型，涵盖了红树林、贫营养沼泽、河流湿地、沿海滩涂湿地、湖泊湿地和人工湿地等全部湿地类型。该时期的碳储量研究侧重于湿地生态系统碳源/汇平衡、碳储量时空分布格局、湿地恢复效果评估、固碳过程(枯落物分解、有机物矿化、温室气体排放)中碳迁移转化等研究，并从植被、水文、微生物、地形地貌等多种角度探索了湿地固碳机理，加强了湖泊和河流等湿地类型碳迁移转化及碳储量估算方法的探讨，对气候变化最为敏感的极地苔原、高原湿地、滨海湿地等生态脆弱区的碳平衡研究也有了较大进展；此外，"3S"技术也进一步应用于全球和国家尺度湿地生态系统碳储量的估算中。

国内对湿地的碳相关研究相对较晚，开始于 21 世纪初，侧重于湿地碳循环过程、碳汇功能分析和价值估算、河口和潮间带沉积物有机碳及影响因子等，较多关注湿地植被(特别是芦苇)生物量和沉积物有机碳，而针对湿地生态系统碳储量，尤其是湿地土壤碳储量的研究较少，主要集中于东北三江平原湿地。

## 二、湿地土壤碳库组成特征

土壤有机碳库可分为活性有机碳、缓效性有机碳和惰性有机碳。其中，土壤活性碳是指土壤中移动快、稳定性差、易氧化、矿化，对植物和土壤微生物来说活性较高的那部分有机碳。土壤可溶性有机碳(DOC)、易氧化有机碳和轻组有机碳是土壤活性有机碳库的重要表征指标。DOC 与土壤生态系统中有机碳的迁移、固持和 $CO_2$ 的释放有密切联系。土壤轻组有机碳是在一定密度(常用密度为 1.2～2.0g/cm³)液体中用浮选法分离得到的物质，它与土壤矿物质结合程度低，因此物理保护程度低。它的变化可用以指示土壤肥力的变化，与土壤呼吸速率、土壤矿化碳、微生物量氮等有显著的正相关，有着较高的潜在生物活性。土壤轻组有机碳占有机质总量的 2%～18%，是土壤活性有机碳的重要表征之一。轻组是易变有机质的良好指标，显示出比整个土壤具有更高的周转速率。轻组的分解速率与其他组分的土壤有机质相比大得多，与土壤呼吸和微生物生物量氮高度相关，表明轻组对于微生物而言是一个重要的碳和能量来源，是易变有机质的一个有用指标。而且轻组已被证明是由相对易变成分如碳水化合物组成，同时由于轻组不受黏粒矿物或别的机制保护，极易受微生物和酶活性影响。

湿地土壤有机碳库中占比例很小的活性碳部分易分解矿化，引起土壤碳库的变化，对土壤碳素的转化亦十分重要，对环境因子变化响应最为敏感。虽然活性有机碳只占土壤有机碳总量的一小部分，但却可以在土壤全碳变化之前反映土壤微小的变化，可以直接参与土壤生物化学转化过程，同时它也是土壤微生物活动的能源和土壤养分的驱动力，对土壤养分的生物有效性及其循环转化起着非常重要的作用，且与土壤温室气体排放密切相关。土壤活性有机碳是土壤有机碳动态的敏感性指标，可检测到微小的、短期的土壤碳动态，可以在早期预测土壤有机碳的长期变化趋势。

根据土壤有机质物理分组方法中大小分组技术得到的颗粒有机质（particulate organic matter，简写为 POM，周转期 5～20 年）是与沙粒结合的有机质部分（粒径在 53～2000μm 间），它代表了土壤有机质中的慢库（slow pool），这个库中碳来源于中等分解程度的半腐殖质化植物残体。有机质在土壤结构中位置的差异形成了有机质不同的稳定性库，主要是由于土壤矿物粒子在土壤原生结构和次生团聚体结构中形成了对土壤微生物物理隔离作用而致使有机质得以保护。基于颗粒有机碳的分离，把土壤有机碳分成了由与矿物结合的有机（mineral-associated organic C，简写 MOC）和颗粒有机质（particulate organic C，简写 POC）组分两部分，后者位于土壤团聚体间或内部，位于团聚体之间部分称为自由（flee）的颗粒有机碳，位于内部的部分称为结合（occluded）的颗粒有机碳。有研究发现 POM 中碳活性组分起源 $C_3$ 植物，保护性组分起源于 $C_4$ 植物。在国际上，对土壤颗粒有机碳的分析已经被广泛应用于土壤有机碳动态研究中，如通过分析土壤团聚体中碳的空间分布来研究土壤有机碳稳定性和分布、测定土壤不同物理组分中有机碳基本性质、土地利用变化对土壤有机碳的影响机制、$CO_2$ 浓度增加后土壤碳的变化、土壤有机碳稳定性、微生物生物量与植被的关系等。在我国，对土壤颗粒有机碳的研究也有报道，但仅见于土地利用变化和施肥对土壤颗粒有机碳的影响方面。从颗粒有机碳角度分析土壤有机碳动态的研究报道还不多见。

土壤可溶性有机质（Dissolved Organic Matter，DOM）是有机化合物的复杂混合物，包括简单的酸和糖以及复杂的腐殖物质，它的复杂性质至今还未被人们充分了解。可以基于溶解度、分子大小和吸附色层析法对 DOM 进行典型分级。吸附色层析法对 DOM 分级是基于将溶液中的有机物分离成为疏水和好水的酸、碱和中性化合物。如用自动排阻色谱法（automated size-exclusion chromatography）将 DOC 分为四种：腐殖质、多糖、低分子量酸和小质量物质。DOM 是目前 SOM 研究中的热点，由于 DOM 测定所涉及的具体指标颇多，所以关于 DOM 的测定方法迄今为止还没有一个统一的标准。水溶性有机碳（DOC）是陆地生态系统碳循环的重要基础。土壤溶解性有机碳指在一定的时空条件下，受植物和微生物影响强烈，具有一定溶解性、在土壤中移动比较快、不稳定、易氧化、易分解、易矿化，其形态、空间位置对植物、微生物来说比较高的那一部分土壤碳素。尽管 DOC 含量仅占土壤有机碳的一小部分，但是它们明显的参与了很多土壤过程，DOC 是土壤微生物的最主要的能源，影响土壤生物活性。液相状态是土壤有机质生物降解的媒介。近期研究表明，土壤中 DOC 的变化与 $CO_2$ 排放有密切的联系。DOC 通量比全球植物和大气间碳交换量小 1~2 个数量级，所以生物圈碳平衡很小的变化会导致 DOC 的巨大变化，DOC 浓度和通量是土壤环境变化的敏感指标，也是一种重要的活性碳组分，可以用水溶性有机碳的变化来反映土壤有机碳动态，指示环境条件的变化。

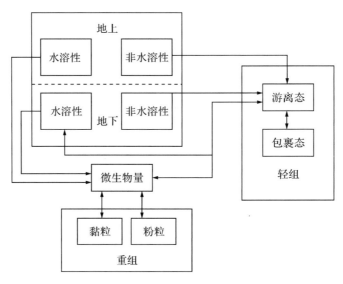

**图 5-1 碳组分间的关系**

注：引自 Tanaka 等（1998）。

颗粒有机质和轻组有机质就代表了土壤有机质中的非保护性组分。用物理方法分离土壤有机质不同组分，对揭示土壤碳过程和碳动态变化机理具有重要意义。颗粒有机碳是介于活性和惰性碳之间的一种缓性碳组分，土壤轻组有机碳和水溶性有机碳是重要的活性有机碳组分，它们分别代表了不同程度的活性有机碳库，在土壤有机碳动态和养分循环中，既存在着密切的相互作用关系，又各自发挥着重要作用。轻组有机碳介于新鲜凋落物和稳定的腐殖化有机质之间，代表了快速周转碳库，是水溶性碳的主要储存库。

## 三、湿地碳库估算方法

湿地生态系统在全球碳循环中的作用非常重要，但是对碳循环模型的研究明显落后于森林、草地和农田生态系统。主要估算方法包括直接测量法、模型估算法和清单法这三大类。直接测量法用于直接测量水体、植被、土壤以及气体之间的碳通量，主要用于中小尺度，是目前为止最为准确的方法，常用来当作大尺度研究的验证方法。在全球/区域尺度上，由于无法用实际测量的办法获得真实值，利用模型估算和清单法就成为两种重要的替代方法。

模型法是综合考虑进入土壤的碳数量和质量以及影响土壤有机碳分解速率的各种因子的基础上，进行估算碳储量的方法。这种方法能够根据大量实测数据和气候变化模拟数据，预测土壤碳储量动态变化趋势，探讨土壤有机碳固碳潜力及其影响因素，可利用小范围的实测数据估算大区域尺度的变化。国内外学者在碳循环和土壤有机碳储量方面开展了大量工作，提出了一些较为客观的研究模型，估算了全球尺度和区域尺度的土壤有机碳储量。常见碳储量的研究模型有土壤类型法、生命带类型法、生物地球化学模拟法、数学模型法、相关关系统计法、一级动力学方程拟合法和基于遥感影像估算等方法。Franzmeier 和 Batjes 等人利用土壤类型法分别计算了美国中西部地区 12 个州和全球的土壤有机碳储量；Post 利用生命带模型估算了 1m 深度全球土壤有机碳储量。在广泛使用的碳循环的模型中，目前比较流行和成熟的模型有 DNDC(denitrification and de-composition model) 和 CENTURY 等。

DNDC 模型是美国 New Hampshire 大学发展的，主要模拟农业与森林生态系统中的碳和氮的生物地球化学循环。在 DNDC 模型中，主要考虑的影响参数包括土壤温度、土壤湿度、土壤黏粒含量、N 素含量等。模型由 6 个子模型构成，分别模拟土壤气候、有机质分解等过程，这些过程描述了土壤有机质的产生、分解和转化，最后给出土壤有机碳含量和 $CO_2$、$N_2O$、$NO$ 等温室气体的排放量(图 5-2)。这个模型的另一个特点是以小时为计算步长，输出所有变量每天的值。其描述的土壤过程最为精细，并可以在 GIS 数据库支持下，完成对区域的动态模拟。Changsheng 等(1997)用 DNDC 模拟了土壤有机碳的动力机制，并经过田间观察试验进行了校验。

近年来，在 DNDC 模型基础上，有学者研发了 Wetland-DNDC 模型，是一种经典的湿地机理模型，充分考虑了湿地土壤、水文和植被对湿地碳循环的影响，特别是考虑了水位变化、土壤特征影响、水文条件对土壤温度影响、草本和苔藓植物碳固定以及有氧条件对分解的影响等生物地球化学过程(Zhang，2002)，促进了湿地碳动态模型的应用与发展。该模型通过在美国野外验证，结果表明在温室气体碳通量、水位动态、净生态系统生产力和年度碳平衡等方面都有很好的一致性。因此，机理模型的可靠性较高，但由于要求输入参数较多，在参数的可获得性、可靠性和尺度转化等方面问题较多，而人为地简化参数又限制了模型的精度。

清单法原理是根据生物量与碳转换系数(国际上采用50%)相乘得到碳密度，利用碳密度乘以面积得到碳储量。它具有直接、明确、技术简单等优点，在全球/国家尺度的植被/土壤碳估算中得到广泛应用。中国湿地有机碳库计量公式如下：

$$C = S_j D_j \tag{5-1}$$

$$D = 0.58 W_j H_{ij} O_{ij} \tag{5-2}$$

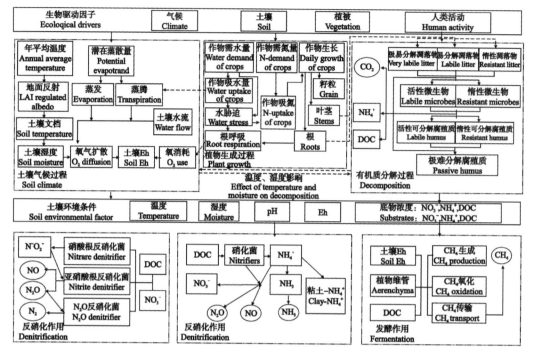

图 5-2    DNDC 模型结构图

式中，$C$ 为中国湿地土壤有机碳库（g）；$S_j$ 为面积（$cm^3$）；$D_j$ 为有机碳密度（$g/cm^3$）；$j$ 为土壤类型；0.58 为碳转换系数；$W_j$ 为容重（$g/cm^3$）；$H_{ij}$ 为土壤厚度（cm）；$O_{ij}$ 为有机质含量（%）；$i$ 为土层序号。

目前，涡度相关法、箱式法、NPP 测定法和同位素示踪法等多种直接测量方法与清单法及包括生态系统过程模型和光能利用率模型等在内的模型估算法的联合使用和交互验证已成为湿地碳计量和尺度推移的重点之一。

## 四、影响湿地土壤有机碳的因素

湿地土壤碳储量取决于有机质的输入与输出的平衡。有机碳输入主要来源于湿地植物地表与地下根系凋落物，有机碳输出则主要源于土壤微生物的分解。因而一切影响土壤有机碳累积与分解的因子都可能影响到湿地有机碳的分布。湿地植被覆盖状况、土壤湿度、氧化还原电位、微生物活动等方面，影响着湿地的碳储存与碳排放。

### （一）土壤理化性质

土壤理化性质是影响土壤有机碳含量的重要因素，包括土壤质地、母岩、有机质组成及土壤环境等。土壤性质中研究最多的是土壤质地与有机碳累积的关系。主要是黏粒含量影响土壤水、气状况以及基质可给性和微生物活性，黏粒矿物通过对土壤有机质的物理保护机制可降低土壤有机物降解速度，增加土壤有机质积累。SOC 含量和黏土含量呈显著的正相关，黏质土壤和粉质土壤通常比砂质土壤含有更多的有机质。

土壤理化特性在局部范围内影响土壤有机碳的含量。土壤质地影响土壤中有机碳的蓄积量及其在土壤有机碳各组分中的分配。土壤中的有机碳量随粉粒和黏粒含量的增加而增加，这主要反映在粉粒对土壤水分有效性、植被生长的正效应及其黏粒对土壤有机碳的保护作用。黏粒的保护作用则主要是通过与有机碳结合形成有机－无机复合体实现的。土壤有机碳、全氮和全磷与粉粒和黏粒之间存在极显著正相关关系（$P < 0.01$），与砂粒呈极显著负相关（$P < 0.01$），表明土壤颗粒越细，质地越黏重，土壤碳氮磷的含量越高。土壤有机碳和全氮与土壤黏粒呈显著正相关关系。

其他土壤特性，如 pH 值、容重等也均会影响有机碳在土壤中的分布。土壤 pH 值通过影响微生物的活动而显著影响着土壤对碳氮的固定和累积能力，它是影响土壤有机碳空间分布的环境因子之一。一些研究表明，土壤有机碳含量与 pH 值呈显著负相关。土壤容重是反映土壤性状的重要指标，它与土壤的水、热状况密切相关，对于湿地土壤而言，土壤容重的大小不仅能反映出有机质含量高低和土壤的结构状况，而且也是湿地土壤持水、蓄水性能的重要指标之一。容重与总有机碳之间具有极显著的指数相关关系。

此外，不同土壤深度层的物理性质和有机碳含量不同，随着土壤深度的增加，土壤有机碳也更加稳定。一些研究表明，土壤有机碳的年龄随土壤深度的增加而增加。在垂直方向上土壤有机碳含量与土层深度密切相关，随深度的增加呈指数下降趋势。但是上述结论并不能反映自然湿地剖面有机碳的垂直变化情况，芦苇湿地土壤有机碳含量在时间分布上表现出垂直分异规律，其最高值和最低值所在层次并不一致，三江平原沼泽湿地结果表明天然沼泽湿地土壤有机碳含量随深度增加而下降。

### （二）土壤酶活性

土壤酶是构成土壤的成分之一，数量少，作用大，产生于土壤微生物、土壤动物和植物根系生命活动的积累过程。土壤中一切生物化学过程均在酶的催化作用参与下完成。土壤酶能够促进土壤中有机质的分解，其活性反映出土壤中所存在的营养物质转化、能量代谢等过程能力的方向和强度。作为土壤质量的一个指标，土壤酶敏感地反映出土壤质量、生态环境效应在时间序列和各种条件下的变化。土壤酶活性的变化在一定程度上能反映微生物活性。土壤蔗糖酶、淀粉酶、纤维素酶是参与土壤有机碳分解的重要酶类，是表征土壤有机碳分解强度的重要表征指标。蔗糖酶又叫转化酶，是一种参与碳循环的重要酶，它的活性可以反映出土壤中碳元素的转化和呼吸强度。一般情况下，蔗糖酶的活性越强，土壤肥力就越高，它不仅能表征土壤生物学活性强度，也可以作为评价土壤熟化程度和土壤肥力的一个重要指标。蔗糖酶的活性与土壤表面区域的团聚体和土壤的有机质含量相关。

### （三）土地利用方式

土地利用方式的改变将导致覆被类型的变化，包括森林转换为草地或农田、草地转换为农田以及退耕还林（草）等。覆被类型的变化不仅直接影响土壤有机碳的含量和分布，还通过影响与土壤有机碳形成和转化有关的因子而间接影响土壤有机碳。当土地利用方式从森林转化为草地或农田时，造成原有土壤系统中大量的有机碳的流失，而当农田弃耕或荒芜而向草地、灌木和森林转化时，土壤系统中的有机碳则可能会呈增加的态势。三江平原不同土地利用方式下土壤有机碳的垂直分布随土壤深度和土地利用类型的变化而变化；与沼泽化草甸相比，开垦 10 年和 25 年的水田表层土壤有机碳含量分别减少 49.3%（$P < 0.01$）和 14.3%（$P < 0.05$），开垦 5 年和 18 年的旱地表层土壤总有机碳量比对照分别减少 81.9%（$P < 0.01$）和 68.3%（$P < 0.01$）。

### （四）气候因子

在土壤有机碳的输入与分解过程中起作用的气候因子主要是温度和水分。温度和水分二者的综合配置决定着土壤有机碳的地理地带性分布。土壤有机碳的水平分布特征主要受气候的影响。全球不同生命地带的陆地中，最高碳密度在冻原（36.6kg/m²），而最低碳密度则在干旱高温的暖温带沙漠（1.4kg/m²）。我国不同气候植被带下土壤碳的分布也有与之相一致的特点：在寒温带针叶林下土壤有机碳的含量最高，达到 73g/kg；而在荒漠草原土壤有机碳的含量最低，仅为 3.6g/kg。纬度决定土壤有机碳地理分布，土壤有机碳与温度呈显著负相关。

### （五）水　分

水分是影响土壤有机碳分解的关键因子，当水位下降到湿地基底表面以下时，土壤有机碳好氧分解释放 $CO_2$ 的速率增加，湿地可能变成潜在的碳"源"。此外，湿地水位变化还可能对湿地土壤有机碳分解的温度敏感性产生反馈。在北方泥炭湿地，泥炭累积厚度与水位变化之间的反馈会增加泥炭分解的温度敏感性，从而加速土壤碳库的损失，进一步的模拟结果显示气温上升 4℃将导致浅层泥炭与深层泥炭的碳损失分别达到 40% 与 86%。水位降低与升高造成阿拉斯加沼泽地碳汇功能相应地减弱与增强，主要是总初级生产力和光饱和光合作用的变化造成的，与生态系统的呼吸作用无关。

### （六）植被因子

植物作为湿地生态系统的重要组成部分，在湿地碳汇和碳源过程中的作用主要是为湿地有机物质传输氧气，植物根系的分泌物常作为湿地微生物的营养物质，从而影响着湿地碳吸收和排放过程。植被不仅本身能够吸收和储存大量的碳，而且植物的凋谢物混入土壤使得土壤也成为一个巨大的碳汇。不同的植被类型会对湿地的碳汇和碳源过程产生不同的影响。在碳源和碳汇功能方面，木本植物的固碳能力大于草本植物的固碳能力。与低草植被类型相比，高草植被类型土壤有机碳含量更高可能与其较高的植物生物量、较多的植物残体提供土壤碳源有关。湿地植物在调节湿地碳平衡方面存在一定的矛盾，植物生长旺盛之际可最大限度地吸收 $CO_2$，但同时其茎部宽敞的通道也为 $CH_4$ 的排放提供了便利。

不同类型植被将形成特定的土壤表层小气候。植被类型影响土壤有机碳在土壤剖面上的垂直分布。灌木、草原和森林土壤表层 20cm 有机碳占 1m 深度土层中有机碳的百分比分别为 33%、42% 和 50%。张文菊以洞庭湖 3 类湿地的 9 个典型剖面为代表，研究了洞庭湖湿地有机碳垂直分布和组成特征，结果表明，湖草滩地表层有机碳含量明显高于芦苇滩地和垦殖水田，湖草和芦苇滩地有机碳含量随深度的增加而下降。湿地植被特征影响着霍林河流域湿地土壤中有机质的空间分布的动态。

### （七）大气 $CO_2$ 浓度

关于大气 $CO_2$ 浓度升高对土壤碳库的影响存在两种认识。一方面认为，由于土壤有机碳的增加，促进了土壤微生物的活性，增强了土壤呼吸作用，有可能加快有机质的分解；另一方面认为由于大气 $CO_2$ 浓度升高促进了植物生物量的增长，更多的碳分配至地下，根系分泌物增多，植物的残体的质量及化学组成发生改变，具体表现为 C/N 比升高、氮素缺乏抑制了微生物的呼吸，增加土壤碳的积累。

$CO_2$ 浓度升高 2 个生长季后，小叶章湿地土壤总有机碳未见显著变化，但土壤活性有机碳均不同程度地增加。土壤活性碳的不稳定程度越高，对高 $CO_2$ 浓度的响应越强烈。土壤微生物量碳，易氧化有机碳和碳水化合物碳分别与地下生物量或碳分配比例具有较强的相关性；溶解性有机碳则与地上生物量呈弱相关。回归分析表明，高 $CO_2$ 浓度导致的生物量增加是土壤活性有机碳含量增加的主要原因（赵光影，2009）。

在高杆草草原连续 8 年 $CO_2$ 浓度升高的实验发现，分解速率提高，但 C 输入的速率大于分解速率，因而高杆草草原的土壤 C 库随着 $CO_2$ 浓度增加而增加。对加拿大温带草原的研究发现，大气 $CO_2$ 浓度升高对碳平衡的影响与降水量有关，干旱年 C 库减少而在正常降水量的年份 C 库小幅度增加。对兴安落叶松林研究结果表明，气候变化和大气 $CO_2$ 浓度增加将对北方森林的生长有利，使其净吸收 C 的能力增强。据推测长期 $CO_2$ 浓度升高对土壤碳库的影响取决于生态系统对 $CO_2$ 的净吸收和土壤植物系统碳分配的联合作用。

$CO_2$ 浓度升高引起的根生物量和分泌物的增加可能会引起土壤中活性有机碳的变化。土壤活性有机碳包括了众多游离度较高的有机质，如植物残茬、根类物质、真菌菌丝、微生物量及其渗出物如多糖等。$CO_2$ 浓度升高使草地生态系统 $C_3$-$C_4$ 植物的根际沉积物增加了一倍。暴露于 $CO_2$ 浓度升高的草地中土壤旧的有机质分解变慢，其原因是土壤中微生物选择新增的进入土壤中容易降解的根际沉积物作为其营养的底物。

### （八）地形和海拔

地形决定着物质迁移的方向和速率，海拔高度影响到水热的垂直分布。地形因素主要通过水热因子空间分布间接影响土壤有机碳。海拔是影响土壤有机碳的另一重要因素。海拔增加，气温下降，有机质分解变慢，有助于土壤有机碳累积，黄土高原天然草地、伊犁山地土壤有机碳均随海拔的增加而增加。

## 五、湿地土壤有机碳储存与减缓气候变化

湿地在碳的储存中起着重要作用。湿地碳储量占陆地生态系统碳储量的 10% ~ 30% 以上，湿地单位面积碳储量是森林的 3 倍，储藏在不同类型湿地中的碳约占地球陆地碳总量的 15%，是陆地上各种生态系统中单位面积碳储量最高的。湿地中的碳主要存在泥炭和富含有机质的土壤中，在气候稳定且没有人类干扰的情况下，湿地相对于其他生态

系统能够更长期地储存碳。湿地植物净同化的碳仅有15%再释放到大气中，表明湿地生态系统能够作为一个抑制大气 $CO_2$ 升高的碳汇。

　　湿地在植物生长/衰亡、促淤造陆等生态过程中积累了大量的无机碳和有机碳，同时由于湿地土壤的还原环境，使微生物活动较弱，因此土壤分解有机质，释放 $CO_2$ 的过程十分缓慢，长年累月形成了富含有机质的湿地土壤和泥炭层，起到了固定碳的作用。湿地土壤中的有机碳含量最高（$35.6 kg/m^2$），其次分别为森林土壤（$16.9 kg/m^2$）和农业用地（$14.0 kg/m^2$），自然状态下 SOC 的平均水平为 $14.4 kg/m^2$。因此湿地，特别是泥炭湿地中储存着大量的碳，由此说湿地是碳"汇"，对抑制大气中 $CO_2$ 上升和全球变暖同样具有重要意义。当沼泽的水热条件十分稳定时，沼泽中的泥炭不参与大气 $CO_2$ 循环。所以湿地沼泽的有机质的积累有助于减缓由于矿质燃料的燃烧和人类活动而造成大气 $CO_2$ 浓度的提高。据估算，全球沼泽湿地以每年 1mm 堆积速率计算，一年中将有 3.7 亿 t 碳在沼泽地中积累，由此可见，泥炭沼泽湿地是陆地生态系统中碳积累速率最快的生态系统之一，其吸收碳的速度要远远超过森林。一般认为未受干扰的湿地生态系统由于较高的植被净初级生产力而成为大气 $CO_2$ 的"汇"。对路易斯安娜 Barataria 盆地的海滨湿地 $CO_2$ 通量的调查发现，盐质、淡水和海水淡水混合沼泽每年有机 C 收支为净积累。但改变自然湿地的用途会导致湿地 $CO_2$ 排放量的显著增加。近年来，由于人类活动，特别是农业开发，导致大面积湿地被疏干，湿地面积日益缩小，物种逐渐减少，湿地固碳的功能也将大大减弱或消失，使其由"碳汇"变成"碳源"，造成大气中温室气体的增加，温室效应加剧，使地球系统面临全球增暖的威胁，对全球气候变化将产生重大影响。

# 第二节　湿地土壤碳固定过程、机制及影响因素

## 一、湿地土壤碳固定速率

　　湿地生态系统90%以上的碳储量储存在土壤中，一般认为，湿地在减缓全球气候变化中具有十分重要的作用，如果湿地中的碳全部释放到大气中，那么大气中的 $CO_2$ 浓度将增加大约 $200 \mu L/L$，全球平均气温将升高 $0.8 \sim 2.5 ℃$，因此湿地在全球生物碳循环中发挥着重要作用。

　　与其他陆地生态系统相比，湿地的单位面积碳储量最高，其单位面积碳储量是热带森林的约2.8倍，北方森林的约1.7倍。而且湿地具有持续的固碳能力，很多湿地生态系统从上一次冰河消融就开始成为碳汇，因此其固碳能力的持续性及其对大尺度区域的影响近年来引起了全球的关注。

　　土壤有机碳固定包括有机碳输入和输出两个过程，初级生产输入及分解、淋失和侵蚀等途径从土壤中输出的碳之间的平衡决定了土壤有机碳储量的大小。输入土壤的有机

碳绝大部分来源于地上地下植物器官的降解，此外，根分泌物、丛枝菌根真菌菌丝残体及其生命活动产物也是土壤有机碳的重要来源。根分泌物大约占每日光合产物的 5% ～ 33%，特别是生长旺盛的植物。丛枝菌根真菌将寄主植物的光合产物转移到菌丝中供其生命活动，具有较长停留时间的菌丝残体的累积及其生命活动产物都是土壤有机碳的组成部分，容重为 $1.2g/cm^3$、深 30cm 的土壤中，50% 的碳含有干的菌丝，直接来源于丛植菌根真菌的土壤有机碳为 $54 ～ 900kg/hm^2$。土壤有机碳通过需氧或者厌氧分解以 $CO_2$、$CH_4$ 的形式进入大气是土壤有机碳输出的主要途径，土壤呼吸释放 $CO_2$ 的碳输出量是通过淋失和侵蚀输出量的数倍。

　　湿地碳存储量及固碳能力因地形、湿地所处景观、区域水文条件、湿地植被类型、大气和土壤温度、pH 值和盐分差异、湿地类型等环境因子的不同而存在一定差异。温带湿地土壤（0 ～ 24cm）碳储量（$17.6 kgC/m^2$）显著高于相同土层热带湿地土壤碳储量（$9.7kgC/m^2$）。沼泽湿地是内陆自然湿地的主要类型之一，面积占全球陆地面积的 3%，具有较大的固碳潜力。黄河口滨岸潮滩湿地表层土壤有机碳含量明显低于淡水沼泽湿地生态系统。美国佛罗里达大沼泽的固碳速率约为 $86 ～ 387g/（m^2/年）$，远高于其他泥炭湿地。我国湖泊和沼泽湿地的总的固碳潜力为 719 万 t/年，其中沼泽湿地占到 72.32%，远大于湖泊湿地的固碳潜力。中国各种类型沼泽湿地总的固碳能力约为 491 万 t/年，高于其他类型湿地的固碳潜力。1986 ～ 2006 年扎龙湿地表层有机碳单位储量增加了 7%，进一步证明了沼泽固碳的效果。

　　泥炭是沼泽湿地的产物，是生态系统中有机质积累速率较强类型之一，是 $CO_2$ 的"汇"，作为世界分布广泛的湿地类型，泥炭地在全球碳循环和气候变化中起着重要作用。全球湿地碳储量的绝大多数储存在泥炭地中，而 90% 的泥炭地分布在北半球温带及寒冷地区。泥炭地的碳储量占世界土壤碳储量的 1/3，相当于全球大气碳库碳储量的 75%，全世界森林生物量碳的 2 倍。全球泥炭地碳储量占全球陆地碳储量的 20%。泥炭湿地的碳积累速率大约为 $20 ～ 50g/（m^2 \cdot 年）$，在过去 6000 年里泥炭湿地积累的碳大约是 2000 亿 ～4450 亿 t，相当于将大气中 $CO_2$ 浓度降低了 $5kg/m^3$。北方泥炭地每年可积累碳 0.76 亿 ～0.96 亿 t（C）。加拿大、俄罗斯和芬兰等国家蕴藏着世界上丰富的泥炭资源，这些国家对泥炭地碳积累速度的研究表明，北方泥炭地碳积累速度在 8 ～20g（C）/（$m^2 \cdot$ 年）之间，是陆地生态系统中一个重要的碳汇。泥炭地碳的蓄积速率为 $20 ～ 30gC/（m^2 \cdot 年）$，加拿大泥炭地包含有 2000 ～4500 亿 t 碳，拥有世界上最丰富的泥炭地资源。此外，红树林湿地能够将湿地生态系统中约 60% 的碳固定下来，固碳速率为 $99.6 ～ 280.8g/（m^2 \cdot 年）$；湖泊湿地的固碳速率为 $3.48 ～ 123.3g/（m^2 \cdot 年）$，全球年固碳量可达 4200 万 t；水库生态系统的固碳速率为 $400g/（m^2 \cdot 年）$，全球年固碳量可达 1.6 亿 t。

## 二、湿地碳固定机制

　　湿地生态系统的碳固定机制本质上是将大气中的 $CO_2$ 通过湿地植被的光合作用固定

并封存在植物体内，随着植物残体进入土壤中，在湿地特殊的生态环境中转变为稳定状态的碳。进入土壤中的有机碳被不同微生物群体以不同的速率分解，土壤有机碳是由处于不同分解阶段的新鲜植物残体、微生物细胞壁、微生物副产物和稳定的腐殖物质共同组成的不均质混合物。将土壤有机碳库至少分成三个部分已得到广泛认可：①易分解的植物残体和根分泌物，周转时间从几周到几个月（活性或易变碳库）；②稳定性有机碳，能存在土壤中几千年（被动或者稳定碳库）；③周转时间几年到几个世纪的有机碳库（中间产物或者慢库）。由于不同的稳定性和生物可利用性，每种土壤有机碳组分具有不同的特征：活性组分变化较快，对短期的管理措施反应敏感；稳定组分对长期土壤碳固存非常重要，土壤有机碳通量主要受活性组分的影响，而稳定组分则控制着土壤有机碳库，是大气 $CO_2$ 的长期碳汇。土壤有机碳稳定的四个关键机制是：①有机碳自身的难降解性；②空间隔离，将有机碳包裹在团聚体中，使其与微生物隔离开；③通过与土壤矿物质和金属离子相互作用对土壤有机碳进行化学保护；④土壤生物自身对有机碳稳定性的直接贡献。

### （一）土壤有机碳自身难降解性

难降解性主要是指有机组分分子结构的天然特性，或者通过分解过程中分解产物的缩合和络合使其更难分解。有机碳难分解性组分包括芳香碳，主要是木质素和酚类化合物；烷基碳，包括脂肪、蜡质、角质和软木脂中的聚甲基丙烯酸酯分子（Derenne & Largeau，2001）。木质素在植物残体初始分解阶段被选择性保护，但随后被快速改变且不再稳定。烷基碳被认为是最稳定的有机碳形式。另外一些微生物代谢产物，如：细胞壁、几丁质、某些脂类以及来源于真菌的黑色素在土壤中也被选择性保护。此外，在一些土壤中来自于化石燃料和生物量不完全燃烧的黑炭也是土壤中具有难降解性有机化合物的重要来源。例如，亚马逊河滨生物量燃烧形成的黑土。有机碳的难降解性机制主要在活跃的表层土壤及有机碳的分解初期起作用，而对于下层土和有机碳的分解后期，主要是黏粒和团聚体物理保护机制起作用。在土壤有机碳稳定机制中，有机碳难降解性的地位及利用该机制来调控土壤有机碳的稳定性有待更多的研究。

### （二）团聚体的物理保护

一般认为，有机碳被团聚体包裹后或者以颗粒形式存在于孔隙中，或者直接与组成微团聚体的矿物颗粒密切联系，所以可以用"隔离"和"吸附"过程描述不同级别（或尺度）上团聚体对有机碳的保护。

包裹在团聚体中的土壤有机碳通过与微生物的空间隔离而不易被分解。空间隔离是指：①减少微生物进入含有大量有机碳的团聚体；②减少氧气进入团聚体；③阻止酶进入团聚体内部空间。团聚体形成后内部孔隙降低，有机碳与矿物颗粒的接触更紧密。较大的团聚体（如 >250pm，1pm = $10^{-6}$um）中有机碳的分解需要足够的空气和水，孔隙度的减少直接阻碍分解进程；而微团聚体内（如 20 ~250pm）的孔隙如小于细菌所能通过的限度（3pm）时，有机碳的降解只能依靠胞外酶向基质扩散，对生物来说这是极大的耗能过程，有机碳的分解因而降低；而对于黏砂粒或微团聚体级别（如 <20pm），有机碳与

金属氧化物和黏土矿物的相互作用将占主导。

　　土壤有机碳的这种稳定机制取决于土壤本身的结构特征，包括团聚体的等级和稳定性。很多土壤类型中，团聚体的形成遵循层级理论：基本的土壤小颗粒形成微团聚体（<250pm），微团聚体再形成大团聚体（>250pm），团聚体越小越稳定。黏粒通过氧化物、腐殖质和多糖胶结在一起，然后这些胶结物进一步被细菌和真菌残体缠绕形成微团聚体，微团聚体与来自于植物残体的胶结剂缠绕形成大团聚体。因此，增加植物残体输入可以增加大团聚体的形成。但是大团聚体的稳定性对土壤地利用变化和管理措施反应敏感。微团聚体中的有机碳很稳定，受管理措施影响较小。大团聚体内土壤有机碳的周转时间仅为几年，而微团聚体内土壤有机碳的周转时间则为几百年。

### （三）土壤有机碳与矿物和金属离子之间的相互作用

　　有机无机物质之间的相互作用降低了有机碳的生物可降解性。当有机分子处于溶解状态时遇到土壤矿物表面会形成离子键、高价离子键桥、范德华力和络合作用等，导致有机碳的生物有效性明显下降，稳定性提高。土壤矿物中，黏土矿物在形成有机无机复合体时最为活跃，因为其较高的电荷和较大的比表面积。不同晶层结构的黏土矿物在表面可变电荷和比表面积方面的差异导致对有机碳稳定性的不同影响。研究发现在蒙脱石含量高的土壤内碳的滞留时间较长，1:1型矿物稳定有机碳的能力明显低于2:1型矿物，与高岭石相比，胀缩型黏土矿物如蒙脱石和蛭石具有较高的永久表面电荷和较大的比表面积，可以将某些有机碳嵌插到矿物晶层中，对土壤有机碳的长期稳定性具有重要作用。

　　某些非晶态矿物对有机碳的稳定作用与铁铝氧化物相联系，如在野外发现非晶态矿物如水铝英石、水铁矿和伊毛缩石与有机碳的稳定性和储备密切相关。黏土矿物类型没有影响黏粒有机碳含量，但不同类型黏粒保护的有机质组成截然不同，暗示了不同类型矿物提供了不同的有机碳稳定机制。土壤有机化合物中，主要是腐殖质、带有羧基的多糖和酚类与有机矿物相互作用。有机分子受保护程度与表面负荷有关。例如，当表面土壤有机碳负荷较低时，由于多种配合基连接，有机化合物和矿物表面结合更紧密，当表面负荷较大时，配合基较少。保护位点的饱和度影响新进入土壤的有机碳的保护潜力。因此下层土壤的保护潜力较大，因为其矿物颗粒土壤有机碳的饱和度比表层土壤低。

　　土壤有机碳的积累和稳定性很大程度上取决于铁铝氧化物的巨大比表面积对可溶性有机物的吸附能力。铁铝氧化物决定了该地区土壤有机碳的稳定。越来越多的研究开始关注铁铝氧化物在土壤有机碳稳定上的巨大作用。特别在火山灰土、氧化土或酸性土壤中，非晶形铁铝氧化物与有机碳之间的相互作用可能是最主要的有机碳稳定机制。草酸提取的非晶形铁铝氧化物通过配位体置换决定了土壤有机碳的稳定性。室内培养实验同样表明了铝—有机质形成了生物稳定复合体。总之，非晶形铁铝氧化物通常与土壤有机碳表现出正相关关系，而晶形或游离的铁铝氧化物只有在特定条件下才呈现这种关系。除了直接影响有机碳的稳定性外，黏土矿物和铁铝氧化物还通过土壤团聚过程对稳定性产生间接影响。由于特定土壤类型在一定程度上决定了黏土矿物和铁铝氧化物的种类、含量，因此该机制在不同地区的重要性明显不同。在富含铁铝和胀缩型黏土矿物的土壤中该机制是有机碳稳定性的主导机制。

### （四）土壤生物

从土壤生物自身角度探讨有机碳稳定机制的研究很少，土壤生物是其他碳组分转化为稳定性组分的"驱动者"。光合产物是土壤有机碳的来源，各种生产者、消费者和分解者及其与环境之间的相互作用，产生了从简单到复杂，高度异质的有机碳库。土壤生物为满足自身生命活动，消耗活性有机碳，其生命活动产物如细胞壁、几丁质、脂类，主要来源于真菌的黑色素类物质及土壤动物的几丁质表皮等都属于难降解有机碳。土壤生物除直接贡献于土壤有机碳的稳定之外，还通过影响其他稳定机制间接影响土壤有机碳的稳定。土壤生物分泌的多糖和真菌菌丝能够促进土壤内不同大小团聚体的形成。大型土壤动物如蚯蚓在大团聚体形成方面具有积极作用。土壤微生物可以通过分泌无机酸、有机酸和集合物等加速矿物的分解，而其本身和分泌的胞外多聚糖又可以促进新矿物的形成。土壤动物（蚯蚓和甲虫幼虫）的消化道能够在 1 天内将钾长石和石英矿物颗粒磨得更细。

## 三、土壤有机碳固定的影响因素

土壤有机碳固定过程受到诸多自然和人为因素的影响，各影响因素之间又存在相互作用。自然因素包括气候、大气环境、植被和土壤理化性质。人为因素主要包括土地利用变化、耕作方式和管理措施。土壤有机碳固定是土壤有机碳输入和输出的动态平衡过程，其影响因素都可以从土壤有机碳输入和输出进行解释。

### （一）气    候

土壤有机碳固定过程中气候因子起着重要作用，影响土壤有机碳输入和分解的气候因素主要是温度和水分。气候条件制约植被类型、影响植被生产力，进而决定了输入土壤的有机碳量。热带雨林具有最高的净初级生产力，其年枯枝落叶量也最大，变化在 $5.5 \sim 15.3 t/hm^2$；而北极的山地森林，其年枯枝落叶量最小，为 $0.6 \sim 1.5 t/hm^2$。全球变暖引起的温度和湿度的变化将通过影响植物生长，改变植物残体向土壤的归还量。大量研究表明，气候变暖可促进植物生长，提高净初级生产力，例如对美国威斯康星北部的森林生态系统模拟研究表明气候变暖可以显著增加森林的净初级生产力。全球范围内净初级生产力在 20 世纪 80 和 90 年代的变化在全球各大洲均表现为净初级生产力随气候变暖而增加。植物形成凋落物是按一定比例的，初级生产力提高，进入土壤的凋落物的量也增加。30 年间气候变暖可以增加斯堪的纳维亚地区北部极地沼泽生态系统的凋落物输入量达 7.3%。但是气候变暖也可能导致自养呼吸增加，引起全球降水格局变化，如果降水不适宜造成区域洪涝或者干旱，将影响植物生长，限制植物净初级生产力。

不同生态系统对气候变暖的响应不同。低纬度生态系统净初级生产力表现为降低，而中高纬度地区通常表现为升高或不变。气候对土壤有机碳输入的影响是温度和水分共同作用的结果。植物残体的大量输入未必使土壤有机碳大量蓄积，全球生物群落的土壤有机碳储量与净初级生产力之间的关系极其微弱。全球不同生命地带的陆地最高碳密度在冻原（$36.6kg/m^2$），而最低碳密度则在干旱高温的暖温带沙漠（$1.4kg/m^2$）。

我国不同气候植被带下的土壤碳分布也有与之相一致的特点：在寒温带针叶林下土壤有机碳的含量最高达到 $73g/kg$；而在荒漠草原土壤有机碳含量最低，仅为 $3.6g/kg$。这是因为气候通过土壤温度和水分等条件的变化来影响微生物对有机碳的分解和转化，影响土壤有机碳输出。一般认为温度越高有机碳矿化分解速率越快。气候变暖能刺激土壤微生物种群的生长，增加微生物数量，从而大幅度增加土壤呼吸，加速土壤有机碳分解。土壤增温 $0 \sim 6.0℃$ 可以增加土壤呼吸达到 $20\%$。在年平均气温 $5℃$ 的地区温度每增加 $1℃$，土壤有机碳将减少 $10\%$；在年平均气温是 $30℃$ 的地区将减少 $3\%$。随温度升高，土壤呼吸作用增强，但经过一段时间以后由于土壤活性有机碳、水分、氮过量和土壤微生物自身的适应性，土壤呼吸对温度的敏感性越来越低。此外，四季明显的地区，温度变化引起的冻融过程能够促进团聚体的周转和有机碳的分解。

过干和过湿的条件都不适于土壤呼吸的进行。适宜的水分有利于激发土壤微生物的活性，促进土壤有机碳分解，使土壤有机碳周转速率加快。干旱半干旱地区或旱季，降水会增强土壤生物活性，土壤有机碳分解增加；湿润半湿润地区或雨季，降水抑制土壤呼吸或对其无明显影响。降雨时间分布不均匀导致的土壤干湿交替对土壤有机碳固定也有重要影响。干湿交替使得土壤团聚体崩溃，团粒内受保护的有机碳被暴露于空气中，土壤呼吸作用强度在极短的时间内被大幅度地提高，使有机碳的矿化分解量增加。同时，干燥或干旱也将引起部分土壤微生物的死亡。这都将在一定程度上加速或减缓有机碳的分解速率，改变土壤中有机碳的储量。

### （二）大气 $CO_2$ 浓度

大气中 $CO_2$ 浓度上升的施肥效应可促进植物光合作用和干物质的积累，提高光合产物向地下部分分配的比例，增加植物的根冠比，而且根系部分细根的增加比粗根要多，从而增加土壤有机碳输入量。大气 $CO_2$ 浓度倍增时，枯落物的 C:N 可能上升 $20\%$ ~ $40\%$，甚至提高 1 倍。当植物残体的 C:N 超过一定数值时，土壤有机碳的矿化分解过程会因 N 素营养不足而受到抑制。大气 $CO_2$ 浓度上升后，植物残体中酚类化合物含量的上升也将导致分解速率下降。但是 $CO_2$ 浓度升高使输入土壤有机碳增加的同时也为土壤微生物提供了更多可利用碳源、促进微生物种群增长、活性提高，土壤有机碳分解加速。$CO_2$ 浓度升高还驱动气候变化，然后又以温度和湿度来影响土壤有机碳分解。利用开顶箱进行人工控制试验的模拟结果表明，$CO_2$ 浓度倍增后，南亚热带人工林土壤呼吸年通量比对照显著提高了 $28\%$；芬兰东部的开顶箱试验使土壤呼吸增加了 $30\%$。利用 CEV-SA 模型模拟了在大气 $CO_2$ 浓度增加及气候变化情景下陆地生态系统碳循环动态（1861 ~ 2070 年）结果表明，在 $CO_2$ 浓度增加（从 $288uL/L$ 增加到 $640uL/L$）、气候变暖（从 $12.5℃$ 上升到 $15.5℃$）及降水格局发生变化的条件下，植物净初级生产力和土壤有机碳储量均呈现上升的趋势；而当单独考虑气候变化时，土壤有机碳的储量大幅度下降。上述研究说明，大气 $CO_2$ 浓度变化和气候变化对土壤有机碳的影响应该综合考虑，其对土壤有机碳变化的最终贡献是多种影响因子综合作用的结果。

### （三）植被类型

不同植被类型的光合产物数量和分配模式差异较大。自然植被中草原植被光合产物中的 92% 分布在地下，尤其是一年生草本植物每年均有大量的根系死亡进入土壤中。森林植被光合产物分配到地下部分的比例则较低，其土壤有机碳主要来源为枯枝落叶。相同气候下，草原土壤有机碳约为森林土壤有机碳的 2 倍。对于农田生态系统，有研究认为，玉米连作或者玉米大豆轮作能产生较高的植株残体归还量，而像棉花这样的植物生产出的残体数量较小，进而导致较低的有机碳输入量。对不同植被下的中国土壤有机碳储量进行了估算，其中农业植被下不同的二级植被类型 1m 深土壤有机碳储量差异很大。占据不同生态位的植被类型组合（特别是包括深根类型植被的组合）比单一植被类型能增加更多的有机碳，较高生物多样性的草地土壤积累有机碳的速度更快。

植被类型和物种组成控制着土壤有机碳的分解速度。植物生物量包含具有不同易分解程度的组分，生物量中这些不同组分的相对比例随植物类型和生长阶段发生变化。相比富含易分解成分的植物生物量，富含难分解的木质素和酚类的植物生物量的富集导致更大的土壤有机碳储量。生长季较长、根生物量较高和残体质量较低的植被覆盖的土壤有机碳储量更高。输入土壤的植被残体、根分泌物和根周转产生的碎屑本身的结构组成和化学特性（如木质素、纤维素、酚类物质含量和 C:N）影响其在土壤中的分解速率。植物体内木质素不仅自身难以分解，而且还对易分解的土壤有机碳具有屏蔽和保护作用，随着木质素含量的增加，植物残体分解速率下降。一般来讲，有机物分解速度与其 C:N 成反比关系，这是因为土壤微生物在生命活动过程中，既需要碳素作能量，也需要氮素来构成自己的身体。微生物生物量的 C:N 约为 10:1，在 40% 生长效率的情况下，土壤微生物每分解 25 份碳素就需要 1 份氮素组成自己的身体，即微生物需要 C:N 约为 25:1 的底物来满足它们的需氮量，C:N 高的有机物分解矿化较困难或速度很慢，这是因为微生物得不到足够的氮素来构成其躯体，从而影响其繁殖速度。微生物量碳大体上与残体、根及土壤中碳氮储量相关，微生物的增殖首先受到植物碳氮的限制，输入土壤有机质的质量会影响土壤微生物群落组成，进而影响土壤有机碳固定，土壤中高的真菌/细菌比有助于固定更多的土壤有机碳。

土壤矿化速率常数与温度呈极显著指数相关，矿化量、可溶性有机碳的产生随温度的升高而增加。不同植被将形成特定的土壤表层小气候。如人工林由于冠层的遮阴和较大的蒸腾速率，其表层土壤一般较草地表层土壤温度湿度更低，这将直接导致地表凋落物和土壤有机碳的分解速率下降。温度通过影响土壤微生物活性和土壤呼吸的进程而对土壤有机碳含量产生影响。一些模型模拟结果表明，土壤有机碳的输出对地表温度变化极为敏感，小幅度的温度变化可能在很大程度上影响土壤有机碳的含量。

### （四）土壤理化性质

土壤质地及其理化性质等都会影响土壤有机碳固定。一般认为，土壤有机碳含量随粉粒和黏粒含量的增加而增加。这主要反映在粉粒对土壤水分的有效性、植被生长的正效应及黏粒通过与有机碳结合形成有机—无机复合体对土壤有机碳的保护作用。但也有研究表明，土壤质地与土壤有机碳量之间没有明显关系，说明质地对土壤有机碳的影响在不同的地区有明显的差异。土壤养分状况影响植物生产力，制约土壤掉落物归还量，微生物同化 1 份的 N 需 25 份 C，土壤中矿质态 N 的有效性直接控制土壤有机碳的分解速率。研究表明土壤养分与土壤有机碳含量有极显著相关性。土壤 pH 值和物理结构通过影响微生物活动影响土壤有机碳分解。pH 值过高（ >8.5 ）或过低（ <5.5 ）会抑制大部分微生物活动，从而使有机碳分解的速率下降。如在酸性土壤中，以真菌为主的微生物受到限制从而减慢了有机碳的分解。土壤微生物都有其合适的生存环境，土壤的物理结构则通过调节土壤中空气、水和热状况，影响微生物活动。

**（五）土地利用方式**

土地利用方式改变将导致覆被类型的变化，包括森林转变为草地或农田、草地和湿地转换为农田、退耕还林（草、湿）等。覆被类型的变化不仅直接影响土壤有机碳的含量和分布，还通过影响与土壤有机碳形成和转化有关的因子而间接影响土壤有机碳。耕作放牧等人类活动改变自然生态系统净初级生产力、微气候和土壤状况，进而影响土壤有机碳固定。森林转化为草地后，土壤可能成为碳汇或碳源。在对山地山毛榉转化为一种丛生草地的研究中发现，转化后草地的土壤碳储量比相应的山毛榉林地高出 13%。这种现象的产生可能是由于这种草本植物的凋落物中含有更多难以分解的碳组分。

土壤的碳源/汇关系主要取决于草地类型、草地所处的气候区域、干扰状况以及管理措施等。与森林转化为草地不同的是，当森林或草地转化为农田后，大部分的农田地上生物量都被收获。而只有很少作物残茬遗留在土壤中，这些被收获的生物量最终都以 $CO_2$ 的形式释放到大气中。同时，由于耕种措施的采用，农田土壤有机质的分解速率加快，因此，无论是草地还是森林转化为农田后，土壤的碳储量都会减少，而土壤碳储量减少速率受周转时间、农田管理措施以及农作物种类等因素影响。从草地或森林转化为农田将会有约 27% 的土壤有机碳被释放到大气中。湿地生态系统遭到破坏或转化为其他土地利用/覆盖类型，将会释放大量的碳。在湿地逐渐旱化过程中，比如草地湿地转化为林地，尽管植被生物量碳可能增加，但是除了一些沙质和裸露湿地外，大多数情况下，都会造成更多的土壤碳释放到大气中。湿地旱化过程中，由于厌氧环境的逐渐消失，湿地表层土壤中的大量有机物分解就会加速，导致大量土壤有机碳释放到大气中。沼泽转化为农田后，能够导致 5~23 倍的 $CO_2-C$ 释放到大气中，$CO_2-C$ 的净释放增加量远大于 $CH_4-C$ 排放减少量。根据第二次土壤普查数据，由于土壤垦殖，我国 1m 深土壤有机碳减少了 70 亿 t；0.3m 深土壤有机碳 20 亿 t，平均减少 15t/hm²。退耕还林（草、湿）后土壤有机碳又逐渐积累。

**（六）耕作和管理措施**

耕作和管理措施这些人类活动主要作用于农田，也是通过影响土壤有机碳的输入和输出进而影响土壤有机碳固定。选择具有较高的生物量和 C:N 的植物种与作物轮作（粮草轮作和林粮轮作），并采取秸秆还田措施，可以增加输入土壤的根系及残体的数量、改变残体的化学质量，从而降低传统种植制度对土壤有机碳的衰减效应。对中国东部红壤研究表明，相对于常规耕作下小于7g/kg的土壤有机碳含量，林粮轮作下的土壤有机碳含量为9~11g/kg，达到红壤的中高肥力水平。农林复合，不仅增加了归还量（林木凋落物、死根、根系脱落物等），而且降低了水土流失。传统的耕作方式破坏土壤的团聚体结构，使土壤有机碳失去保护暴露出来。耕作中表层的土壤充分混合，干湿交替的频度和强度增加，土壤的通气性及孔性变好，土壤水分及其温度状况均得到一定改善，微生物活性提高，加速土壤有机碳的分解。保护性耕作少耕免耕有效地抑制土壤的过度通气，减少有机碳的氧化降解，还可防止土壤侵蚀。少耕免耕对土壤扰动较少，土壤团聚体的数量和稳定性增加从而减少了团聚体内部有机质的分解。不同耕作方式下，免耕处理7年后0~5cm表土水稳性大团聚体含量是背景值的4.78倍，土壤结构体破碎率和不稳定团粒指数比背景值降低。少耕和免耕在增加土壤大团聚体数量的同时团聚体中有机碳含量也相应增加。采取保护性耕作措施的土壤有机碳的含量比传统耕作的土壤高。此外，保护性耕作还能提高土壤固碳潜力，在湿润地区，保护性耕作的土壤有机碳固定潜力为0.1~0.5t/（hm²·年），在半干旱和热带地区为0.05~0.2t/（hm²·年）。

　　施肥可促进植物根的生长，增加植物体残留，且施有机肥向土壤输入有机碳源并改善土壤物理性状，有利于土壤有机碳增加。但若长期单独施用无机肥，尤其是无机氮肥，会使土壤的C:N下降、土壤微生物的活性提高，加速了土壤原有碳和新鲜的有机碳的分解矿化。长期单施化肥会改变土壤的pH值，破坏土壤团聚体，不利于土壤有机碳的保持与提高。当大气的氮沉降和化肥的过量施用导致氮饱和时，也会对植物生长产生负面的影响，如在美国东北部一些土壤氮污染严重的地区，土壤N的有效性是造成区域碳固定和空间格局估算差异的一个主要因素。

　　灌溉会通过影响土壤水分状况影响土壤有机碳固定，不受水分限制可提高系统净初级生产力，土壤水分含量过高或过低都会抑制微生物活动，降低有机碳分解速率。间歇灌溉能提高24%的水稻产量，从而提高水稻植株的固碳量。间歇灌溉相比长期淹灌消除了水层对稻田土壤有机碳矿化的阻碍作用，增加了$CO_2$排放，但是减少了$CH_4$的排放。旱作土壤中与渗灌和滴灌相比，沟灌最有利于土壤有机碳增加。就作物残留物的管理方式而言，焚烧秸秆不仅直接释放碳，还加快土壤有机碳的分解损失；秸秆焚烧转变为秸秆还田后，土壤中的颗粒有机质碳上升可达30%。秸秆还田可以作为增加土壤有机碳的一种重要手段，秸秆还田时的形态（粉碎与土壤混合、覆盖地表、高茬还田）也会影响土壤有机碳固定，未处理的秸秆直接还田不利于土壤有机碳的保持，粉碎还田的农田土壤水溶性有机碳和热水可溶性有机碳的含量最高。实际秸秆的处理方式、还田量和还田形态都是由人为管理措施决定的。

# 第三节　气候变化对湿地生物碳库的影响

生态系统有机碳的积累取决于系统植被净初级生产力与有机碳分解和净排放之间的差异。湿地生态系统植物残体由于受到环境因素的限制，分解、转化速度比较缓慢，通常表现为有机碳的积累。湿生植物的净初级生产力(NPP)都较高，例如泥炭沼泽和沼泽等湿地生态系统的净初级生产量一般为 $300 \sim 1000g/(m^2 \cdot 年)$。生长在我国三江平原沼泽湿地的毛果苔草净初级生产力每年可高达 $1300g/m^2$。湿生植物死亡后，残体在原位或经迁移后发生分解转化并积累，形成储碳层。泥炭湿地的植被净初级生产力约有 $30\% \sim 40\%$ 贮存在泥炭层中。泥炭湿地长期的 C 累积速率为 $20 \sim 30g \ C/(m^2 \cdot 年)$。

目前国内外关于气候变暖对湿地碳动态影响的研究已开展了较多的工作，主要存在两种相异的观点：一种认为气候变暖将提高植被的生产力，从而促进有机碳的积累；另一种认为气候变暖将促进湿地土壤呼吸，从而导致湿地的碳损失。

## 一、气候变化对 NPP 影响

植物生物量反映了生态系统生产力大小与碳的固定形态，群落生物量可以作为衡量湿地生态系统 $CO_2$ 吸收量的指标。湿地生态系统 $CO_2$ 交换量随湿地物种组成不同而发生空间变化，所以植物群落结构的改变直接影响湿地植物生物量大小。由于湿地具有很高的初级生产力，每年通过沼泽植物固定的碳是相当可观的。如中国三江平原地区，沼泽湿地植物的总生物量为 2504.51 万 t/年(表5-2)。

**表5-2　三江平原各类沼泽植物的生物量**

| 沼泽类型 | 面积(km²) | 占沼泽湿地面积(%) | 年地上生物量 [g/(m²·年)] | | 年地下生物量 [g/(m²·年)] | | 总生物量 (万 t/年) |
|---|---|---|---|---|---|---|---|
| | | | 年生物量 | 区域生物量 | 年生物量 | 区域生物量 | |
| 毛果苔草 | 4493.1 | 40.1 | 673.1 | 302.42 | 1654.5 | 743.38 | 1045.80 |
| 甜茅–苔草 | 591.7 | 5.3 | 813.7 | 48.15 | 1425.4 | 84.34 | 132.49 |
| 无塔头的苔草 | 57.3 | 0.5 | 607.2 | 3.48 | 1539.5 | 8.82 | 12.30 |
| 漂筏苔草 | 793.2 | 7.1 | 598.1 | 47.44 | 47.4 | 3.76 | 51.2 |
| 芦苇–小叶章 | 2415.5 | 21.6 | 1260.0 | 304.35 | 2029.6 | 490.25 | 794.60 |
| 具有塔头的苔草 | 2841.7 | 25.4 | 604 | 171.7 | 1042.4 | 296.22 | 467.92 |
| 合计 | 11192.7 | 100 | 877.54 | | 1626.77 | | 2504.51 |

注：沼泽面积根据易富科等(1988)计算。

　　NPP 是能够深刻反映温度升高对系统有机碳生物积累过程的影响的参数，对生物和非生物环境具有极强的敏感性。温度升高不仅可以直接影响光合作用来改变陆地生态系统的 NPP，还可以通过改变土壤氮素矿化速率，土壤水分含量，间接影响陆地生态系统的 NPP。

　　目前主要存在两种相异的观点，一种认为温度升高会促进 NPP 的增加，对全球范围内 NPP 在 80 和 90 年代的变化研究表明，在全球各大洲均表现为 NPP 随气候变暖而增加的趋势。利用 TEM 模型研究了全球的 NPP 变化的结果表明，气候变暖可以增加部分生态系统的 NPP，如北方森林、北方温带落叶阔叶林等。对美国威斯康星北部森林生态系统进行的模拟研究表明气候变暖可以显著增加森林的 NPP，主要是由于大气温度升高可以引起生叶时间的提前，进而固定更多的碳。利用植被 NPP 模型模拟全球变化对四川省植被 NPP 的影响，结果表明当温度升高 2.5℃，降水量增加 10% 时，四川省的植被 NPP 将增加 13.76%。利用 CENTURY 模型模拟兴安落叶松林的碳循环，结果表明温度上升 2℃时，兴安落叶松林的植物总生物量和生产力均增加。

　　另一种观点认为，气候变暖可以降低 NPP。例如对亚马逊流域热带雨林地区过去 100 年的研究结果显示，气候变暖可以降低 NPP，这主要由于气候变暖对热带植物生长的影响不大，而气候变暖所伴随的降水和其他因素的变化可能会导致植物光合作用的降低。早期的研究也证明了以上结论，针对单纯气候变暖对 NPP 的影响的研究表明，在 OSU（Oregon State University，俄勒冈州立大学）气候情景下，NPP 是减少的。不同生态系统 NPP 对气候变暖的响应是不同的，低纬度地区 NPP 一般表现为降低，而中高纬度地区则通常表现为升高或不变。

　　单纯的增加 $CO_2$ 浓度对于红树林 NPP 影响有限，约为 <7%，而 $CO_2$ 浓度升高同时耦合气温升高 2℃将导致其 NPP 增加 14%～19%。在我国，2000～2009 年间，若尔盖湿地 NPP 呈现出减少趋势。黑龙江省七星河湿地生态系统 NPP 与气温及降水显著相关，当湿地生长季平均气温每升高 1℃、湿地年降水量每增加 1mm，NPP 总和 NPP 地上分别增加了 1.5220 和 0.40006DMt*/（hm² · 年）。在水资源较为充足的七星河湿地，气温适度升高、降水量略呈减少，气候就相对较干燥的气候条件有利于形成季节性积水的沼泽化湿地，提高植被光合作用率，促进七星河湿地自然植被 NPP 的增加。1961～2008 年间七星河湿地自然植被约为 220.72 万 t，年平均固碳量为 88.29 万 t（王芳等，2011）。

　　温度升高可提高植物光合作用、促进植物生长、使植物积累更多的生物量，更可导致多种植物组织内化学成分发生变化，而植物组织成分含量的变化可影响生物群落中的竞争、取食和分解过程，进而影响生态系统内的种内、种间关系和物质循环。温度升高促进了光呼吸，减少了叶片可溶性糖含量。同时，温度升高使农作物生育进程加快，作物生育期缩短，光合速率提高，进而导致植物种群的高度、盖度、重要值及种群结构的变化。在一定土壤温度范围内，温度升高对叶片的光合有促进作用；当超过某一点时，

---

　　* DMt 即干公吨或干吨，是指扣除水分后的干净重。

温度升高则起抑制作用。也有报道表明，温度升高显著降低了叶片光系统Ⅱ（PSⅡ）的活性。温度上升4℃显著降低了旗叶的光合作用，推测其原因，主要是由于高温伤害了诸如 PSⅡ 的功能。

温度变化不仅影响许多生物化学过程，而且也影响植物体内的物质扩散等过程，温度升高改变了可溶性蛋白在器官中的分配规律。目前的大量研究表明，温度升高增加了根的可溶性蛋白的分配，降低叶的可溶性蛋白的分配，说明温度对根系的可溶性蛋白呈正效应，有利于根系的吸收作用和离子交换作用，加强了根系吸收营养物质的功能。例如温度升高使红桦可溶性蛋白在根、茎、叶和枝的量都增加，但是只有根的可溶性蛋白分配比例比对照增加，茎叶枝的量虽然增加，但是分配的比例却减少。叶片可溶性蛋白的含量和分配降低，说明温度升高降低了红桦幼苗的同化 $CO_2$ 的能力，同时反映出温度升高不利于红桦幼苗 N 的代谢。

水分的变化也在相当程度上控制着生态系统中生物碳库的动态变化。湿地生物量的地上生物量部分与潜水位具有高度相关性，其中维管束植物地上生物量与潜水位呈显著负相关。不同沼泽湿地内，植物对水位变化的响应因类型而异，地下与地上生物量之比随暖干程度提高而增大，说明了温度与水分变化下有机碳在植物体内不同部位之间的转移。植物因水分和温度不同会出现植物生活型的改变，地上与地下生物量的比例变化表明碳在植物体内的积累状况发生转移。除了影响植物群落的生产力之外，不同组织的分解难易程度不同也会间接影响植物向土壤中碳输入的量湿地植物复杂多样，在相似的水文条件下不同植物表现出各自的生理特性，从而适应积水或者周期性的淹水环境，维持湿地的生态平衡。湿地水分条件变化对生产力的影响作用究竟是促进还是削弱，不仅取决于植物类型，还受到生态系统先行水分条件、干旱时长的影响，其中关键物候期的水分变化对植被生活史及生产力具有重要作用，有研究表明植物生长前期的气候条件决定了湿地整个生长期的碳汇/源的转化。

在青藏高原，尤其是江河源区的广大地区分布有高寒草甸，植被生长发育及其生产力水平受到自然环境的制约极为明显，其产量高低与环境条件密切相关。气候变暖的同时，热量增加，无霜期延长，可以使植物生长期延长，生物量随之增加。但是模拟发现，高寒草甸植被气候生产潜力与现实状况相比具有很大的区别，草甸气候生产力估算分别为 $479g/m^2$ 和 $538g/m^2$，气温上升2℃，降水增加10%，牧草气候生产力下降10%左右；而气温上升4℃，降水增加20%时，牧草产量则有所提高，但仅提高1%左右。这表明全球气候变暖后高寒草甸牧草生产力水平变化格局主要与降水波动有关。当气温上升2℃，降水量增加10%时，植被的蒸散能力大于降水的补给量，干旱胁迫加重，水分成为植被生长的限制性因素，只有降水在同期增加15%以上这种限制才能有所缓解。当气温上升4℃，降水增加20%时，在降水量增加较高的假设下，产草量比现实状况才有所提高，但是并不明显，只有1%左右。因此，如果气温上升，降水增加的可能性较小，将这造成高寒草甸分布区域地表及制备蒸散能力的加大比降水量的增加更快，区域干旱现象明显，水分的不足将限制生产力的提高。

温度的升高也会通过改变植物根的形态进而影响湿地的碳循环过程。植物根系的形态、构型特性及分布，尤其是细根的周转过程在很大程度上决定了该生态系统的碳过程。根系自身的代谢活动会随着土壤温度的增加而加快，并促进细胞分裂和生长激素的分泌。土壤温度的增加还会使土壤水分的保持力加强透压和水势也会随之增加，这就可以帮助根系吸收更多的水分和养分，促进其生长。温度升高将促进根的扩展、改变根的分枝模式、增加单位根长养分的吸收，温度升高不仅直接影响植物的根系，还通过影响光合作用、水分和养分的可获得性改变根系的结构。

## 二、$CO_2$浓度升高

植物的碳含量主要来源于空气中的 $CO_2$。植物在生长过程中吸收 $CO_2$，形成光合产物并作为生物量固定贮存起来，而有机碳则包含在这部分生物量当中。湿地植物作为湿地生态系统的重要组成部分，其碳贮存能够消减大气日益增加的 $CO_2$，在稳定全球气候、减缓温室效应方发挥了重要作用。植物碳分配模式则直接影响土壤的碳库和植物的叶面积指数，并通过影响叶面积指数而影响植物的水分平衡、气体交换等过程。但由于植被类型的多样性和不同地区植物种类的差异，使得同一类型植被或同一区域植物碳贮量差异较大，存在着不一致性。因此，如何精确评估不同类型湿地植被中有机碳的累积及分配成为研究全球陆地生态系统碳循环的重要内容。

大气中 $CO_2$ 浓度与陆地生态系统碳循环密切相关。植物碳素积累过程是陆地生态系统碳循环的关键环节。植物通过光合作用固定大气中的 $CO_2$，其中一部分通过植物自养呼吸重新释放到大气中，另一部分形成植物的生长量，即初级生产力（NPP），以有机碳形式存留在植物组织中。$CO_2$ 是植物光合作用的底物，其浓度升高必将影响到植物的光合和生长发育等多个过程，进而对整个生物圈产生巨大的影响。

## 三、碳在植物体中的分配

植被碳分配是陆地碳循环的基本过程之一，是指光合作用同化的碳，以碳水化合物的形式在植物体不同器官组织间的分配，是植物自身生长特性和生理特性的重要表现。植物碳分配模式直接影响土壤的碳库和植物的叶面积指数，并通过影响叶面积指数而影响植物的水分平衡、气体交换等过程。虽然植物碳分配模式本质上是由植物本身的遗传特性决定的，但植物生长的外界自然环境（如温度、水分、养分有效性、光照等）也对其产生一定的制约作用。

国内外对植被碳的累积和分配的研究主要集中在对森林生态系统，并取得了显著成果。20 世纪 90 年代以来，许多科学家从全球、区域或国家尺度上研究了森林生态系统对全球碳循环的影响和不同森林生态系统碳贮量和碳分配特征。C 元素在植物冠部和根部的分配是生态系统 C 预算的重要组成部分，同时也是"植物—土壤"系统潜在 C 固定能力的一个很好的指示指标。植物因生长节律、种类、养分条件和生物学特性的差异以及器官的不同等而表现出不同的碳累积、分配特征。例如湿地松有机碳累积、分配与林分密度有关。湿地松各器官的碳素含量在 50.92% ~54.38% 波动，排列顺序为树叶 > 树枝 > 树根 > 树干 > 树皮的规律；碳贮量在毛竹不同器官中的分配竹竿 > 竹根 > 竹叶。

氮、磷对植物碳的分配有显著影响。氮通过改变氮在叶片中的分配格局影响叶片的光合作用，并通过改变碳水化合物的库源关系和能量消耗水平而调节碳同化物质在体内的分配；磷通过影响叶片光合作用过程中的有机磷循环以及酶的更新速率限制叶片的光合作用，并通过改变根系发育（尤其是细根发育水平）改变碳水化合物在体内的分配格局。植物体内氮、磷的营养过程对碳的消耗与代谢有重要的影响，二者的交互作用往往通过直接或间接影响植物各器官的生长而制约光合产物在体内的分配。地表植被生物量、盖度和高度均随着土壤水分增加而显著增加，但是物种丰富度在减少。土壤 SOC、TN、有效氮、TP 和有效磷均随着土壤水分增加而显著增加，但是土壤 pH、TK 和可利用 K 显著减少。同时，物种丰富度与地表生物量、盖度和高度呈显著的正相关关系，地表生物量、植被盖度和高度均同土壤 SOC、TN、TP 和有效氮、有效磷呈显著正相关，而同 TK 呈显著负相关。土壤水分可能对高寒湿地植被群落地表和地下生物量具有潜在的负作用（Wu et al.，2011）。

$CO_2$ 浓度升高时，土壤中以根际沉积物和根系分泌物等形式的碳输入增加。当 $CO_2$ 浓度增高时，豆科植物白三叶（*Trifolium repens*）的地上总生物量倍增，$CO_2$ 倍增对紫花苜蓿地上、地下部分碳累积与分配和生理活动产生明显的影响。$CO_2$ 浓度和土壤 N 素交互或者累积性地控制 C 元素在系统中的分配并取决于植物物种。土地利用变化也显著地影响陆地生态系统的结构和功能，造成系统碳贮量的变化，这很大程度取决于生态系统类型和土地利用方式的改变。森林砍伐后变为农田和草地，使生态系统中植被和土壤碳贮量大大降低。

相比较而言，湿地植被中有机碳的累积和分配的研究较少。不同种类的湿地植物中有机碳分布有一定的差异性，各植物枝干的有机碳含量均高于根部与叶片，同时叶片相对于根部具有较高的有机碳含量。植物活体、立枯和残落物中以不同化学组分赋存的有机碳含量明显不同，其中易分解的水溶性物等组分中的有机碳占总碳量的百分数随活体、立枯、残落物的阶段不同依次降低，而纤维素碳和木质素碳则依次增加。

当植物适应外界生长条件的变化时，其生物量的分配也将趋于恒定。但自然界中不同树种之间对外界环境的适应程度也存在很大的差异。例如兴安落叶松的叶质比、干质量比、根质量比和根冠必均受纬度的影响，在不同地区存在显著差异，同时林分内地下部分与地上部分碳贮量比值随着纬度的增加有减小的趋势。

## 四、湿地有机碳分解转化及其影响因子

影响湿地生态系统有机碳循环过程的因子较其他生态系统如农田、草地等要复杂。湿地系统有机碳的分解、转化以及这些过程中养分转化的动力学研究受到了广泛的关注。在湿地特殊的水文状况和供氧条件下，湿地有机碳的分解转化包括有氧降解和厌氧发酵两种途径，$CO_2$ 是这两个途径的最终产物，当环境的 Eh 值低于 $-150\ mV$ 时，则会

形成还原产物 $CH_4$。

湿地有机碳的主要形态包括半分解植物残体、半分解产物、可溶性碳和腐殖化碳等。北半球一些泥炭湿地的厌氧和低温条件，外加某些湿地植被本身的抗分解性（如 Sphagna），使其植物残体的分解非常缓慢，长期表现为泥炭的形成和堆积。一般认为，湿地有机碳的周转时间较长。淡水流域的森林湿地中，周转较快的可溶性碳（DOC）大约也需 40 年。全球范围内，气候因子与植被类型、底物性质以及养分有效性对湿地有机碳分解转化过程都有不同程度的影响。对于某一特定区域，有机碳分解机制主要受三方面因素的制约：①待分解底物的性质；②影响分解微环境的理化性状因子，如温度、水文状况、pH、Eh 等；③待分解底物与分解微环境共存的时间。底物性质是影响分解转化的一个非常重要的因子。研究表明它是控制湿地有机碳分解的主要因素之一。不同种类凋落物分解速率不同，原因在于凋落物所含的易分解、难分解物质以及 C/N 比的差异。待分解底物的 C/N、C/P 以及 C/N/P 比通过对微生物同化作用的影响，来控制有机碳的分解速率。

# 第四节 湿地生态系统关键碳循环过程对气候变化的响应

关于气候变化对湿地碳动态的影响存在两种观点：一种观点认为气候变暖将提高植被的生产力，从而促进有机碳的积累；另一种则认为气候变暖加速湿地土壤呼吸释放，从而导致湿地的碳损失。由此可见，湿地系统碳素积累和释放是决定气候变化对湿地碳循环影响的关键过程。湿地在稳定全球气候变化中占有重要地位，它作为碳素的源、汇和调节器，可促进、延缓或遏制环境变化的趋势。

## 一、$CO_2$ 浓度升高对植物光合和呼吸作用的影响

### （一）对光合作用的影响

$CO_2$ 是绿色植物光合作用的重要原料，其浓度的改变将对植物光合效率产生影响。光合作用的碳固定是绿色植物叶绿体在光的作用下，将 $CO_2$ 和水同化为碳水化合物并释放氧气的过程。在一定 $CO_2$ 浓度范围内，植物叶片的光合速率对 $CO_2$ 的响应符合直角算曲线方程，并可用 Michaelis-Menten 模型描述：

$$P_n = e \cdot c \times P_{max} / (e \cdot c + P_{max}) - R_d$$

其中，$P_n$ 为净光合速率；$c$ 是 $CO_2$ 浓度；$e$、$P_{max}$、$R_d$ 分别是羧化效率、表观最大光合速率、表观暗呼吸速率。由公式可以看出，在一定范围内，$CO_2$ 浓度较低时，光合速率随其变化呈现直线变化，此时 $CO_2$ 浓度是光合作用的限制因素。直线的斜率 $e$ 受到 Rubisco 的活性及活化的 Rubisco 量限制，所以称为羧化效率。随着 $CO_2$ 浓度增加，其对光合作用的限制性越来越小，直至达到 $CO_2$ 最大浓度 $P_{max}$ 时，光合作用则完全转变为受 RuBP 再生速率的限制。短期 $CO_2$ 浓度升高会增进光合过程中 $CO_2$ 的固定、运转以及碳水

化合物的合成，同时会减弱氧气和光合关键酶结合的竞争力，从而抑制光呼吸。研究表明，短时间置于高 $CO_2$ 浓度下使多数植物的净光合速率提高 10% ~ 50% 甚至更高。然而经过长时间高 $CO_2$ 刺激，植物对 $CO_2$ 浓度升高的响应则表现出一定的适应性。即刚开始出现的光合速率增强现象会逐渐减弱或慢慢消失，有的甚至出现光合速率下降的现象。关于植物对高 $CO_2$ 浓度"光合适应"的机理还不是十分确定。其中一种解释是光合速率受胞间 $CO_2$ 浓度和气孔导度的影响。随着胞间 $CO_2$ 浓度的提高，光合速率随 Rubisco 活化酶活力的提高而大幅度增加。然而，目前的大气 $CO_2$ 浓度不能使 Rubisco 的羧化活性得到充分发挥，而短时间的提高大气 $CO_2$ 浓度可以使胞间 $CO_2$ 浓度增加，从而提高羧化活性。但长时间处于 $CO_2$ 浓度升高环境中，随着植物胞间 $CO_2$ 浓度梯度减小，Rubisco 含量和活性较初始时降低，进而导致光合速率降低。关于"光合适应"还有一种普遍的假说就是源库平衡关系受到破坏引起的产物积累反馈抑制。高等植物光合作用对 $CO_2$ 浓度升高的适应现象可能是一种库的需求对光合的调节机制，即当光合能力超过库对光合产物的利用能力时，碳水化合物会积累在叶片源中，进而导致了植物体内碳水化合物的源—库失衡，反馈作用抑制光合作用关键酶的再生，导致光合能力下降。高浓度 $CO_2$ 下植物体内碳水化合物的大量积累会构成对光合作用的反馈抑制，使光合速率降低。长期 $CO_2$ 浓度升高刺激后植物体产生大量碳水化合物来不及外运，反馈限制了光合速率的进一步提高，并与其氮素的供应，特别是与进行碳固定的关键酶的变化有关。但是也有的研究证实长时间置于高 $CO_2$ 浓度下没有发生"光合适应"现象，如美国 Maryland 湿地群落在高 $CO_2$ 环境下生长长达 8 年，单叶水平上光合速率提高 30% ~ 100%，植物冠层水平 $CO_2$ 净吸收提高 60%。高 $CO_2$ 处理 5 年的美国高草草原 $C_3$、$C_4$ 草类光合速率也仍有所增加（Oechel，1994）。

$CO_2$ 浓度升高对光合产物的合成、代谢促进作用因植物类型及光合途径不同而有差异。$C_3$ 植物由于是高 $CO_2$ 补偿点植物，对 $CO_2$ 的亲和力较低，当前的 $CO_2$ 浓度不能被其充分利用，所以当 $CO_2$ 浓度提高时，RUBP 羧化酶活性增强，光合速率提高，植物生长加快。而 $C_4$ 植物是低补偿点植物。在 $C_4$ 循环中，由于 PEP 羧化酶对 $CO_2$ 的亲和力较高，使得在当前较低的 $CO_2$ 浓度下光合作用就可以达到饱和，即 $CO_2$ 浓度升高对其促进作用较小，有时在高浓度下还会出现负增长。但对于 $C_3$ 植物，光合作用在 $CO_2$ 浓度变化的很大范围内的响应是不断增加的。研究表明，大气 $CO_2$ 浓度升高对 $C_4$ 植物的光合作用促进不大，提高幅度小于 10% 或者不增加。

### （二）对呼吸作用的影响

呼吸作用是指在很多酶的参与下，植物生活细胞内的有机物逐步氧化分解并释放能量的过程。外部条件如温度、$CO_2$ 浓度、水分等均可对植物呼吸速率的强弱产生直接或间接的影响。一些研究表明，$CO_2$ 浓度增加对呼吸有抑制作用。主要是因为当外界环境中的 $CO_2$ 浓度升高时，脱羧反应减慢，氧化效率降低，呼吸作用受到抑制。另一种解释是 $CO_2$ 为呼吸作用的产物，从化学反应角度来看，$CO_2$ 浓度增加会起到产物积累的反馈效应，导致呼吸作用的下降。大气 $CO_2$ 浓度增加，植物呼吸下降 15% ~ 18%。但是也有

学者对 $CO_2$ 浓度增加对暗呼吸的影响存在分歧，认为 $CO_2$ 浓度增加会使暗呼吸增加，主要是因为 $CO_2$ 浓度增加提高了植物的生物量，增加了植物呼吸作用的底物量，从而引起暗呼吸增加。

## 二、$CO_2$ 浓度升高对植物生物量的影响

生物量是一定气候条件下植物光合固碳作用的产物。$CO_2$ 是植物光合作用的原料，在大气 $CO_2$ 浓度升高条件下，形成了 $CO_2$ 的"施肥效应"（图 5-3），植物的净光合速率提高，使光合作用增强。光合作用的加强使植物固定更多的 $CO_2$。例如生长在 $CO_2$ 浓度升高条件下的棉花（*Gossypiwm hirsutuon*）其生物量和经济产量分别比对照植株增长 37% 和 43%。对矮草草原的研究表明，$CO_2$ 浓度倍增使得 $C_3$ 与 $C_4$ 植物的地上生物量分别增加了 54.4% 和 44.4%。对瑞典半干旱草原 4 年的研究发现营养相对贫乏的半干旱草地连续 3 年地上生物量有所增加。植物光合作用固定的碳有 35% ~ 80% 分配到地下。$CO_2$ 浓度升高，植物光合产物增多，导致输入根中的碳水化合物增多，从而刺激了根的生长和活性。多数情况下高 $CO_2$ 浓度对根生长具有促进作用，一般表现为根生物量增加、根长增加和根直径增大，尤其是细根量普遍增加。用高 $CO_2$ 处理天然高草草原 8 年后，根的现存生物量显著增加，其中根茎增加 87%，粗根增加 46%，纤维性根增加 40%。$CO_2$ 浓度升高情况下，瑞士西北部石灰质草原典型群落地下生物量增加了 36%。

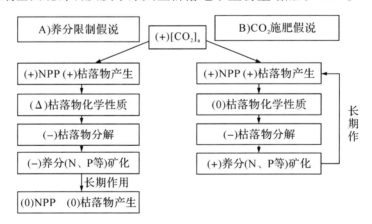

**图 5-3    $CO_2$ 施肥效应**

（" + "，正影响；△，变化；0，未变化； -，负影响；$[CO_2]_a$，大气 $CO_2$ 浓度）

## 三、对土壤有机碳分解的影响

土壤中有机质通过需氧或者厌氧分解而生成 $CO_2$、$CH_4$ 进入大气环境是土壤有机碳向大气中流失的重要方式。不同生境土壤厌氧条件下碳分解潜力有所不同，总体表现为有植物生长的湿地土壤，厌氧条件下碳分解潜力较高，这与其中土壤较高的活性有机碳含量密切相关。就厌氧湿地碳分解的终端产物 $CH_4$ 和 $CO_2$ 而言，不同生境都表现为 $CO_2$

是厌氧条件下碳分解的主要产物，主要是因为在厌氧条件下，硝酸盐、三价铁、四价锰和硫酸盐等电子受体在一定程度上控制着 $CH_4$ 的产生，在其还原过程中释放 $CO_2$，三价铁的还原与 $CO_2$ 产生的比率是 4:1。与此同时，电子受体和 $CH_4$ 丰富的沉积中存在着 $CH_4$ 的厌氧氧化过程，其氧化产物为 $CO_2$；作为 $CH_4$ 产生的醋酸途径同样伴随着 $CO_2$ 的产生，$CO_2$ 和 $CH_4$ 生成的化学计量学比率是 1:1（曾从盛等，2011）。

湿地泥炭积累速率主要取决于生产力与分解之间的相互关系。湿地的积水条件控制土壤氧化还原状况，地形以及土壤性质等决定颗粒态有机质或者可溶性有机质的产生、迁移与积累，水–土壤之间各因素的综合作用影响湿地生态系统碳蓄积功能。湿地地表水或者土壤水中含有一部分有机碳以及无机碳，二者对生态系统碳库变化均有重要影响。土壤中有机质的氧化分解受到土壤通气状况、氧化还原电位以及微生物活性影响。潜水位影响着土壤含氧量与植物根系的曝气环境，限制不同深度土壤有机碳分解强度与 $CO_2$、$CH_4$ 等含碳气体的产生排放。洪水导致湿地水位上升，初期表层泥炭 $CH_4$、$CO_2$ 的排放速率增加，洪水之后深层泥炭产生 $CH_4$ 的能力显著增强。洪泛作用还使得湿地水位周期性升降，土壤淹水或曝露于空气中，处于交替的氧化与还原环境中，促进好氧微生物的活动与植物的根系呼吸作用，微生物的厌氧与好氧分解加强，促进了 SOC 的矿化分解，土壤中 C 储蓄降低，有可能形成碳的源/汇的转变。有关研究表明，冻土区湿地水位的不断降低，会导致永冻层的融化，从而使土壤氧化还原环境发生改变，引起沉积有机物质的氧化，从而增大 $CO_2$ 的排放量，削弱湿地的碳汇功能。

含碳气体的排放决定于土壤的通气状况与微生物活性，湿地水量充沛，淹水前后主要改变了表层土壤的物理化学特性，因此对表层有机质含量影响更为明显。对科罗拉多州亚高山草甸湿地研究表明，$CO_2$ 排放随水位下降而增高，当水位低于 -5cm 时无明显变化。可见在一定深度内水位是决定 $CO_2$ 排放通量大小与方向的重要因素。

土壤类型和植被类型也不同程度的影响土壤有机碳的分解释放。较为干燥条件会增加碳蓄积，而湿润条件碳蓄积则可能减少。不同的土壤有机质其土壤呼吸的适宜含水量也不相同。湿地积水条件减弱会明显促进有机碳的矿化分解作用，增加 $CO_2$ 放量，造成湿地 C 蓄积功能的下降。

土壤微生物是土壤生态系统中最活跃的成分，不仅担负着分解动植物残体的重要使命，还参与土壤中复杂有机物质的分解和再合成，其数量直接影响土壤的生物化学活性及土壤养分的组成与转化。细菌作为土壤中微生物种类中数量最多的一个类群，在土壤有机质的分解过程中起着巨大的作用，直接参与土壤中含氮有机化合物的氨化作用，把植物不能同化的、复杂的含氮有机物变为可利用态。

温度升高一方面导致进入土壤中的有机残体和中间产物分解加快，改善了土壤中微生物可利用有机质质量，使其数量增加；另一方面，温度升高造成微生物呼吸指数上升，加速有机碳的矿化，增加碳的有效性，使微生物活性加强，生长加快。土壤升温在一定程度上可能会改变土壤微生物群落结构组成。如在较高温度下的优势种可以用以进行代谢的有机物质并不一定能被较低温度下的优势种所利用，从而使得微生物对有机碳的分解不完全按照一级动力学反应来进行。因此，温度上升有可能影响土壤微生物，从而影响陆地生态系统的结构和功能。温度升高条件下冷杉根际细菌数量显著增加，而对根际放线菌和真菌数量影响不显著。温度的升高会导致微生物种群的增长，从而加快土壤有机碳的分解速率，同时微生物群落结构也在发生变化。在美国大平原地区的研究表明：气温上升显著降低土壤微生物量中的细菌比重，提高真菌的比例，该变化可以提高微生物对土壤有机碳的利用效率。升温可能会通过提高土壤微生物真菌的优势，而导致微生物群落结构的变化，且由于真菌细胞壁是由黑色素和角质等难分解有机质组成，利于有机碳的固定，这从一定意义上说明，提高真菌数量可以增加土壤有机碳的固定。

土壤总的碳矿化量与微生物活动具有强相关关系，高度的微生物活性会导致较高的有机碳矿化率。干旱与降水增加都会改变微生物的群落结构与微生物活性，引起碳循环机制的变化。湿地土壤含水量较大时，微生物活性较强。土壤水分条件较高可以促进有机质的分解与营养物质释放，为微生物活性提供生命元素。但土壤含水量增大同样影响土壤中不同层次的氧的可获得性，限制微生物呼吸，对微生物活性产生副作用。处于淹水环境下微生物量生理活动受到氧的可获得性限制，长期地面沉降与海水入侵会导致微生物量碳减少与土壤有机碳分解速率下降，增加土壤碳库积累。短期的积水条件促进微生物对土壤碳的利用，增强土壤微生物活性，而地表长期淹水可能对真菌的生活不利。不同的微生物种类对水分变化的响应机制不同，随着水分梯度的变化，微生物不同种类变化幅度不同，其中真菌水分耐受范围较广，变化较小。又如淹水条件有利于产 $CH_4$ 细菌的生长，而不利于分解木质素的真菌、放线菌的微生物活动。

湿地水文条件影响湿地碳输入和输出之间的平衡作用，决定着碳循环各个关键过程的作用机制与强度，影响湿地土壤的分解过程。水文条件影响地表植被类型，而水分参与植物的光合作用、呼吸作用等重要生理活动，直接或者间接地影响植被对 $CO_2$ 的固定与释放过程，影响湿地生态系统有机物质输入。如干旱与湿润条件作用于植物气孔导度与叶绿素含量，影响光合作用速率，并在植物生长的不同阶段发挥作用。此外由于泥炭所需的厌氧环境，湿地土壤碳储存以及生成 $CH_4$ 和 DOC 的能力很大程度上取决于其保持湿润的能力，气候变化所引起的季节性水文周期会对湿地土壤有机碳的蓄存和漏失产生一定影响。降雨与径流会刺激土壤呼吸，并引起颗粒态有机碳（POC）和 DOC 的水平迁移，水位交替影响土壤矿化潜能，表现为 $CO_2$ 与 $CH_4$ 的排放速率差异。此外，水分条件可以通过改变枯落物性质、土壤氧化还原条件与微生物活性对枯落物的分解产生影响，影响有机碳在土壤中的循环转化过程。水分条件变化对湿地土壤矿化速率与含碳气体排放具有双向驱动机制，对土壤碳蓄积功能影响是不确定的。

## 四、气候变化对枯落物分解过程的影响

植物枯落物的分解控制着生态系统营养循环，影响净生态系统碳储存，是土壤腐殖质形成的第一阶段。气候是影响枯落物分解的重要因素，其年际变化对分解速率有着重要影响。在局域尺度上，环境温度和湿度如土壤温度和湿度、水温是控制湿地枯落物分

解的最基本要素之一。

土壤中植物残体的分解在整个生态系统碳循环中起着重要的作用，其对大气 $CO_2$ 浓度升高的响应将直接关系到陆地生态系统碳循环过程。关于 $CO_2$ 浓度升高对枯落物的分解的影响大致有两种认识。一种观点为养分限制假说，认为 $CO_2$ 浓度升高最初促进了植物的生长和生态系统生产力的增长，使植物对养分的利用率提高，而植物对养分利用率的提高导致土壤矿化速率的相对降低和可供给养分的限制，从而引起枯落物发生某些化学成分的变化，包括非结构性 C 的总量增加，叶片 N 含量降低及此生代谢物质的变化，使得枯落物的质量下降，C/N 比增加。凋落物 C/N 增加造成微生物生物量受限制，分解速率将会降低。另一种观点认为大气 $CO_2$ 浓度升高，植物积累了更多的碳水化合物，同时增加了 C 向地下的分配，地下生物量和根系分泌物的改变又促进了细根的生长、根部养分吸收能力的增强、真菌数量的增加以及根围易分解 C 沉积、胞外酶和有机碳的增多，最终导致微生物活性增强、有机物质分解增加、植物对养分的可利用性增强，从而抵消了因"施肥效应"产生的养分限制，分解速率增加。研究表明，在 700Mmol/mol $CO_2$ 浓度下生长的植物根系腐解速率比在 350Mmol/mol 下低很多，甚至两个生长季后仍然低 13%，可能是由于 $CO_2$ 浓度升高造成残体中 C/N 比率的增加。在 $CO_2$ 浓度为 600μmol/mol 情况下产生的枯落物的剩余量要比在 350μmol/mol 情况下生产的枯落物多得多。但在高 $CO_2$ 浓度升高条件下，白杨（*Populus tremuloides*）叶片凋落物的非结构性碳水化合物、N 及丹宁的含量无显著影响。

枯落物分解受到其本身物质才组成的影响，不同植物由于其木质素、纤维素、N、P 等含量不同而对微生物分解产生不同的限制作用。与植被根系作用相比，枯落物类型对其分解和土壤中真菌活性与种群结构影响更为强烈。水分条件可以通过改变湿地物种组成，从而影响进入土壤中有机质的性质。湿地水文条件变化可以引起地表植被群落演替，改变植物物种组成，生态系统初级生产力也随之发生改变，结果会导致湿地土壤接受的枯落物的量与性质都发生改变，影响枯落物与土壤之间的碳素转化。对中国南部杉木林的有关研究表明，混合物种群落立地枯落物年产量比单一物种立地高出 24%，且混合群落立地中枯落物 N、P、K 等营养元素的周转速率提高。

湿地水分条件作为枯落物分解的重要环境因素，决定土壤的氧化还原特性，从而对其分解过程产生直接影响。水位与 $0 \sim 10cm$ 表层土壤中物质分解具有强负相关关系，并且与长期滞水或者积水较深环境相比，浅水和季节性积水的湿地中同种物质分解速率更快。对死亡根系呼吸作用研究表明，随湿润程度提高根系呼吸作用增强，在含水量为 $100\% \sim 275\%$ 时达到最高值。对小叶章枯落物分解研究得出水分含量增高明显促进了有机碳的分解过程，并抑制了温度对枯落物分解的作用强度。此外，相比河流洪泛作用海岸潮汐作用下枯落物的分解速率更快，与枯落物本身性质相比，水文条件变化对其分解速率变化的影响更为重要。水分条件较枯落物性质对分解具有更重要作用，并且持续淹水条件下分解更为迅速。

降水是湿地重要的水分来源，对湿地枯落物分解也有显著影响。枯落物分解与降水的相关性高于与温度的相关性。枯落物失重率与降水变化具有显著正相关关系。相比降水量而言，降水频率对枯落物分解更具有驱动作用，模拟水分增加并未促进枯落物分解过程，而相同尺度的干旱条件降低了分解速率。不同湿地类型，其水分对枯落物分解的影响也不尽相同，湿地疏水排干会增大苔草泥炭湿地枯落物的重量损失，但未增加泥炭藓泥炭湿地的枯落物重量损失，并且对细根的失重影响不大。

微生物活性影响进入土壤中的枯落物的矿化分解。水分条件对枯落物分解过程影响则主要表现在环境条件对微生物活性的控制。夏季干旱气候延缓了微生物对 N、P 等物质的生物固定，进而对枯落物中 N、P 等元素的矿化产生抑制作用。不同的微生物种类对水分变化的响应机制不同，必然会引起土壤中微生物群落结构变化，微生物不同种类对土壤中的有机质分解发挥着不同的作用，其群落结构变化对有机碳的分解途经与程度产生影响。相关研究表明，随着水分梯度的变化，微生物不同种类变化幅度不同，其中真菌水分耐受范围较广，变化较小。淹水条件下有利于产 $CH_4$ 细菌的生长，而不利于分解木质素的真菌、放线菌的微生物活动，从而促进 $CH_4$ 排放。淹水条件可以阻碍微生物对枯落物有机碳的分解矿化，但能促进 $CH_4$ 的产生。

环境温度能够直接影响到微生物和土壤动物的新陈代谢活动。亚热带湿地挺水植物立枯物上的微生物活性，特别是真菌，明显受到昼夜温度和湿度条件的影响，在没有降水的情况下，夜间露水产生后微生物的活性明显增强；反之，白天则受到干燥胁迫，微生物活性下降。一般而言，枯落物的分解速率随着气温的升高而增加。模拟实验分析表明在气温升高 2.7℃，而降水保持不变的气候条件下，凋落物的分解速率将会升高。随海拔高度的升高，气温降低，枯落物的分解速率呈指数降低。对不同温度梯度下挺水植物枯落物的淋溶过程研究发现周围水的电导率随着温度的升高而升高。芦苇立枯物在湿度相同条件下，温度从 5℃ 升至 35℃，$CO_2$ 的排出速率极显著增加，在 >35℃ 时 $CO_2$ 的排出速率又有轻微的下降。

根系分解是陆地生态系统碳和养分输入的重要途径，根系的分解动态受内在因素和外界环境的综合影响。温暖湿润的条件下根系分解迅速，干旱寒冷时根系分解缓慢。不同采伐强度的林地，根系分解速率的结果表明，对照林地虽然温度低，但由于水分含量高，根系分解迅速，因此认为水分是限制分解速度的主要因素。但土壤的缓冲作用可能会降低土壤水分和热量的波动，温度和水分条件的不同对分解的影响作用可能会被抵消。如 Chen 等发现，温度、降雨的不同并没有导致细根分解率显著不同。除温度和水分外，其他许多因素如林地养分的有效性、土壤 pH 等都有可能成为限制细根分解因素。

## 五、对土壤有机碳组分变化的影响

植被固定的碳以地表枯落物和枯死根系的方式进入土壤，并通过微生物的物理化学分解，以不同存在形式的有机碳储存在土壤中，形成重要的陆地碳库。土壤有机碳的存在形式影响其被微生物分解利用潜能。容易被微生物分解利用的有机质被称为活性有机质（active organic matter），但对活性有机质目前没有严谨、确切的定义。一般认为土壤中的活性碳组分包括水溶性有机碳（DOC）、微生物量碳（MBC）和轻组态有机碳（LFOC）。DOC 容易被微生物分解利用，也是湿地土壤碳输出的重要方式，土壤中以 DOC 形式流失的碳可占到残余碳库的 12%。DOC 进入水体之后，由于其容易被矿化分解可以促使水体转变为重要的 $CO_2$ 排放源。微生物分解有机质产生 $CO_2$ 或者 $CH_4$ 排放到大气中，也可以通过改善土壤物理结构，促进团聚体形成，有利于土壤碳蓄积。MBC 在土壤中周转时间相对较快（1~2 年），对土壤环境变化较为敏感，微生物活性与群落结构受到有机碳含量、气候、水文等条件的显著影响，因此 MBC、基础呼吸与诱导呼吸等也常用来表征土壤有机碳的动态变化。土壤 LFOC 主要包括处于不同分解阶段的植物残体、小的动物和微生物，其含量组成主要取决于有机物的输入和分解，与重组相比具有较高的分解速率，对土壤碳储量变化与其他有机碳组分相比较为敏感，常被用来作为表征土壤有机碳储量的重要指标。

土壤活性有机碳是来源于动植物以及微生物残体的周转速度较快的部分，它是气候、土壤、生物综合作用下的产物，虽然仅占总有机碳的比例很小，但是在碳循环中起着极为重要的作用，是对区域微环境的变化响应更为敏感的碳组分，已成为土壤、环境、生态等学科领域研究的焦点问题之一。

$CO_2$ 浓度升高条件下，典型小叶章湿地系统土壤各活性有机碳量均不同程度的增加，这与生物量增加有关。$CO_2$ 浓度升高，光合速率增加，植物生物量增加，而且更多的光合产物分配至地下。$CO_2$ 浓度升高草地植物将有更多的生物量和碳分配至地下。通过 $^{14}C$ 标记发现 $CO_2$ 浓度升高将导致小麦根系生物量增加，根系碳分配增加了 19%；$CO_2$ 浓度升高使草地生态系统植物根际沉积物增加 1 倍。

土壤微生物量碳（MBC）属于土壤有效碳库，是土壤有机碳中易被利用、易发生变化的一部分。土壤微生物量碳是土壤有机碳中较为活跃的组分，能灵敏地响应气候变化。土壤微生物量碳可以指示土壤中微生物群落的数量与有机碳的生物活性，而土壤中可溶性有机碳是一类分子量较小的有机化合物，为有机碳分解的中间产物，代表着土壤有机碳中最活跃的组分之一。$CO_2$ 浓度升高通过促进植物的生长而间接影响土壤微生物量。大气 $CO_2$ 浓度升高增加了土壤微生物量碳。大气 $CO_2$ 浓度升高对土壤微生物影响受土壤中施氮水平限制。在低氮条件下 $CO_2$ 浓度升高的促进作用不明显。这可能是不施氮和常氮施肥处理，$CO_2$ 浓度升高增加了输入到土壤中的有机碳，而土壤中可利用的氮相对不足，限制了土壤微生物对大气 $CO_2$ 浓度升高的响应。而在高氮处理下，土壤中可利用的氮相对充足，微生物活性不受氮素限制，$CO_2$ 浓度升高对土壤微生物的刺激作用表现出来。

可溶性有机碳（DOC）主要由低分子量水溶性的碳水化合物和氨基酸组成，是土壤微生物最主要的能源，而微生物的代谢产物又对土壤水溶性碳库有很大贡献。生物过程如微生物代谢产物和消耗有机碳数量、植物光合产物对 DOC 生成有很重要的影响。土壤各活性碳库与植物参数之间逐步回归分析表明，DOC 与植物地上生物量相关性显著，说

明 $CO_2$ 浓度升高促进了小叶章生物量的增加，而新增生物量的归还一定程度上向土壤中贡献了更多的 DOC。此外，新生的根部细胞由于没有二级细胞壁，通过渗透作用也可以产生更多的可溶性物质。温度能提高 DOC 的可移动性。草甸沼泽土中水溶性有机物在 20℃时释放速率最快，温度降低与升高均导致释放速率下降。这是由于在水温不超过 20℃时，升高温度导致分子热运动加速，从而加快水溶性有机物在滞膜层中的分子扩散速度，而当温度升高至 30℃后，由于水溶性有机物发生絮凝作用使其分子量增加，分子扩散系数降低，释放速度反而下降。

　　碳水化合物碳（CHC）主要来源于根系渗透物和根部细胞壁的分解物，$CO_2$ 浓度升高通过促进细根增长及加快根部的循环周转，使土壤 CHC 含量增加；同时，分解过程中根系细胞的溶解可能对碳水化合物碳（CHC）和易氧化有机碳（LBC）含量的增加有重要贡献。$CO_2$ 浓度升高引起的根系分泌物增多产生了更多种类的活性有机碳，这些活性有机碳易于被植物和微生物利用和吸收，将会抑制土壤中原有的有机碳分解。$CO_2$ 浓度升高条件下各活性有机碳增加可以直接或间接地归因于是生物量增加且更多的光合产物分配至地下的结果。用 [14]C 标记黑麦草的实验也证实 $CO_2$ 浓度升高各分室碳库（DOC、MBC 和土壤有机碳）增加是根生物量的显著增加引起的。

# 第五节　湿地碳固定与气候变化的反馈关系

　　气候变化的最主要特征是大气中 $CO_2$ 浓度升高。由于湿地中存储了大量的碳，而湿地卫浴陆地生态系统与水生生态系统之间的过渡地带，对气候变化更为敏感。因此湿地生态系统作为碳的"源""汇"功能转换，与气候变化之间的关系密切。湿地碳固定与气候变化之间的反馈关系也成为目前全球气候变化研究中的热点问题。

　　地质历史上，湿地，尤其是泥炭地增长被认为是整个晚显生宙主要的气候调控机制之一。泥炭的增长和分解被认为是与晚新生代冰期和间冰期有规律的转化有一定的关系。Lars 等人构建了一个泥炭模型以解释历史上冰期与间冰期的变化。世界上几乎所有现存的泥炭资源都形成于全新世，且主要位于北纬45°的寒温带，主要是泥炭沼泽、低位沼泽和混合泥沼，他们都有一个较大的增长速率，利用泥炭地的面积和体积构建泥炭的累计增长模型。泥炭沼泽起源于某一个地方，即一个小的凹地，然后发展成为一个巨大的平坦表面，沼泽地可以自由地在水平方向与垂直方向上增长，假定沼泽地在其发展过程中保持着椭圆体形状。

　　泥炭沼泽底部半径用 $a$（m）表示，其最大高度用 $b$（m）表示。$a$ 和 $b$ 是时间的函数，均随着时间的增加而增加，并引起沼泽体积的增大，半径的增加速率 $Sa$ 和最大高度的增加速度 $Sb$（单位均为 m/年），可定义为：

$$Sa = da/dt$$

$$Sb = db/dt$$

假定一个具有目前的半径和顶高（分别为 500m 和 3.75m）的理想沼泽在整个 1 万年的增长时期被建立起来。从而 $Sa = 0.05$ m/年和 $Sb = 0.375 \times 10^{-3}$ m/年。泥炭增长已经在全新世发生了改变。在距今 2500 年的时间之后有一个迅速的增加（图 5-4），因此模型划分为两个亚期，一个是从 0~7500 年，另一个是 7500~15000 年。

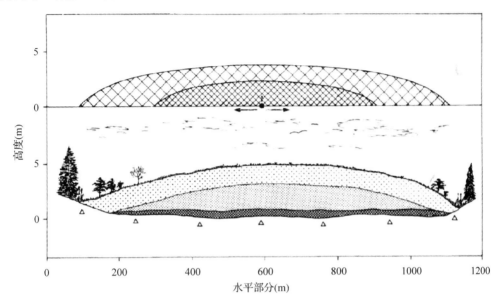

**图 5-4　理想泥炭发育模型**

假定沼泽开始时（$t=0$）的大小可以忽略不计，通过对方程按时间 $t$ 积分，可以计算出任何时间的 $a$ 和 $b$ 值，则基本面积 $A$ 和体积 $V$ 能够很容易计算出来。

$$A = \pi a^2, \quad V = 2/3 \pi a^2 b$$

利用理想化的沼泽作为所有温带泥沼的代表，可以构建一个假想的泥炭群。它在最后阶段（公元 2000 年）将有一个与现有的温带沼泽相同的总面积范围，即 450 万 $km^2$ "理想沼泽"的增长可以看做是大气 $CO_2$ 的汇。

该模型从不同的起点开始，并且自中心辐射状增长，覆盖了辽阔的温带平原上，这是一个非常简化的模型。这个模型没有把其增长时遇到的障碍或受到岩层阻挡的情况考虑在内。对于后者的情况，很可能被泥炭地覆盖的巨大面积已经达到了泥炭地扩展的物理界限。该模型进一步表明，温带现存沼泽面积的一半是在过去的 2000~3000 年间形成的。利用与上述的单一理想沼泽地相同的模型计算了泥炭的总累积体积，即全新世地球温带泥炭地 $CO_2$ 固定的累积量，也就是大气 $CO_2$ 的理论固定值。

从碳的观点出发，泥炭的年垂直增长速率可以被转化为每个面积单位上碳的量。模型中所用的泥炭不同的增长速率相当于 $A = 0.6$ mm/年 $= 21.4$ g C/（$m^2 \cdot$ 年）。

当开始时，取 $t = 0$，对年水平扩展和垂直生长取上面的数据，通过简单的计算，泥炭中的碳最后可累积到 4010 亿 t，这远高于对地球上泥炭中碳的多数估计值。模型中所有的沼泽初始时间都被定为 0 年(距今 1 万年)。对于自然环境来说,当然并非如此。泥炭的初始出现可发生在全新世的任何时间。根据泥炭地增长模型,如果模型中没有使用其他来源的话,$CO_2$ 浓度将可能在冰消作用后迅速升高到近 $400\mu L/L$。泥炭的累积对冰期的开始起着决定性左右,从分解的泥炭和其他生物群而来的 $CO_2$ 强烈地影响着冰消作用。尽管其他的机制也可能对冰期的开始具有同等重要或更为重要的作用,但所释放的 $CO_2$ 很可能对关闭温室效应窗并保持关闭状态起决定性的缓冲器作用,阻止了再次的冰蚀。

通过这个简单的模型表明,"泥炭"这一因子在碳循环中不能被忽视。通过主要发现于高纬度平原地区的呈指数增长的泥炭地,及随后的 $CO_2$ 的固定,每一个间冰期都产生一个临界点。当 $CO_2$ 的浓度达到这个较低的浓度水平时,可能会导致冰期被激发。

在湿地生态系统中,微生物是土壤碳氮转化的主要驱动者,在生态系统碳氮循环中扮演重要角色,对全球气候变化有着重要的反馈作用,其介导的土壤碳氮循环过程及其对全球气候变化的响应成为控制土壤碳氮"源""汇"功能转换的决定性因子(图 5-5)

在陆地生态系统中,高等植物生产力是消耗大气 $CO_2$ 的主要过程,但是通过降解和异养呼吸微生物对 $CO_2$ 的净交换量也做出了重要贡献。一般认为微生物群落结构和多样性的变化对生态系统 $CO_2$ 浓度的影响不会像对 $CH_4$ 和 $N_2O$ 那样明显,但是土壤微生物群落的适应和变化均会引起微生物量的降低和土壤碳损耗的增加。大气中 $CO_2$ 倍增提高了土壤和微生物呼吸速率。由于 $CO_2$ 的倍增会在数量上和质量上改变植物根系可溶性糖、有机酸和氨基酸等化合物的分泌,这将刺激土壤微生物的生长,提高微生物活性,同时也会改变依赖于土壤养分有效性的大气 $CO_2$ 通量。根系分泌物的改变将引起土壤中主要营养元素碳氮磷计量学比例的变化,有利于增强真菌土壤微生物中的主导地位。由于真菌细胞膜含有比细菌细胞膜更难降解的含碳聚合物,如几丁质和黑色素等,因此在以真菌为主导的生态系统中,土壤呼吸自然下降进而增加了土壤的固碳能力。

微生物介导的产 $CH_4$ 过程对全球气候变化的响应和反馈在学术界有很大的争议。一方面,大气 $CO_2$ 的增加改变了甲烷氧化菌的群落或数量,进而对 $CH_4$ 的排放产生正反馈效应,如森林土壤会减少 $CH_4$ 氧化量的30%。大气 $CO_2$ 浓度增加提高了土壤的 $CO_2$ 浓度和土壤湿度,因此加剧了土壤厌氧状况,增强了微生物产甲烷的过程,甲烷的微生物氧化过程受到一定程度的抑制。另一方面,由于全球气候变保暖等因素加剧土壤干旱,土壤通气状况得到改善,有利于甲烷的氧化过程,因此对甲烷排放产生负反馈效应。

作为全球气候变化的主要特征,气温升高对微生物介导的碳氮循环过程产生重要影响。气温上升提高了土壤呼吸速率,进而影响土壤的固碳潜力。土壤碳对气候变化的响应取决于微生物对碳的利用效率。有机碳的稳定性和不同组分对温度的敏感程度存在很大差异。相比于初级生产力,土壤呼吸对温度更为敏感,气温升高会增加土壤与大气之间的碳净转化量,对全球气候变化产生正反馈作用。大气温度升高会直接影响土壤微生物呼吸,预计全球平均气温升高 2℃,由微生物主导的土壤碳排放会增加到 100 亿 t,$CO_2$通量会因大气温度升高而增加。

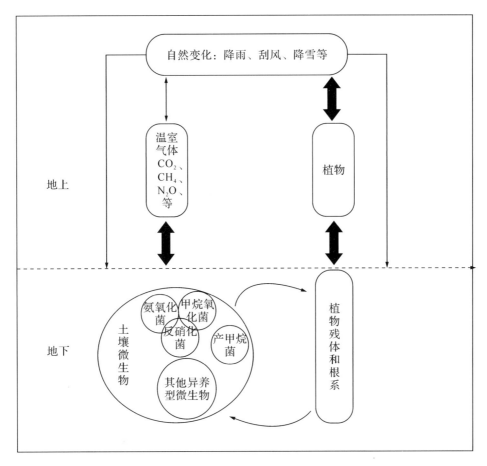

**图5-5　微生物介导的土壤碳氮循环过程及其对全球变化的响应**

注：引自沈培菊和贺纪正(2011)

全球变暖会促进甲烷的排放，尤其是在高纬度的永久冻土和湿地区域。例如，当大气温度升高时，加利福尼亚草地甲烷营养Ⅱ型的数量降低，而在北极苔原地区，甲烷营养Ⅱ型的数量却显著增加。气温升高可能引起产甲烷菌的群落变化从而改变土壤产$CH_4$途径。当温度高于40℃时，土壤产甲烷主要以$CO_2$还原途径为主，而当温度低于30℃时，则由$CO_2$还原产甲烷途径和乙酸发酵产甲烷途径共同作用，并伴随有土壤产甲烷群落结构的迁移。气候变暖会增加北极湿地区域净初级生产力，改变水平面和土壤湿度，这些条件均有利于土壤产甲烷过程的进行，加大甲烷的排放；反过来在其他区域由于土壤干旱造成了土壤中氧含量的增加，加速了土壤中甲烷的氧化过程，从而对甲烷的排放产生负反馈作用。

降水的变化对于陆地生态系统中碳循环过程影响很大，尤其是对于湿地这样受到水文过程调控的生态系统而言。据IPCC预测，降水减少和增加20%都会影响到陆地微生物群落结构和土壤有机质降解速率。降水多少会直接影响微生物的生理活性，同时也会通过改变土壤空隙排气和供氧状况而直接影响土壤微生物。土壤长期处于干旱状态时，微生物的生长和有机质的降解都会受到限制，因此对生态系统碳通量造成负反馈。另一方面，土壤干旱也会改善土壤同期状况，继而增强湿地和泥炭碳循环过程，对生态系统碳通量产生正反馈作用。

# 第六章 气候变化对湿地碳排放的影响

## 第一节 湿地温室气体排放特征

### 一、全球大气温室气体浓度变化

工业革命之后，人类对环境的破坏已经从区域扩展到全球，尤其是大气中 $CO_2$、$CH_4$ 等温室气体含量的增加使环境问题日趋严重。由于大气的无国界性，温室气体研究成为各个国家的热点。1992 年在巴西里约热内卢召开的联合国环境与发展大会上，包括中国在内的全球 166 个国家与地区签署了旨在"将大气 $CO_2$ 浓度稳定在某一水平以防止人类活动严重干扰气候系统"的《联合国气候变化框架公约（UNFCCC）》，1997 年又通过了《京都议定书》，有 84 个国家在《京都议定书》上签字。

$CO_2$、$CH_4$ 和 $N_2O$ 被认为是最主要的温室气体。在夏威夷的观测结果表明，1959～2004 年间，大气中 $CO_2$ 浓度从 315μL/L 增加到 377μL/L 左右。而在过去的 250 年里，$CH_4$ 和 $N_2O$ 的浓度则分别增加了 151% 和 17%。目前大气中 $CO_2$、$CH_4$ 和 $N_2O$ 浓度分别为 377μL/L、1.76μL/L 和 0.32μL/L。对 2100 年大气中温室气体浓度的模型预测表明，届时 $CO_2$ 的浓度可能会增加到 540～970μL/L，$CH_4$ 浓度的增加范围为 -0.19～1.97μL/L，$N_2O$ 浓度的增加范围为 0.04～0.14μL/L。如果考虑 20 年时间尺度，单位质量 $CH_4$ 和 $N_2O$ 的全球增温潜势（GWP）分别为 $CO_2$ 的 62 倍和 275 倍；100 年时间尺度其 GWP 分别为 $CO_2$ 的 23 和 296 倍；500 年时间尺度其 GWP 则分别为 $CO_2$ 的 7 倍和 156 倍。所以，尽管 $CH_4$ 和 $N_2O$ 是痕量气体，但它们对温室效应的贡献分别为 15% 和 5%，仅次于 $CO_2$ 的 60%。$CO_2$ 是陆地生态系统碳释放的主要形式，其排放量大约在 680 亿～1000 亿 t C/年，$CH_4$ 排放量虽远低于 $CO_2$，但 $CH_4$ 吸收热辐射的能力却是 $CO_2$ 的 32 倍，因此 $CH_4$ 亦是控制未来气候变化的关键因素。

湿地被喻为"地球之肾"，是陆地上常年、季节性积水或过湿的土地，并与在其上生长栖息的生物种群构成具有重要环境功能的独特生态系统。湿地与森林、海洋并称为全球三大生态系统。作为一种水陆相互作用形成的特殊自然综合体，湿地对温室气体的产生和排放有重要作用。

### 二、湿地温室气体排放特征

不同的生态系统排放强度可以相差很大。自然湿地是已知的 $CH_4$ 最大排放源，占甲烷自然排放源的 75.96%，全球甲烷排放总量的 20% 以上。对三江平原毛果苔草沼泽湿地和由沼泽湿地开垦后稻田的 $CH_4$ 排放通量比较研究表明，沼泽湿地 $CH_4$ 排放通量平均值是稻田的 2.5 倍。海南东寨港长宁河口桐花树红树林下土壤的 $CH_4$ 通量的滩面变化规律四季一致，平均值为 0.56mg/($m^2$·h)。三江平原沼泽 $CH_4$ 排放量为：沼泽核心的甜茅苔草 > 毛果苔草 > 沼泽边缘的塔头苔草。对若尔盖高原和三江平原沼泽 $CH_4$ 通量进行比较研究，三江平原常年积水的毛果苔草沼泽在非冰冻期 $CH_4$ 通量范围是 1.32 ~ 46.38mg/($m^2$·h)，平均值是 17.29mg/($m^2$·h)，季节性积水的小叶章沼泽化草甸 $CH_4$ 通量范围是 -0.24 ~ 39.40mg/($m^2$·h)，平均值是 4.33 mg/($m^2$·h)；若尔盖高原常年积水的木里苔草沼泽在非冰冻期 $CH_4$ 通量范围是 0.51 ~ 8.21mg/($m^2$·h)，平均值为 2.87mg/($m^2$·h)，常年积水的乌拉苔草沼泽 $CH_4$ 通量范围是 0.36 ~ 10.04mg/($m^2$·h)，平均值为 4.51mg/($m^2$·h)。三江平原沼泽 8 月份 $CH_4$ 通量日变化的极大值出现在太阳升起后的一段时间。

全球范围内，反刍动物生产和湿地自然排放是产生 $CH_4$ 的两个最大的源，其中湿地（包括湖沼、稻田）的 $CH_4$ 排放占有相当大的比例。由于湿地具有独特的自然条件和生态条件（地表长期积水或处于常湿状况，生长着沼生植被，土壤泥炭化和潜育化），决定了它在物质迁移转化过程中明显区别于单一的水体系统和陆地系统。北半球的自然湿地被认为是全球大气 $CH_4$ 的一个重要源，估计占全球 $CH_4$ 排放的 20% 左右。湿地 $CH_4$ 通量是 $CH_4$ 产生、氧化、从地下传输到大气中的结果。$CH_4$ 是由 $CH_4$ 产生菌在厌氧条件下产生的，也可以在有氧条件下由 $CH_4$ 产生菌氧化。

$CH_4$ 由于产因不同可分为细菌 $CH_4$ 和非细菌 $CH_4$。细菌 $CH_4$ 指有机物在还原条件下被微生物和细菌分解而成的 $CH_4$；非细菌 $CH_4$ 主要指地球内部如火山活动的释放、煤与石油生成过程中半生的 $CH_4$，天然气以及生物质燃烧释放的 $CH_4$ 等。湿地土壤中产生 $CH_4$ 有两条途径：乙酸发酵和 $H_2/CO_2$ 还原。土壤中的 $CH_4$ 通过三个途径（即水稻植物体内部的通气组织、冒气泡、水中液相扩散）向大气排放，不同时期三个途径在 $CH_4$ 传输中的相对重要性不同。

土壤剖面 $CH_4$ 浓度的研究也是温室气体排放研究的重要组成部分，部分 $CH_4$ 最初形成于土壤中。对土壤剖面 $CH_4$ 浓度的研究正处于起步阶段，初步研究结果表明，黄土剖面中主要温室气体浓度远比大气中高，$CH_4$ 浓度在剖面上部与大气中相似，但在下部为大气中的 5.4 ~ 10.2 倍。对内蒙古锡林河流域主要类型草原土壤中 $CH_4$ 浓度的测定表明，$CH_4$ 浓度沿土壤剖面逐渐降低，且不同深度之间差异显著。沼泽孔隙水 $CH_4$ 浓度在大量活草根生长处达到最大值；9 月下旬到 10 月中旬沼泽湿地上部分枯死后，土壤中 $CH_4$、$CO_2$ 浓度有阶段性增加的趋势，土壤剖面 $CO_2$、$CH_4$ 浓度值与土壤温度、有机碳及 DOC 等含量有密切的关系，同时受土壤结构和植物类型的影响。土壤里的 $CH_4$ 在向上运输过程中会发生氧化反应，在水稻田排水一天后，$CH_4$ 的氧化层在土壤近地面 2mm 处，8 天后，氧化层扩大到 8mm 处，氧化层的出现导致土壤中 $CH_4$ 浓度比大气中 $CH_4$ 浓度高，因此土壤淹水是 $CH_4$ 产生的必要条件之一。由于产甲烷菌位于自然界碳循环厌氧食物链的末端，所以它的生存环境直接影响到 $CH_4$ 产生率，研究结果表明，土壤氧化还原电位低于 $-200 \sim -150\text{mV}$ 时，产甲烷菌才能将土壤有机质转化为 $CH_4$。

# 三、影响因素

目前，对不同条件下影响温室气体排放机制的深入研究备受关注。现在已经证实温度、植被类型、初级生产量、水位、大气中 $CO_2$ 浓度等是湿地生态系统温室气体排放产生的主要影响因子。

## （一）水　位

水位是控制泥炭地碳平衡在空间和时间分布上的一个重要因素。很多研究表明水位不仅影响淡水沼泽植被类型，它还改变 $CH_4$ 的通量速度。水位降低会扩大泥炭剖面的通风部分，提高微生物和植物根系对 $O_2$ 的利用率。水位降低 10cm，呼吸速率平均增大47%；水位降低 $14 \sim 22\text{cm}$，湿地生态系统呼吸速率相应地提高 $50\% \sim 100\%$。好氧状况与厌氧状况相比，泥炭地呼吸速率提高 $12 \sim 20$ 倍。造成这些速率不同的机制包括在好氧状况下随着酚氧化酶活性（这种酶专门分解泥炭土壤中的抗酚化合物）的提高，微生物分解增强，并且提高了 N 的矿化速率，其有助于有机化合物的快速分解。湿地水位和生态系统呼吸呈显著线性正相关，并且这种关系在干旱的生长季表现得更为强烈。$CH_4$ 的排放通量和微地貌特征、生态群落、地下水位深、大气温度及地温有很好的相关性。

对于北方泥炭地，水要比温度对 $CH_4$ 的排放影响大。水分条件及土壤温度是影响三江平原典型沼泽湿地 $CH_4$ 排放的主要因子。水分对于湿地的影响应该更重要一些，在湿地中，不同的水分环境生长了不同的植物类型，不同的植被类型 $CH_4$ 排放通量不同。

## （二）温　度

温度是影响湿地生态系统呼吸的另一个重要因素，并且在湿润的夏季，这个因子的作用更强。土壤温度通过影响土壤生物新陈代谢速率而影响土壤温室气体排放。$Q_{10}$ 值用来表示土壤呼吸对温度变化的敏感程度，即温度每升高 $10\text{℃}$，土壤呼吸增加的倍数。一般地，在 $10 \sim 30\text{℃}$ 范围内，$Q_{10}$ 值为 $2 \sim 2.5$，陆地生态系统土壤呼吸的 $Q_{10}$ 值变化在 $1.3 \sim 5.6$ 之间，总体上 $Q_{10}$ 与温度呈负相关，在温度上升相同幅度下，低温地区比在高温地区有着更大的 $Q_{10}$。虽然夏季的土壤呼吸绝对量相对于冬季大，但是冬季的 $Q_{10}$ 比夏季的 $Q_{10}$ 高，这是因为土壤呼吸量尽管由于温度的缘故在冬季会比夏季低很多，但土壤呼吸变化量则在冬季温度低时相对很大。一般在高纬度地区 $Q_{10}$ 比较大，在低纬度地区 $Q_{10}$ 比较小。土壤呼吸的 $Q_{10}$ 随着测定温度的土层深度增加而增加，而且土壤表层的 $Q_{10}$ 比下层土壤的 $Q_{10}$ 小，这主要是因为地温在一定的土壤层深度内随着土壤深度增加而减小造成的。温度每升高 $5\text{℃}$，泥炭沼泽、腐殖质沼泽和沼泽化草甸沉积物在 260 天培养期内有机碳矿化量分别增加 $3.1\%$、$3.3\%$ 和 $1.6\%$。泥炭沼泽和腐殖质沼泽轻组碳的矿化程度在较低温度（10℃ 和 15℃）下较低，但随着温度的升高（$20 \sim 30\text{℃}$）而逐步提高；而沼泽化草甸轻组碳的矿化与温度变化无明显关系。在 $5 \sim 35\text{℃}$ 温度范围内，有机碳的分解随温度的升高而升高。$CO_2$ 排放速率相对值的大小还因土壤本身有机碳含量多少而异，有机碳含量越高的土壤，温度越高，$CO_2$ 排放速率越高，排放总量也越大。

据报道，5~28℃时甲烷产生菌才可以产生甲烷。湿地生态系统呼吸与5cm地温呈线性正相关，在15~25℃之间$Q_{10}$平均为1.6~2.2。生态系统呼吸速率与温度之间的关系可以用经典的一级指数方程来表示。湿地生态系统呼吸在干旱的夏季显著高于湿润的夏季，呼吸速率和水位、温度之间的线性回归表明这两个环境因素在预测夜间$CO_2$通量上是非常重要的。

土壤碳输出对地表温度的变化极其敏感，小幅度的温度变化可能会对土壤有机质含量和土壤$CO_2$通量产生较大的影响。未来温度上升导致土壤中$CO_2$排放量潜在的增大将可能对大气$CO_2$和全球变化产生负反馈影响。在温度较低的情况下，升高温度促进了有机碳的分解，而在温度较高的情况下，升高温度对有机碳分解的促进作用降低。非淹水条件下，温度对有机碳分解的影响随着时间的延长而逐步减小，淹水条件下培养一周后，温度对有机碳分解的影响不随时间而变化。温度影响光合作用和呼吸作用的进行，也影响$CH_4$的再氧化，同时温度还影响植物的蒸腾作用，从而间接影响$CH_4$通过植物蒸腾作用进行的排放。辽河三角洲芦苇湿地$CH_4$排放量随氧化还原电位的下降而增加，随埋水深度的增加而减少，随温度的升高而升高。

温度升高提高了微生物或根系的代谢活性可造成土壤呼吸增强。对高纬度或高海拔苔原、低苔原、草地和森林的32个研究点的土壤呼吸、净N矿化作用和植物地上生产力对实验性生态系统变暖的响应的数据分析表明，2~9年的实验性温度增加（0.3~6.0℃）使土壤呼吸提高了20%［相应增加值为26mg C/（m²·h）］；初始的3年中土壤呼吸对变暖的响应比后来的年份的大。对美国阿拉斯加州湿草丛苔原和干石南苔原分别升温2℃，夏季二者的土壤呼吸分别增加了38%和26%。对苏格兰松升温实验表明，在生长季早期和后期，温度升高对土壤呼吸的影响明显，土壤呼吸在5~10月增加了27%~43%。对美国科罗拉多州的一个未放牧的山区草地进行升温实验发现，在生长季开始前10天升温使土壤呼吸增加了5g C/m²，在随后的56天土壤呼吸则减少了20g C/m²。这可能是温度升高导致土壤变干，限制了细根呼吸和微生物的活性造成的。随着升温幅度的增加，土壤呼吸速率增加的幅度逐渐降低，因为升温幅度较小时，叶片凋落物中较高的氮浓度能刺激土壤微生物的活性，提高土壤的呼吸速率。对美国Harvard地区进行为期10年（1991~2000）的增温实验表明，增温后前6年土壤$CO_2$释放量平均增加28%，而后4年增加量显著下降。升温10℃可提高土壤原有有机碳呼吸速率高达200%。对包括冻原、草地和森林生态系统在内的32个土壤增温（soil warming）实验的结果分析表明，0.3~6.0℃的土壤增温，使得土壤呼吸和植物生产力显著增加，其中土壤呼吸平均增加的幅度为20%，植物生产力平均增加的幅度为19%。虽然不同生态系统类型的反应幅度有差异，但土壤增温对土壤呼吸的刺激作用要大于对净初级生产力的促进作用，结果很可能导致土壤碳储量的减少。

几乎所有关于全球气温变化的模型都预测全球气温的升高会导致土壤中碳的损失。全球温度升高可能降低土壤的碳汇功能，甚至使土壤转变为净碳源。由于土壤中不同碳库的温度敏感性不同，研究观测到的土壤呼吸对温度升高的响应可能是瞬时响应，反映的仅是易分解土壤碳的响应，一旦土壤易分解碳分解完，土壤呼吸对温度升高的响应可能会降低。土壤呼吸和温度之间具有显著的相关关系，主要有线性关系、二次方程关系、指数关系和 Arrhenius 方程等，温度变化一般可以解释土壤呼吸日变化和季节性变化的大部分变异。关于地中海地区森林土壤的有机碳矿化对温度变化的响应研究表明，土壤有机碳矿化速率随着温度的增加呈指数增长，但未发现不同土层温度敏感性的差异，随着深度的增加 $Q_{10}$ 明显下降，表明表层土壤中的活性组分较深层的惰性组分更易受温度的影响。

### (三)植 物

植物呼吸是生态系统总呼吸的一个重要成分，有机土壤中植物呼吸占生态系统总呼吸的 $35\% \sim 90\%$。维管植物叶生物量和呼吸速率之间以及植物生产量和呼吸速率之间均存在显著正相关，这表明除了温度和水位外，植物过程也是影响湿地生态系统呼吸的一个重要因素。

8 月间三江平原 $CH_4$ 排放主要受积水深、地上植物干重、植被密度、不稳定有机碳水平、氧化还原电位、植被类型约束，植物根系分泌的光合作用产物为甲烷产生菌提供底物，同时光合作用产生的氧气通过根系运送到土壤中，从而促进甲烷的氧化。

## 四、CH$_4$ 排放测定方法研究

陆地生态系统 $CH_4$ 排放测定方法主要包括箱法、微气象法、超大箱长光程红外光谱法及同位素法，其中最常用的是箱法，箱法又分为静态箱法和动态箱法，又可细分为明箱法和暗箱法。①微气象法：使用微气象法基本对被测对象无影响，但不适用于测量 $CH_4$ 和 $N_2O$ 等痕量气体排放，而且灵敏度低、适用性差、仪器设备十分昂贵。②超大箱长光程红外光谱法：保留了箱法固有的优点，可进行不同处理的田间试验，田块与田块之间也没有任何干扰。③同位素法：由于需要很高的分析技术和昂贵的仪器设备，因此难以普遍应用。④箱法：静态箱法测定温室气体排放实验操作简单、灵敏度高，但对观测对象有不同程度的扰动；动态箱能基本保持被测表面的环境状况，使之接近于无箱覆盖的自然状态，然而它对于引入气流压力不足非常敏感。对于明箱，白天罩箱半小时内箱内气温最高可增加 $10\,^\circ\text{C}$，对比不同材料箱子的箱内温度差异，发现罩箱 20min 后，有机玻璃箱内气温升高很快，金属箱次之，绝热箱内温度基本不变；对于暗箱，它可停止光合作用。无论是明箱还是暗箱，均能使蒸腾速率下降，从而影响温室气体排放。密闭箱法自身的缺陷限制了其结果的准确性和代表性，但由于密闭箱法简单易行，它在陆地生态系统温室气体排放的小区对比观测中仍将发挥着不可替代的作用。湿地 $CH_4$ 排放特征研究还是刚刚起步，一般多是应用静态箱法进行观测，对于明、暗箱的选择，从箱内温度变化幅度方面考虑得多一些。

# 第二节　湿地温室气体排放关键因子识别

湿地碳存储对气候变化非常敏感。大气环流模式(GCMs)模拟认为，目前高纬度地

区的土壤温度正在增加，同时湿度在变小，这些都加速了土壤有机质的分解，增强了土壤向大气的温室气体 $CO_2$ 排放量。同时，由于气候变暖，植物生长季变长，使得碳的获取也增多，较高的空气温度和营养物质周转率的提高，在一定程度上抵消了最初的碳释放，因此，北方湿地代表了一种生物圈对全球气候变化的反馈。

# 一、甲　烷

沼泽湿地是地表重要的自然综合体，由于其独特的自然条件和生态条件（地表长期积水或处于常湿状况，生长着沼生植被，土壤泥炭化和潜育化），决定了它在物质迁移转化过程中明显区别于单一的水体系统和陆地系统。北半球的自然湿地被认为是全球大气 $CH_4$ 的一个重要源，估计占全球 $CH_4$ 排放的20%左右。湿地 $CH_4$ 通量是 $CH_4$ 产生、$CH_4$ 氧化、$CH_4$ 从地下传输到大气中的结果。$CH_4$ 是由 $CH_4$ 产生菌在厌氧条件下产生的，也可以在有氧条件下由 $CH_4$ 产生菌氧化。甲烷由于产因不同可分为细菌甲烷和非细菌甲烷，细菌甲烷指有机物在还原条件下被微生物和细菌分解而成的甲烷；非细菌甲烷主要与地球内部如火山活动的释放、煤与石油生成过程中半生的甲烷，天然气以及生物质燃烧释放的甲烷等。

目前，对不同条件下影响 $CH_4$ 排放机制的深入研究备受关注。$CH_4$ 的排放是 $CH_4$ 产生、氧化和传输之间平衡的综合结果。影响 $CH_4$ 产生、氧化和传输的因素均可影响 $CH_4$ 的排放。现在已经证实温度、植被类型、初级生产量、水位、大气中 $CO_2$ 浓度等是湿地生态系统 $CH_4$ 排放产生的主要影响因子。很多研究表明水位不仅影响淡水沼泽植被类型，它还改变 $CH_4$ 的通量速度。

$CH_4$ 排放的主要影响因子有以下几个方面：①大气温度：温度影响光合作用和呼吸作用的进行，也影响 $CH_4$ 的再氧化，同时温度还影响植物的蒸腾作用，从而间接影响 $CH_4$ 通过植物蒸腾作用进行的排放。②水分：水分对于湿地的影响应该是更重要一些，在湿地中，不同的水分环境生长了不同的植物类型，不同的植被类型 $CH_4$ 排放通量不同。③$O_2$ 及 $CO_2$ 浓度：在光照条件下，$O_2$ 与 $CO_2$ 浓度比例的不同导致绿色植物光呼吸和光合作用比例的不同，光合作用强，可以产生更多的底物供给 $CH_4$ 产生菌产生 $CH_4$，$O_2$ 浓度会影响 $CH_4$ 的再氧化。④土壤温度：它通过影响土壤生物新陈代谢速率而影响土壤温室气体排放，$5 \sim 28℃$ 时甲烷产生菌才可以产生甲烷。⑤其他因素：施肥、植物密度、降水、地上活体现存量、土壤有机质现存量、土壤微生物、pH 值、氧化还原电位、矿质元素等都会对 $CH_4$ 的排放产生影响。

## （一）土壤含水量

土壤含水量是影响 $CH_4$ 排放的一个决定性因素，因为 $CH_4$ 产生所需要的厌氧条件在很大程度上取决于土壤水分状况。研究表明只有土壤充分饱和，才有利于 $CH_4$ 的产生。泥炭湿地中 $CH_4$ 排放速率受水位的强烈影响，水深与 $CH_4$ 排放速率之间呈线性正相关。在年均温 10℃ 下湿地中，高地 $CH_4$ 排放速率比水坑和草甸要低一个数量级，在芬兰的北方泥炭湿地也发现了这种现象。水位的变化导致了 $CH_4$ 排放通量的年际变化，湿润夏季 $CH_4$ 排放通量高于干旱的夏季。但在不同的研究地点湿地水深和 $CH_4$ 排放的关系也不同，从森林沼泽和泥炭藓沼泽采取土样进行室内培养，发现 $CH_4$ 排放与水深呈负对数相关，在芦苇湿地也发现随着水层厚度的增加 $CH_4$ 排放减少；而在加拿大北方森林湿地，不论是单个样点还是所有样点结合起来，均未发现 $CH_4$ 排放通量和水深之间的相关性。

### （二）氧化还原电位

氧化还原电位决定着产 $CH_4$ 菌的活性。不同研究者因为研究地点以及研究方法不同而报道的 $CH_4$ 产生所需 Eh 的临界值也不同，Eh 大约在 $0 \sim 70mV$ 时，$CH_4$ 就开始产生，也有研究表明是在 $-300mV$。当土壤 Eh 低于 $-150mV$ 时，Eh 和 $CH_4$ 产生率呈指数关系。Eh 不仅影响 $CH_4$ 产生，还影响通过植物进行的气体传输，在较低的 Eh 下，植物的通气组织发达而根的范围缩小，Eh 从 $-200mV$ 下降到 $-300mV$，$CH_4$ 产生速率上升了 10 倍，排放增加了 17 倍。

### （三）pH 值

土壤 pH 值是微生物代谢过程中的重要影响因素。产 $CH_4$ 菌通常在中性或微碱性环境中活性最强，并对 pH 的变化非常敏感。大多数产 $CH_4$ 菌生活在一个比较狭窄的 pH 范围内，大约为 $6 \sim 8$，海岸湿地最适 $CH_4$ 排放的 pH 值为 7.7，但是产 $CH_4$ 菌也可以适应酸性环境，温带和亚北极地区泥炭土中产 $CH_4$ 菌的最适 pH 值为 $5.5 \sim 7.0$。pH 值升高对 $CH_4$ 产生率的影响不一，因土壤性质而异。施加尿素后土壤 pH 升高，$CH_4$ 排放量减少，大部分酸性土壤中施加尿素会促进 $CH_4$ 的产生，但在非酸性以及碱性土壤中则会限制 $CH_4$ 的产生。积水湿地土壤 pH 升高能够促进 $CH_4$ 的产生。

### （四）有机质

$CH_4$ 是土壤有机质厌氧分解的最终产物，因此有机碳的供应直接影响了湿地土壤中 $CH_4$ 的产生。在台湾，所有的环境因子中土壤有机碳含量与湿地 $CH_4$ 排放的相关性最强。在德国西南部冷湿沼泽，在 $1m^2$ 的微区域内，土壤中 $CH_4$ 的产生速率主要取决于新鲜有机质的含量，在 Eh 低于 $-150mV$ 的情况下，土壤中 $CH_4$ 产生速率与易矿化碳或水溶性碳呈线性相关。沉积物中有机碳含量越高，$CH_4$ 排放量也越大。然而也有例外，他发现有些地点的有机碳含量虽然很高，但却没有更多的 $CH_4$ 排放。这一情况清楚地表明不仅仅是有机碳的含量，有机质的成分也决定了 $CH_4$ 的产生速率。在湿泥炭土中，显著的 $CH_4$ 产生只出现在有大颗粒组分的有机质中，大于 2mm 的组分占总 $CH_4$ 产生能力的 90%。$CH_4$ 产生能力随深度而大大降低，$0 \sim 5cm$ 土层产生的 $CH_4$ 占总的 70%，表明新鲜的植物残体是 $CH_4$ 产生的一个重要的底物来源。

### （五）土壤质地

在淹水土壤中，土壤质地参与了以下 4 个过程：①构建 $CH_4$ 产生所必需的厌氧环境；②防止有机质分解；③缺氧土壤中 $CH_4$ 的传输；④影响有氧土层的深度。不同质地沼泽土壤中 $CH_4$ 产生速率的顺序为：砂土＜砾土＜黏质粉土＜黏土，自然微生物菌群与土壤颗粒（黏土、粉土、有机质）的吸附能力结合在一起扩大了泥浆中的微区域缺氧环境，即使在有氧存在的情形下也能够产生 $CH_4$。土壤中的电子受体与电子供体的构成可以通过影响土壤的 Eh 进而影响甲烷排放。硝酸盐还原菌、硫酸盐还原菌以及三价铁离子还原

菌组成了一个与产 $CH_4$ 菌竞争乙酸和电子受体的系列。由于硫酸盐还原菌可与产 $CH_4$ 菌争夺 $H_2$，因此含有硫酸盐的土壤中 $CH_4$ 的排放通常较低。但也有试验证明在淡水湿地土壤中加入硫酸盐并没有降低 $CH_4$ 的排放，而硝酸盐的加入却显著抑制了 $CH_4$ 的产生，表明硫酸盐还原菌并没有和产 $CH_4$ 菌争夺底物，反硝化或其他硝酸盐还原菌和产 $CH_4$ 菌之间存在竞争行为。土壤中 $Fe^{3+}$ 通过维持微生物活性而延缓了产 $CH_4$ 菌对底物的利用，因此降低了土壤中 $CH_4$ 的产生率。

### （六）气候因素

在气候因素中，温度尤其是土壤温度在 $CH_4$ 的产生和排放中起着非常重要的作用，一方面土壤温度直接影响土壤微生物的活动，包括 $CH_4$ 产生和氧化过程中所涉及的一系列微生物菌群的数量、结构和活性；另一方面其对土壤中 $CH_4$ 的输送也有明显的影响。

土壤温度对产 $CH_4$ 菌有直接影响，湿地土壤中 $CH_4$ 的产生速率随温度升高而增加。在北方泥炭湿地，$CH_4$ 排放通量与泥炭表层温度呈正相关，并在所有检验的影响因素中相关性最显著。室内培养试验也表明地表积水湿地 $CH_4$ 产生速率随土壤温度的升高而增加，二者呈显著正相关。泥炭土中 $CH_4$ 的产生速率依赖于温度，$CH_4$ 产生的最适温度是 $25\ ^{\circ}\!C$，温带和亚北极泥炭湿地中 $CH_4$ 的产生和消耗最适温度约为 $20\sim30\ ^{\circ}\!C$。

在温带、寒带以及亚热带均观测到温度是控制 $CH_4$ 排放季节变化的主要因子。对加拿大泥炭地及木本沼泽中的土壤进行室内培养，当培养温度从 $10\ ^{\circ}\!C$ 升高到 $23\ ^{\circ}\!C$，$CH_4$ 排放增加了 6.6 倍，土壤温度也是导致北方湿地 $CH_4$ 排放通量年际变化的主要因子。温度也影响通过植物体的 $CH_4$ 传输，研究表明 5cm 的土壤温度与植物对 $CH_4$ 的传输速率呈正相关。

$CH_4$ 排放通量和温度之间的关系在不同地区，甚至同一地区的不同样点上表现形式也不一致。在高纬度湿地（$>60\degree N$）$CH_4$ 通量和温度之间的关系有如下报道：①只有在较湿的地点，$CH_4$ 通量和温度之间才具有相关性，而在较干的地点则没有相关性；②在较湿和较干的地点 $CH_4$ 通量的季节变化和地温均有显著的对数关系；③在湿苔原 $CH_4$ 通量的季节变化和温度相关，而在干苔原通量只与水位相关；④在加拿大萨斯喀彻温省北方森林湿地中有些地点 $CH_4$ 通量和温度呈对数关系，有的呈指数关系，还有的呈线性关系；而在北方湿地 $CH_4$ 通量和温度有正相关和负相关两种形式，这种现象说明了 $CH_4$ 排放通量对温度响应的复杂性。

### （七）植物在 $CH_4$ 产生中的作用

植物生物量的高低与其所处的土壤根际微环境密切相关，两者具有双向互动关系，土壤的理化性质和微生物活动可以影响根系的生长，而根系也可以通过呼吸作用、分泌作用及自身的穿插作用影响根际环境。$CH_4$ 产生的两个先决条件是严格的厌氧环境和充足的底物供给。

根系分泌物对 $CH_4$ 的产生起着重要作用。根系分泌物的数量虽因植物种类或品种不同而存在差异，但总体而言与植物的根生物量和地上部分生物量呈正相关。随着根系年龄的增长，根系释放分泌物的能力降低。根系分泌物和脱落物对进入大气的 $CH_4$ 的贡献率，不同研究者所得结果不尽一致，在 4%～52% 之间变化。产生这种差异的原因一方面与植物分泌能力有关，另一方面与植物生长的土壤有关。根系分泌物不仅为产 $CH_4$ 菌提供底物，而且也具有刺激土壤有机碳分解的功能。

$CH_4$ 氧化是 $CH_4$ 氧化菌在严格好气条件下进行的一种生物过程，$O_2$ 和 $CH_4$ 是不可或缺的底物。大气中的 $O_2$ 和光合作用释放的 $O_2$ 从气孔经叶脉间柔软细胞组织中的细胞间隙向叶鞘扩散下行，与从叶鞘上由气孔进入的空气中的 $O_2$ 及在叶鞘中由光合作用释放的 $O_2$ 合流，通过叶鞘中的空洞下行，在节部通气组织中进行扩散，而后向根部输送，通过根的细胞间隙到达根尖。当 $CH_4$ 和 $O_2$ 处于饱和状态时，$CH_4$ 氧化菌的活性发挥到最佳状态，根系分泌的 $O_2$ 超过85%被 $CH_4$ 氧化菌消耗。土壤类型和植物种类影响着 $CH_4$ 氧化菌功能的发挥。一旦 $CH_4$ 或 $O_2$ 中的一方供应受阻，就会影响 $CH_4$ 的氧化。

土壤中的 $CH_4$ 可以通过3个途径向大气排放：植物通气组织、气泡和液相扩散。在有通气组织的植物存在下，$CH_4$ 通过植物的排放速率是通过水相扩散的104倍。对叶双面都有气孔的沼生植物苔草研究发现，沼泽 $CH_4$ 排放的昼夜变化与气孔传输有关，气孔传输主要发生在叶成熟期即植物生长旺盛期，而皮层传输主要发生在幼期、衰老期和叶片生长初期及后期。一旦气孔关闭，叶传导率由 $0.51 \pm 0.16cm/s$ 降到 $0.06 \pm 0.08cm/s$，遮阴也起到同样的作用，由 $0.54 \pm 0.30cm/s$ 降到 $0.06 \pm 0.04cm/s$。$CH_4$ 的转运与光合作用有关，$CH_4$ 的释放从早期（即茎伸展前）的50%由叶片排放变成后期极少部分由叶片排放，并且植物下位茎的排放明显多于上部。在传输 $CH_4$ 中起作用的主要是大的通气组织，并且在植物生长的不同阶段，通气组织的数量是在变化的，这也可以解释 $CH_4$ 排放的季节性变化规律。

植物对 $CH_4$ 排放的影响是根系分泌物的释放量、泌 $O_2$ 引起的 $CH_4$ 氧化能力和传输 $CH_4$ 能力三者综合作用的结果，当植物根系分泌物量和传输 $CH_4$ 的能力大于泌 $O_2$ 引起的 $CH_4$ 氧化能力时，表现出促进 $CH_4$ 排放，否则相反。植物能显著提高 $CH_4$ 的排放量，$CH_4$ 排放量与根系生物量呈正相关植物 $CH_4$ 排放昼夜变化归因于夜晚气孔的关闭以及根系泌 $O_2$ 能力的降低。$CH_4$ 的排放量取决于根际 $CH_4$ 和大气 $CH_4$ 间浓度的梯度。土壤水溶液中 $CH_4$ 浓度越高，$CH_4$ 排放就越多，在成熟期达到排放高峰，然后呈指数级上升，其后增速减缓。

# 二、二氧化碳

影响生态系统二氧化碳（$CO_2$）交换的主导因子随着自然环境条件、时间尺度范围的变化而有明显差异，而实际情况往往是太阳辐射强度、温度和饱和水汽压差等因子相互协同共同作用，原因是净碳通量取决于植物光合作用、呼吸作用和土壤微生物分解之间的平衡，这些过程受温度、光照强度、降水、土壤质地、植被类型以及人类对地表的改造状况（如森林砍伐、草地、湿地改造为农田等）等因素的综合影响。湿地植被的生理生态及其物理化学环境条件与其他陆生植被的差异非常明显，其净碳吸收与环境因子之间关系及其机理性研究目前较少，非常有待于进一步系统研究。

生态系统 $CO_2$ 净交换（NEE）是指生态系统与大气圈之间净的 $CO_2$ 交换，取决于总生态系统交换量和生态系统呼吸之间的相对平衡，在植被环境条件的影响下，生态系统

NEE 表现出明显的日、季节和年际变化特征。目前，国际上对湿地生态系统碳循环过程及各种环境要素对碳收支的控制机理方面进行了大量的研究，一般认为，光合有效辐射（PAR）、温度（T）和水汽压差（VPD）等是影响湿地生态系统 NEE 的主要环境因素。

## （一）温　度

温度是影响生态系统 $CO_2$ 净交换一个重要环境因子，主要通过影响生态系统呼吸强度起作用。具体表现为温度对根系与微生物活性的直接影响，对光合作用与根系碳素分布的间接影响。对加拿大北部泥炭地的研究证实湿地生态系统呼吸对土壤表层温度变化响应明显，符合指数关系规律。而在热带泥炭湿地的研究表明土壤呼吸与空气温度的相关性比与土壤温度的相关性大得多。这可能是由于热带土壤微生物和植物对常年高温环境适应所致。

环境温度对 NEE 的控制作用主要表现在夜间。尽管白天温度对呼吸作用影响也非常显著，但生态系统净碳吸收速率主要取决于植物的光合速率。而夜间由于 GPP（净光合速率）为零，这时生态系统 $CO_2$ 净交换就等于生态系统呼吸。生态系统呼吸速率对温度的响应特征通常用温度系数 $Q_{10}$ 来表示：

$$Q_{10} = 呼吸速率（t + 10℃）/呼吸速率（t℃）$$

$Q_{10}$ 值越大说明温度对呼吸速率影响越大，反之亦然。$Q_{10}$ 值的大小与植物发育阶段密切相关。植物生长旺盛时，$Q_{10}$ 往往比较高，而植物发育缓慢时则达到最低。这是自养和异养呼吸受生物生理活动规律支配对温度不同敏感程度的综合体现。在研究呼吸作用对温度的响应程度时，从北极到温带地区，对于不同类型植被 $Q_{10}$ 变化都很小，一般在 2 左右。但寒冷区域生态系统呼吸对温度的响应比较显著，北极地区 $Q_{10}$ 值往往大于 2，一些冻原生态系统值甚至则达到 3.7。高温状态下 $Q_{10}$ 会出现高值，但是不会持续很久，因为高温对生物酶产生的钝化作用会降低生物呼吸对温度的响应程度。在温度不是很高的环境中，土壤呼吸对温度的敏感程度也会由于其对环境的适宜性而降低。

## （二）光合有效辐射

光合有效辐射（photosynthetic active radiation，缩写为 PAR）是指在绿色植物光合作用过程中能够被叶绿素吸收、参与光化学反应的太阳光谱成分，波长范围在 380 ~ 710nm。光合有效辐射对估算植物 GPP 有重要意义，因此自 20 世纪 80 年代开始，以植物光合作用为基础的 NEE 模型迅速发展起来，总初级生产力（GPP）被认为是叶面积指数（LAI）、光合有效辐射（PAR）、气温和空气湿度的函数。大量研究表明 $CO_2$ 净交换随着 PAR 的增加而增加，其变化趋势符合直角双曲线方程。在沼泽湿地生态统中的研究也得出了相同结论，即生态系统 $CO_2$ 净交换与光合有效辐射正相关，符合直角双曲线方程。因此在不能够进行长期观测的区域，可利用这种关系来估算净碳通量。但需要注意的是利用这种关系来内插碳交换率并进行时间上的外推存在一定误差。针对这个问题，生态学家们进行了深入细致的研究，结果表明 PAR 的空间变化对 $CO_2$ 交换影响很大，内插外推产生的误差大小取决于双曲线形状和 PAR 的空间分布模式。由于太阳总辐射（光照强度）和光合有效辐射高度正相关，因此有学者研究也表明在太阳辐射强度不是非常强烈时，净碳吸收速率也会随着光照强度的增强而增加。尽管白天 NEE 大小主要受 PAR 变化控制，但其他因子也会影响 NEE 对 PAR 的响应程度。首先只有在合适的温度范围内辐射强度对净 $CO_2$ 交换的影响才较明显；其次与叶面积指数有关，叶面积指数越大，净 $CO_2$ 交换量对辐射强度的响应也越明显。

### （三）饱和水汽压差

水分胁迫通过影响植物叶片气孔行为而影响 NEE，是最重要的潜在因素之一。饱和水汽压差（vapor pressure deficit，缩写为 VPD）对 NEE 的影响属于间接作用，它在 NEE 的诸多影响因子中其限制作用表现得不甚明显。VPD 较小时对 NEE 几乎没有影响，只有超出某一阈值后随着 VPD 继续增加 NEE 才会增加。阈值高低则反映了植物对干旱状况耐受能力的大小。生态系统类型不同，下垫面植被也不同，对干旱的耐受能力也必然不同，即使为同一类型的生态系统，地理位置不同导致的环境差异也会使该阈值明显不同。例如日本北海道落叶松生态系统的 VPD 阈值（1kPa）远低于东西伯利亚落叶松生态系统的 VPD 阈值（2.5kPa）。但是当 VPD 很高时，反而会由于叶片气孔闭合限制光合作用，对净碳吸收产生负面影响。对黄松木森林的研究发现 VPD 为 0.5～1.0kPa 时的总碳交换量大约是 VPD 为 2kPa 时的两倍。在荷兰北部泥炭沼泽湿地中当 VPD 在 0～1kPa 时的 $CO_2$ 吸收量比在 1.5～3kPa 吸收量多 50%。饱和水汽压差 VPD 增加是由温度升高所引起，实质上这是导致 $CO_2$ 吸收量下降的主要原因：温度很高时，植物为防止水分蒸腾过分，叶片气孔会部分关闭，但同时也限制了 $CO_2$ 通过气孔进入植物体，导致光合作用减弱，而温度的升高同时会使得生态系统呼吸作用加强。这导致生态系统的净碳吸收量减少。

在研究饱和水汽压差对净碳交换的影响时，如何排除光照因素的影响是必须要考虑的问题，目前通常采取的方法是分析光照强度较高条件下在落叶松森林中使用的标准是测得的 NEE，研究饱和水汽压差与每天 NEE 残差的关系。如果随着 VPD 的增加，NEE 残差也在增加，说明在排除光照因素影响后 VPD 对净碳吸收产生了影响。VPD 主要受空气温度控制，温度太高一方面会使气孔部分闭合，影响叶片对 $CO_2$ 的吸收，另一方面会导致生态系统呼吸加速。那么气孔闭合和呼吸加速各自对 NEE 变化的影响是需要进一步深入考虑的问题。VPD 增大时 NEE 的变化主要是受总碳吸收量（与气孔闭合程度密切相关）所控制。温带混交林中的研究也表明在生长季内净 $CO_2$ 交换量很大程度上受限于 VPD 较高条件下水分对光合作用的影响，而不是温度对生态系统呼吸或总初级生产力的直接影响。但是也有研究发现空气温度或 VPD 对 $CO_2$ 同化速率没有影响。产生这种差异的原因可能与生态系统的植被类型和自然环境条件有关。

净碳通量与水汽通量的时空变化规律是环境因子与生物因子共同作用的结果，它们作为同一生态过程的两个方面必然会通过一些环境因子而发生联系。从上面对湿地净碳通量与水汽通量影响因素的分析中可以看出，太阳辐射与饱和水汽压差是它们共同的主要影响因子。从能量平衡角度看，太阳辐射强度决定了湿地地表净辐射、土壤温度、空气温度以及光合有效辐射的大小，它们之间高度正相关，因此能够强烈影响净碳通量和水汽通量的这些因子都可以直接或间接地归结为太阳辐射强度。饱和水汽压差增加能够促进生态系统水分逸散，但是当增加到一定程度时不仅会对水汽通量产生抑制作用，而且也会导致光合速率减弱，使得生态系统 $CO_2$ 净吸收量减小。这些现象反映出湿地生态系统 $CO_2$ 净交换量与水汽通量之间存在着密切联系，主要表现在如下两个方面：

从宏观上看，湿地生态系统的特点决定了净 $CO_2$ 交换与水汽通量之间必然是相互影响、相互制约的。湿地环境是由湿地水分、湿地生物地球化学和生物对环境的适应和改造而形成，各种因子之间相互依赖、相互协同表现出湿地的整体功能。在湿地水文、湿地植被和湿地土壤 3 项识别湿地的指标中，湿地水文是具有决定性的因素，它能促成其他两个湿地特征。因此从根本上水分条件控制着湿地物质循环和能量平衡。湿地水分条件是连接湿地物理环境和物理过程、化学环境和化学过程的重要环节，影响着湿地生物地球化学循环和能量的获得与分配，影响到土壤盐分、土壤微生物活性、营养有效性等，进而调节湿地中的动植物物种组成、丰富度、初级生产量和有机质积累，控制和维持湿地生态系统的结构和功能。从较长的时间尺度上看，局部水分平衡在决定湿地地表固碳能力方面起着重要作用：局域水分平衡亏损的不断累积能够潜在地改变碳素交换的特征及其数量大小，而这种碳素交换特征也会反馈于水分蒸散过程。因此水汽通量本质上与净碳通量密切相关。

从微观上分析，植物叶片光合作用和蒸腾作用共同受植被气孔行为所控制，净碳通量和水汽通量以气孔行为为纽带建立联系。一般情况下植物蒸腾是生态系统（森林、农田和草地）水汽蒸散的主体，在湿地生态系统中表现更为明显。湿生或沼生植物生长茂密，覆盖率较高，植被的蒸腾量在总的蒸散发量中起着举足轻重的作用，即使在有积水的区域，植物蒸腾量远超过了因植物群体遮蔽效应可能造成的棵间蒸发减少。叶片光合速率是决定净碳吸收的关键因素，因此 $CO_2$ 净交换与水汽通量间的相互联系取决于叶片尺度上光合作用与蒸腾作用之间的相互作用、相互协调。当环境条件发生变化时，植物能够通过调节气孔导度从而对蒸腾作用逸散的水分与光合作用吸收的碳素起到最优的调控作用。在生态系统与大气圈物质交换过程中，大气中 $CO_2$ 通过气孔进入植物体进行光合作用，同时植物体内的水分通过气孔蒸发逸散于大气之中。$CO_2$ 水汽通量取决于边界层导度、气孔导度、叶肉导度以及气孔下腔与大气中的 $CO_2$ 和水汽的浓度差。在这些过程中，光合作用、气孔导度和细胞间隙 $CO_2$ 浓度之间有复杂的相互作用。虽然气孔导度通过影响 $CO_2$ 向叶绿体的输送而影响光合作用，但是光合作用也通过合成 ATP，推动保卫细胞中离子的运转来影响气孔导度。同时气孔导度影响蒸腾作用以及热量平衡。气孔导度越大，靠近气孔下腔的叶肉细胞的水分越容易扩散到大气中去，同时也降低叶片温度。当蒸腾速率太小或太大时，植物为了维持稳定的水汽通量，气孔会张缩从而影响气孔导度。显然气孔行为所控制的碳素光合固定和水分蒸腾这两个生理生态过程是生态系统中净碳通量和水汽通量相互关联的内在机理。

### （四）植 物

研究表明，植物呼吸是生态系统总呼吸的一个重要成分，植物呼吸占生态系统总呼吸的 35% ~90%。与植物相关的碳库以及土壤有机碳库对生态系统呼吸均有重要贡献，但来源于植物当年固定的碳的呼吸对温度的敏感性高于来源于土壤储存的有机碳库的呼吸。维管植物叶生物量和呼吸速率之间以及植物生产量和呼吸速率之间均存在显著正相关，这表明除了温度和水位外，植物过程也是影响湿地生态系统呼吸一个重要因素。

### (五)光合有效辐射

光合有效辐射对估算 NEE 和 GEE 有着重要的意义。自 20 世纪 80 年代开始，以植物光合作用为基础的 NEE 模型迅速发展起来。大量研究表明，$CO_2$ 净交换随着 PAR 的增加而增加，其变化趋势符合直角双曲线方程。温度是影响生态系统 $CO_2$ 净交换的另一个重要环境因子，主要通过影响生态系统呼吸强度而起作用，具体表现为温度对根系与微生物活性的直接影响，对光合作用与根系碳素分布的间接影响。水分胁迫通过影响植物叶片气孔的行为而影响 NEE，是影响 NEE 的最重要的潜在因素之一。水汽压差较小时，生态系统 NEE 随 VPD 的增大而增大，当达到某一阈值后，随着 VPD 的增加，NEE 反而减小。在荷兰北部泥炭沼泽湿地中，VPD 在 0～10hPa 时吸收的 $CO_2$ 比在 15～30hPa 时吸收的多 50%。

### (六)湿地水位变化

湿地水位的变化对 NEE 也有一定的影响。美国纽埃西斯河三角洲的草本沼泽在被河水淹没、表面有积水时，表现为碳汇，净碳吸收速率为 $7.3g\ CO_2/(m^2 \cdot 天)$；而当河流水位下降、沼泽积水落干时，生态系统转变为碳源，净碳释放速率为 $8.7g\ CO_2/(m^2 \cdot 天)$。科罗拉多州亚高山带泥炭地中，泥炭地水位最高时(土面以上 6～10cm)，$CO_2$ 排放量最低；水位稍降(土面以上 1～5cm)，$CO_2$ 排放量明显上升；水位最低时(土面以下 0～5cm)，$CO_2$ 排放量达到观测期内的最高值，但进一步降低水位对 $CO_2$ 排放量并无明显影响，表明在泥炭地土壤表层存在着一个易被氧化的碳库。对于理解和预测泥炭地碳循环的模式，定量化地研究水位的影响是至关重要的，因为即使是诸如排水、挖渠、抽取地下水及气候变化等引起的湿地水文形势的微小改变，都会显著地影响碳循环的过程。

气候变化(例如干旱)对湿地生态系统碳循环的影响也较为显著。对加拿大安大略湖的泥炭地以及对北方地区高位藓类沼泽的研究均表明，干旱年份湿地净碳吸收量明显减少，这种变化主要是由生态系统呼吸速率增加所致。对亚北极区低位沼泽的碳通量观测试验甚至表明，在干旱年份，由于植物生长季内的光合速率降低，沼泽湿地从碳汇转变为碳源。较低的水位和较干的土壤环境有利于湿地有机质分解，呼吸速率相应增加。在强光条件下高营养程度的有机质较低营养程度的有机质更容易分解，其消耗速率也更快。

## 三、氧化亚氮

土壤硝化和反硝化过程是氧化亚氮($N_2O$)产生的两个主要过程。硝化过程是指 $NH_3$ 或 $NH_4^+$ 通过亚硝化细菌及硝化细菌的作用被氧化过程。微生物的硝化作用包括自养硝化与异养硝化作用，二者的本质区别是自养硝化作用微生物以 $NH_4^+$ 氧化所释放的化学能为能源，而异养硝化作用微生物是以有机碳为能源。自养硝化作用首先由亚硝化细菌将 $NH_4^+$ 氧化为 $NO_2^-$，中间过渡产物为羟胺 $NH_2OH$，然后由硝化细菌将 $NO_2^-$ 氧化成 $NO_3^-$。异养硝化作用是在好氧环境中，异养微生物以有机碳为能源，将 $NH_4^+$、$NH_3$ 或含氮有机

化合物氧化成 $NO_3^-$ 或 $NO_2^-$，也能形成 $N_2O$、$NO$ 等微量含氮气体。反硝化作用是指 $NO_3^-$ 和 $NO_2^-$ 被还原生成 $NH_3$、$N_2O$ 以及 $N_2$ 的过程，包括生物反硝化和化学反硝化两种过程。生物反硝化作用是指在缺乏氧气的嫌气条件下，由反硝化细菌将 $NO_3^-$ 和 $NO_2^-$ 异化还原为 $NH_3$ 的微生物过程。化学反硝化作用是 $NO_2^-$ 被化学还原剂还原为 $N_2$ 或氮氧化物的过程。

**（一）气候要素**

气候要素（温度和降水等）直接影响土壤环境，而土壤环境驱动着 $N_2O$ 的产生和排放。温度是影响 $N_2O$ 产生的重要生物学过程参数，据报道，$15 \sim 35℃$ 是硝化作用微生物活动的适宜温度范围，$<5℃$ 或 $>40℃$ 都抑制硝化作用发生，反硝化微生物所要求的适宜温度为 $5 \sim 75℃$。在 $-2 \sim 25℃$ 范围内反硝化量的平方根与温度呈直线关系。降水改变土壤水分状态，雨水中溶解氧还可提高土壤氧化还原电位，改变 $O_2$ 的供应状况，从而影响 $N_2O$ 的产生。实验室研究和大田观测结果表明，在气候干燥而土壤含水量较低的情况下，$N_2O$ 的产生主要来自于硝化过程；降雨后土壤含水量较高时，$N_2O$ 主要通过反硝化过程产生；而在土壤中等含水量情况下，土壤微生物的硝化和反硝化作用产生的 $N_2O$ 大约各占一半。

**（二）土壤质地**

土壤质地是土壤通透性、土壤空气组分、水分有效性和微生物活性的一个重要控制因素，因而影响硝化和反硝化作用的相对强弱。土壤质地还影响有机碳的分解速率，进而影响 $N_2O$ 微生物的基质供应。对华北平原 5 种典型土壤的培养试验结果表明，砂姜黑土的硝化作用较弱，但反硝化活性较强，潮土、褐土、盐渍土和风沙土的硝化活性较强，而反硝化活性相对较弱。表土砂粒和黏粒含量常分别用作指示土壤适于好气生物和嫌气微生物的参数，土壤质地可作为适合硝化和反硝化作用的指示参数。

土壤通气状况由水分含量、$O_2$ 在土壤中扩散的难易程度以及微生物和根系对 $O_2$ 消耗的多寡所决定。对反硝化过程而言，其速率与 $O_2$ 含量呈负相关。明显的反硝化作用发生在氧化还原电位为 $300 \sim 650mV$ 之间，Eh 在 $0mV$ 以下则不对 $N_2O/N_2$ 比产生影响。但绝对厌氧条件下能否硝化完全尚存争议。在温度、湿度相同的条件下，通气状况强烈影响土壤反硝化作用的进行，嫌气条件下反硝化作用强于好气状况。土壤水分状况主要决定于降水量、土表蒸发和植物蒸腾等。当土壤水分含量为 WFPS 的 $45\% \sim 75\%$ 时，硝化和反硝化细菌都可能成为 $N_2O$ 的主要制造者；当 WFPS 大于阈值 $60\%$ 时，反硝化作用与土壤含水量呈明显的线性关系。不同的研究者对于 $N_2O$ 排放最适宜的 WFPS 不尽一致。

**（三）pH 值**

土壤 pH 对 $N_2O$ 排放的影响十分复杂，不同研究者在不同土壤上对此进行研究的结果不尽一致。一般认为，反硝化细菌最适宜的 pH 值与异养细菌相似，为 $6 \sim 8$，活动范围为 $3.5 \sim 11.2$。而对于硝化作用来说，在 $3.4 \sim 8.6$ 范围内与土壤的 pH 值呈正相关。当土壤 pH 降低时，反硝化作用产生的 $N_2O$ 比例增大。当土壤 pH 为中性时，$N_2$ 是反硝化作用的主要产物，当 pH 降低时则有利于 $N_2O$ 的释放。因此 $N_2O$ 常表现为酸性土中反硝化的主要产物，$N_2O/N_2$ 比例随 pH 下降而上升。

目前关于湿地 $N_2O$ 排放的信息还非常少。自然湿地 $N_2O$ 排放量非常低，表现为汇或者一个非常弱小的源。每年的排放量约为 13.3 万 t，只占全球 $N_2O$ 排放总量的 0.8% ~ 1.4%，$N_2O$ 的产生尤其需要波动的土壤含水量，丰富的有机 C 和无机 N 含量。然而湿地通常为长期积水环境，在饱和状态下（WFPS > 80%）$N_2O$ 被消耗并且 $N_2$ 成为反硝化作用的最终产物。

### （四）湿地植物对 $N_2O$ 排放的影响

植物与土壤相互作用极大地影响了土壤—植物系统中 $N_2O$ 的释放。$N_2O$ 主要产生于土壤中微生物的硝化反硝化过程。通常认为植物是通过影响土壤微生物过程而影响到 $N_2O$ 排放的。土壤有机质、有效碳及硝酸盐、铵盐等对微生物进行硝化和反硝化作用都是必不可少的。$NH_4^+$ 的有效性是限制硝化作用总速率的最主要的因素。当土壤中 $NH_4^+$ 的有效性受到植物吸收和微生物矿化竞争的限制时，土壤的净硝化速率和 $N_2O$ 排放量都较低。根系的吸收使得土壤中 $N_2O$ 含量减少，并导致 $N_2O$ 还原速率升高，$N_2O$ 的排放通量减少。土壤有机质含量的增加可促进反硝化过程的进行。有机碳有效性的增加可能减少 $N_2O/N_2$ 的比值。植物可以产生并排放 $N_2O$，植物排放 $N_2O$ 是普遍存在的自然现象。植物释放 $N_2O$ 存在的 3 个可能机制：①叶片中 $NO_3^-$ 的光同化作用产生 $N_2O$；②根的 $NO_3^-$ 同化作用产生 $N_2O$；③地上植株传输土壤中硝化作用和反硝化作用产生的 $N_2O$。植物产生的 $N_2O$ 可达 $N_2O$ 总生成量的 12%。

在植物不同生长阶段 $N_2O$ 排放量存在差异。对大豆、春小麦和谷子 3 种作物在不同生育期 $N_2O$ 的排放速率研究表明，3 种植物在不同生育期的 $N_2O$ 排放速率不同，但具有相似的规律性，即随着植物的生长发育，$N_2O$ 排放速率呈上升的趋势；抽穗—开花期 $N_2O$ 排放速率达到高峰，而从结实—成熟期 $N_2O$ 的排放速率又呈下降趋势。在各个生长阶段，大豆植株的 $N_2O$ 排放速率都高于其他 3 种植物，这与大豆植株体内较高的氮含量有关。在田间自然条件下，大豆植株 $N_2O$ 通量在主要生育期内有两个排放高峰，分别位于苗期和开花结荚期。

植物的光合作用是植物体内一切生物化学反应的原动力。植物光合作用与光强和 $CO_2$ 浓度紧密相关。光照弱，$CO_2$ 浓度低，$N_2O$ 排放多；光照强，$CO_2$ 浓度高，$N_2O$ 排放少，甚至吸收 $N_2O$。但也有研究表明 $N_2O$ 排放量并不总是与光合作用强度相关。

# 第三节　未来气候变化背景下湿地温室气体排放预测

未来气候变化背景下各种生态系统温室气体排放通量及其预测是目前气候变化研究中的重要方面。研究表明，到 2050 年，陆地生物圈将在变暖的气候条件下（以 0.03℃／年的速率增温）净释放出约 600 亿 t 的碳，但大气中 $CO_2$ 浓度继续增加到一定的程度时，$CO_2$ 的施肥效应将达到饱和，陆地生态系统将随温度增加净释放出更多的碳至大气圈中，加剧气候变暖。利用 GCM 模式模拟 1901 ~ 2029 年间的气候状况并对全球碳交换通量进行计算表明，温度上升所导致的土壤呼吸量的增加幅度超过了 NPP 输入量的增加，未来的陆地生态系统将从大气 $CO_2$ 的汇转变为大气 $CO_2$ 的源。在不考虑降水量的变化下，到 2029 年生态系统将净释放约 200Pg 的碳，相当于大气中 $CO_2$ 浓度增加约 100uL/L。降水量的增加将补偿由增温所带来的土壤呼吸的增加量，温度每增加 1℃降水须增加 54mm才能使 NEP 保持不变。因此在未来大气逐渐变暖的趋势下，如果温度增加幅度较大，降水增加幅度较小的地区，陆地生态系统将净释放碳，反之，在降水增加幅度较大的地区将净吸收碳。按照大多数 GCM 模式的模拟结果，中纬度地区的降水在未来气候变暖的情况下将减少，因此该地区有可能从目前的碳汇转变为源。而赤道地区由于温度增加幅度较小，同时降水增加的幅度较大，则可能吸收更多的碳。总之，在未来气候变化情况下，不同区域陆地生态系统的碳循环状况如何变化在很大程度上却绝育温度和降水的相对变化。然而这是在不考虑 $CO_2$ 的施肥效应情况下，如果考虑到 $CO_2$ 及氮素的施肥效应将促使植被吸收大量碳，则所需的降水增加幅度将会大大减小。

$CO_2$ 浓度升高促进了湿地生态系统呼吸，在高氮水平下促进幅度最大。小叶章生物量、土壤活性有机碳与湿地生态系统 $CO_2$ 排放量显著相关。$CO_2$ 浓度升高通过影响植物生物量和土壤微生物活性进而影响湿地生态系统 $CO_2$ 排放量，这对于重新估算未来环境变化条件下湿地生态系统碳平衡具有重要意义。不同氮素水平下 $CO_2$ 浓度升高均促进了 $CH_4$ 排放。$CH_4$ 排放通量与生物量呈明显正相关，尤其是地下生物量。$CO_2$ 浓度升高引起的地下生物量增加是导致 $CH_4$ 排放增加的主要原因。

对于湿地生态系统而言，未来在输入增强的情况下，湿地生态系统生物量的增加可能固定更多的碳。对生长季不同氮素水平 $CO_2$ 浓度升高条件下小叶章湿地系统的碳收支研究表明。生长季小叶章湿地系统都表现为净收入碳。$CO_2$ 浓度升高增加了系统碳收入。氮的供应水平影响了 $CO_2$ 浓度升高条件下生态系统的碳收支状况，在氮素充足时，$CO_2$浓度升高可以使湿地生态系统固定更多的有机碳，这对于缓解大气 $CO_2$ 浓度升高具有重要意义。

全球变暖将可能增加湿地 $CH_4$ 排放量及排放强度，模型研究表明，全球变暖将促进湿地 $CH_4$ 的排放，但这种影响有可能受到土壤水分变化的影响。宋长春等（2004）关于三江平原沼泽湿地生态系统土壤 $CO_2$ 和 $CH_4$ 排放动态的研究也表明，土壤温度对异养呼吸速率具有重要的控制作用。温度通过影响光合作用及呼吸过程，而成为决定生态系统碳储量及碳平衡的主要因素。

土壤不仅是气候变化影响的接受体，而且也是气候变化的记录者。目前以气候变暖为特征的全球变化对陆地生态系统产生巨大影响，土壤有机碳蓄积量及动态平衡会随之发生变化。土壤有机碳收支是由土壤有机质输入量（包括动植物死亡残体、凋落物及分泌物等）和土壤呼吸作用（包括土壤微生物呼吸、植物根系呼吸、土壤动物呼吸和含碳物质的化学氧化作用等）释放量决定的，处于不断积累和分解的动态变化过程中。气候变化从两方面对土壤碳储量产生影响：影响植物生长，从而改变每年进入土壤的植物残体输入量；通过改变微生物的生存条件进而改变植物残体和土壤有机碳的分解速率。温度升高可促进植物可利用氮（N）的矿化，使植物获得更多的可利用性 N，促进植物生长，使碳吸收从土壤碳库(低 C/N)移到植物碳库(高 C/N)温度升高使植物的生长及延长，进而提高森林的 NPP，使有机质的输入量增加，从而增加土壤的碳汇作用。运用模型模拟气候变化对陆地生态系统碳循环影响的研究结果表明，气候变暖将减少全球植被的净初级生产力(南部净初级生产力的增加小于北部初级生产力的降低)而使陆地碳储量下降。在不考虑大气 $CO_2$ 浓度升高条件下，利用模型模拟气候变暖对中国森林生态系统碳平衡的影响，结果表明 2091～2100 年间，森林生态系统将转变为碳源并保持 50g C/($m^2$·年)的碳释放速率。

　　湿地生态系统处于水陆交界的生态脆弱带，因而易受环境条件变化的干扰，生态平衡极易受到破坏，而且受到破坏的湿地很难得到恢复，这是由湿地具有的介于水陆生态系统之间的特殊水文条件所决定的。气候变化对湿地生态系统碳循环的影响更为显著，例如气候变暖或降水减少可加速湿地沉积有机质的分解速率，导致湿地成为碳源。美国纽埃西斯河三角洲上的河流草本沼泽在被河水淹没表面有积水时表现为碳汇，净碳吸收速率为 7.3 g $CO_2$/($m^2$·天)；而当水位下降河水沉积物干旱时，生态系统转变为碳源，净碳释放速率为 8.7 g $CO_2$/($m^2$·天)。目前在全球变暖的背景下，北方高纬度地区湿地碳循环已成为研究的焦点，因为这些湿地贮藏了全球近 1/3 的地表碳储量，而且其碳平衡对气候变化非常敏感。加拿大 BOREAS(Boreal Ecosystem- Atmosphere Study)对北方湿地(Boreal fen wetland)的研究表明，通常情况下泥炭地是 $CO_2$ 的汇，但在气候干旱时则变成 $CO_2$ 的源。干旱年份由于湿地生态系统呼吸作用增强，湿地净碳吸收量明显减少。在亚北极区低位沼泽(Fen)的碳通量观测试验也进一步揭示出在干旱年份，不仅生态系统呼吸作用增强了，而且生长季植物光合速率也明显降低，沼泽湿地从碳汇转变为碳源。

# 第七章 气候变化对湿地生态服务功能的影响

## 第一节 湿地水文功能

所谓湿地生态系统的功能，就是湿地生态系统中发生的各种物理、化学和生物学过程及其外在表征。湿地生态系统功能一般可以划分为三大类，即水文功能、生物地球化学功能和生态功能。不同的功能可以通过不同的指标表示出来。湿地价值是湿地为人类提供产品和服务的能力，它是衡量湿地功能重要意义的尺度。在一定的社会经济条件下，湿地的功能不同则其价值也不同。功能的改变会影响湿地向人类提供产品和服务的能力，而湿地功能如能得到保护，则湿地价值则可得到持续体现。

湿地水文功能是指湿地在蓄水、调节径流、均化洪水、减缓水流风浪的侵蚀、补给或排出地下水及沉积物截留等方面的作用。湿地水文是湿地环境中最重要的因子。湿地一般都位于地表水和地下水的承泄区，是上游水源的汇聚地，具有分配和均化河川径流的作用，是流域水文循环的重要环节。水分输入与输出的动态平衡还为湿地创造了有别于陆地和水体生态系统的独特物理化学条件。湿地的水文情势影响着湿地生物地球化学循环，控制和维持湿地生态系统的结构和功能，影响着土壤盐分、土壤微生物活性、营养元素的有效性等，进而调节着湿地中动植物物种组成、丰富度、初级生产量和有机质积累等。湿地位于陆地与水体之间，因而湿地对水量及其运动方式的改变特别敏感。如果自然和人类活动造成水分数量和质量的变化，这些变化就会反映在湿地生态系统的结构和功能上，进而引起径流的调节作用和维持生态系统生产力的作用发生退化，对区域环境产生不利影响。

### 一、蓄水、调节径流和均化洪水功能

湿地是表面水流的接收系统。地面水流也可起源于湿地而流入下游，流域上游的许多湿地可以形成地面出流，这些湿地通常是下游河流重要的水量调节器。有些湿地仅在它们的水位超过一定水平时才产生地面出流。因此，湿地被称作为陆地上的"天然蓄水库"，在调节径流，防止旱涝灾害具有重要意义。凡是和河流、湖泊相连通的湿地一般都具有调蓄洪水的作用，包括蓄积洪水、减缓洪水流速、削减洪峰、延长水流时间等。如我国长江中下游地区与长江相连的湖泊湿地都不同程度地有调蓄洪水的作用。

湿地土壤具有特殊的水文物理性质，湿地土壤的草根层和泥炭层孔隙度达 72% ~ 93%，饱和持水量达 830% ~1030%。每公顷沼泽湿地可蓄水 8100m³ 左右，是一个巨大

的生物蓄水库。洪水被储存于湿地土壤中或以表面水的形式滞留在湿地中，直接减少了下游的洪水量。湿地植被也可减缓洪水流速，因此避免了所有洪水在同一时间到达下游。这个过程减低了下游洪峰的水位，并使之平稳缓慢下泄，延长洪水在陆地存留时间。洪水可以在数天、数周或数月的时间里从湿地中释放出来，一部分则在流动过程中通过蒸发而提高了局地空气湿度，一部分下渗补充地下水而增加地下水储量。这就使湿地具有分配均化河川径流的作用（图 7-1）。美国威斯康星州河流流域的湿地率为 15%，根据测算，其洪峰高度比无湿地覆盖河流洪峰高度低 60% ~ 65%。马萨诸塞州的查尔斯河因有大片湿地覆盖，湿地对洪水的缓冲滞纳作用每年可减少财产损失 1700 万美元，相当于每年每公顷减少防洪投资 13500 美元。松嫩流域两岸湿地本来具有极大的调蓄洪水的功能，但由于连年开垦，湿地面积丧失和湿地功能退化严重，沿江两岸筑堤束水割裂了江河、湿地一体的水文结构，迫使全部洪水在有限的过水断面和极低的坡降条件下向下游推进，加重了流域的防洪压力。

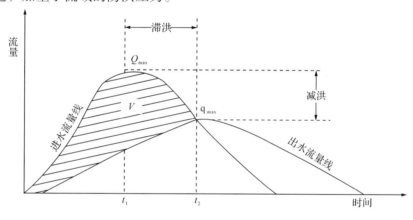

**图 7-1 湿地调节径流示意图**

湿地调蓄洪水能力的大小与湿地属性（面积、位置、湿地类型等）有关。湿地面积越大，蓄积洪水与减缓流速的能力也越大。湿地的位置也决定湿地的调蓄洪水功能，如鄱阳湖和洞庭湖都与长江相连，由于所处位置不同，洞庭湖调蓄洪水的作用更大（表 7-1），更引人注意。其原因在于洞庭湖地处荆江河段南岸，华中重镇武汉的上游。另外，湿地的植被类型也对调蓄洪水功能有影响。湿地通过固结底质、消耗波浪及水流的能量来缓解侵蚀，达到保护水利工程的功能。湿地调蓄洪水功能的发挥主要取决于湿地的植被类型、植被覆盖范围（如带宽）以及被保护对象的坡度、土质和水位差等。

**表 7-1 东洞庭湖各类湿地的最大调蓄能力**

| 湿地类型 | 高程范围（m） | 调蓄能力（万 m³） | 百分比（%） |
|---|---|---|---|
| 沙泥滩 | 21 ~ 24 | 6.01 | 54.1 |
| 草滩 | 24 ~ 26 | 3.88 | 34.6 |
| 芦苇 | >26 | 1.23 | 11.3 |
| 合计 | — | 11.12 | 100.0 |

东洞庭湖湿地的调蓄功能大小主要取决于其自身面积和容积的大小。东洞庭湖湿地的削峰滞流功能，据水文资料，1955～1983 年洞庭湖入流的多年平均洪峰流量为 40200m³/s，而湖口出流的多年平均最大流量为 28800m³/s，削峰最高达 11400m³/s，约占入湖洪峰流量的 28.4%。由于湿地被围垦开发和泥沙淤积，洞庭湖湿地的调蓄洪水能力迅速下降。1952～1988 年的 36 年间，洞庭湖调蓄能力的降低主要是由于湿地调蓄洪水能力的下降引起的，特别是湿地类型为芦苇的区域的调蓄能力下降，导致相同水量下的水位升高。

洪水期间过量的水资源急流下泄，不但威胁下游的农业生产、基础设施和村镇房屋，造成巨大的经济损失，威胁人民的生命财产安全，还白白浪费了水资源，加剧了区域水资源短缺，为合理利用及调控水资源带来难度。而湿地的蓄水调控功能，即能有效的削减洪峰，又储存了部分水资源，促进区域合理利用水资源，

## 二、沉积物截留功能

湿地的过滤作用是指湿地独特的吸附、降解和排除水中污染物、悬浮物、营养物，使潜在的污染物转化为资源的过程。这一过程主要包括复杂界面的过滤过程和生存于其间的多样性生物群落与其环境间的相互作用过程，既包括物理作用，也包括化学作用和生物作用。物理作用主要是湿地的过滤、沉积和吸附作用；化学作用主要是吸附于湿地孔隙中的有机微生物提供酸性环境，对降水中的重金属转化和降解作用；生物作用包括两类：一是微生物作用，一是大型植物作用，前者是湿地土壤和根际土壤中的微生物如细菌对污染物的降解作用，后者是大型的植物如藻类在生长过程中从污水中汲取营养物质的作用。

沼泽湿地和洪泛湿地因有助于减缓水流速度，具有滞留沉积物的功能。有些有毒物质和营养物质附着在沉积物颗粒上，当水中的悬浮物沉降下来后，有毒物或营养物也随之沉降下来，湿地江河的水质得以净化。这就有益于当地和下游地区保持良好的水质，防止河道淤积变浅，又可以补充土壤养分，促进地方农业生产的发展。水中营养物随沉积物沉降之后，通过湿地植物吸收，经过化学和生物学过程转换而被储藏起来，再从湿地收获生物量，这些营养物质又会以产品的形式从湿地系统中排除出去。完达山区因近年来森林砍伐，土壤侵蚀加重，河流泥沙量增大。但河水携带的泥沙进入三江平原挠力河两岸的河漫滩湿地后，下游河水中的含沙量却很少，水质质量有所提高。黑龙江友谊县造纸厂利用该厂排放的含碱污水灌溉芦苇，使芦苇产量达到每公顷 975t。三江平原的七星河污染水经过一片 325hm² 的芦苇湿地后，由于芦苇的吸收使水中的铁、锰、铅、镉、砷的含量明显降低。嫩江及其沿岸湿地中有三处大型芦苇湿地，大庆和齐齐哈尔市附近自然湿地众多，具有良好的天然污水处理空间。

三江平原沼泽湿地污水处理的实地模拟实验研究表明（表 7-2），在污水的净化过程中，总的趋势是初期的净化速度较快，然后随着时间的延长，净化速度逐渐减慢，大约 20 天以后净化效果变得非常微小，但 N 和 P 的浓度仍有下降趋势，表明净化过程仍在缓慢继续。一般来说，土壤中 N 和 P 的形态和有效性主要取决于它们的吸附和解吸、沉

淀和溶解等物理化学过程，它们的吸附和解吸过程都是一开始为快速反应，随后缓慢进行，因此初期的净化速度快。整个实验期内的净化速度大致呈指数下降规律。

表7-2　三江平原沼泽湿地对污水中N、P元素净化效果

| 系统类型 | 小叶章湿地 | | 毛果苔草 | | 沼泽水 | | 乌拉苔草 | |
| --- | --- | --- | --- | --- | --- | --- | --- | --- |
| | N | P | N | P | N | P | N | P |
| 初始含量(mg/L) | 25.86 | 12.59 | 17.40 | 8.56 | 19.37 | 9.60 | 18.37 | 8.31 |
| 终止含量(mg/L) | 15.64 | 7.29 | 11.54 | 4.07 | 16.23 | 7.30 | 15.11 | 4.83 |
| 净化率(%) | 39.50 | 41.99 | 33.70 | 52.23 | 16.24 | 23.89 | 17.75 | 41.88 |

利用湿地处理废污水的研究是20世纪70年代以来世界上的一个热门研究领域，其原理主要是利用湿地生态系统中物理的、化学的和生物的作用机制，降低或减轻污水中营养物质的浓度。在国外，特别是西欧、北美等国家利用自然湿地生态系统的原理，发展了大量的人工湿地系统处理废水、污水。1974年在西德首次建造人工湿地，后来这一工艺在欧洲和北美得以迅速发展。人工湿地是由人工基质(碎石、砂砾等)和生长在其上的水生植物组成，污水在湿地土壤的表层或表面下流动，靠砂石、土壤的吸附、植物吸收、微生物转化等一系列过程降解水中的营养物质，是一种有别于自然湿地的独特的土壤—植物—微生物系统。这种处理系统适应面广，既可以处理来自农田排水中的营养物质，也可以用于城镇生活污水、工业废水、矿山排水的处理。人工湿地的大小规模差别很大，小到仅处理几百人的生活污水，大的可以处理上千甚至上万人的生活污水。国外自20世纪70年代以来，已做了大量有关自然湿地和人工湿地对氮、磷营养物质去除能力的研究，分析了吸附、下渗、植物吸收、生物转化(矿化、硝化、反硝化)等多种因素对氮、磷在湿地生态系统中迁移的影响。通过实验研究了各种类型的湿地对生活污水、工业废水、农业排水、矿山排水的处理机制和处理潜力，确定了湿地在河流、湖泊水质的恢复与管理中所发挥的作用。

湿地是一独特的土壤—植物—微生物系统，当污水流经湿地时，水中的有机质、氮、磷等营养成分将发生复杂的物理、化学和生物的转化作用。自然和人工湿地中的土壤及砂石通过吸附、截留、过滤、离子交换、络合反应等净化去除水中的氮、磷等成分。水生植物在湿地去除污染过程中起着十分重要的作用，植物不仅可以通过其呈网络样的根系直接吸收污水中的 $NH_4^+$、$NO_3^-$ 和 $PO_4^{3-}$，更重要的是，水生植物可通过其生命活动改变根系周围的微环境，从而影响污染物的转化过程和去除的速度。营养物质在湿地土壤中的降解和转化主要靠微生物来完成。湿地土壤中发育着大量的好氧、厌氧及兼性的微生物，由于水生植物的生长，其根系的分泌物及好氧环境为好氧细菌的生长创造了条件，将排水带来的有机物分解为 $NO_3^-$、$PO_4^{3-}$、$SO_4^{2-}$ 等离子被植物吸收；根区以外的还原状态区域，发育着大量的厌氧微生物，如硝酸盐还原细菌和发酵细菌，将有机物分解为 $CO_2$、$CH_4$、$H_2S$、$NH_3$、$H_3P$ 等气体，挥发进入大气。

影响湿地对营养物质去除的因素主要有：

（1）湿地淹水程度：干湿交替是湿地的特征之一。水位的变化影响土壤中碳、氮、磷等营养物质的转化和释放。据研究，夏季洪涝引起的水位上升对土壤中 $NH_4^+ - N$ 和 TN（总氮）的释放量影响不大，但能显著增加 $NO_3 - N$ 的淋溶。水位的自然波动，导致了 $NO_3 - N$ 周期性的释放。磷的释放比较复杂，淹水后的湿地更容易释放磷，因为在水位较高时，有机磷不易分解。水位下降后，好氧环境促进了有机磷的降解，更易导致磷的淋溶释放。

（2）水生植物：植物是湿地生态系统的重要组成部分，既可直接吸收氮、磷等营养物质，又可通过茎叶的传送，将空气中的氧气输入到根区，在根区形成氧化的微环境，为硝化细菌的生存和营养物质的降解提供必要的场所和好氧条件。有植物生长的人工湿地对总氮的去除率显著高于无植物系统的。湿地中的植物需要耐污能力强、根系发达、茎叶茂密的高等水生植物。根据根区范围的大小，可判断不同植物对污水净化能力的高低，大型水生植物因根系发达，吸收能力强，在湿地污水净化过程中起积极的作用。

（3）季节温度变化：湿地对氮、磷等污染物的去除依靠土壤的吸附、截留、水生植物的吸收、土壤中微生物的降解和转化作用来完成，这些作用都受到温度和季节的影响。David 等（1999）通过三年的实验发现湿地对氮、磷的净化在夏、秋温度高的季节更容易发生。夏秋季节，由于水生植物生长，可通过直接吸收去除一部分氮和磷。另外，微生物的生长和代谢活动直接受温度的影响。微生物最适宜的生长温度是 20℃ ~40℃，在此范围内，温度每增加 10℃，微生物的代谢速率将提高 1 ~2 倍，因此，夏秋季节适合微生物的生长和繁殖，其对农田排水中的有机质、氮、磷化合物的转化速度明显高于冬、春季节。在北方冬季氨氮去除效果低于夏季的原因还在于，在冬季湿地的表面往往结上一层厚厚的冰盖，阻止大气中氧气的输入，造成厌氧条件，抑制了硝化作用的进行，导致冬季氨氮的去除效果下降。

（4）湿地宽度和面积：作为陆地和水体之间的缓冲带，湿地去除污染的能力是显著的。但缓冲带应为多宽，才能有效地去除排水中的营养物质？David 发现湿地面积与水域面积的比率越高，对营养物质的截留、去除效应就越高，他建议的湿地与水域最佳面积比率为 15 ~20 之间。在北京昌平的芦苇湿地中，大约有 50% 的 BOD 和 COD 在进水的 50m 距离内被迅速降解，90% 的悬浮物在 10m 以内沉降。随着距离的增加，降解速度降低。Doyle 等（2004）曾用三个不同初始浓度的硝酸盐，在缓冲带宽度分别为 4m、8m、15m 和 30m 处观测地表径流的氮浓度减少情况，结果发现，对于所有三个初始浓度，水流经过后硝酸盐的浓度都呈曲线下降，但当缓冲带的宽度超过 10m 以后，硝酸盐浓度的下降趋于平缓。磷在经过 8m 宽的草地缓冲带之后，其浓度下降 90%。

（5）pH 值：pH 值影响湿地中微生物的活性，从而影响对氮、磷等营养物质的去除。硝化细菌和反硝化细菌适宜在中—碱性的条件下生长，同样，在碱性条件下，$NH_4^+$ 更易转化为气态的 $NH_3$ 挥发进入大气，因此，湿地在碱性状态比在酸性状态更有利于对氮的净化。磷在碱性条件下，易与 $Ca^{2+}$ 发生吸附和沉淀反应，而在中性和酸性条件下，主要通过配位体交换被吸附到 $Al^{3+}$、$Fe^{3+}$ 的表面，这是磷酸根离子去除的主要途径。

（6）湿地土壤的类型：据丁疆华等（2000）的报道，土壤对有机污染物和营养元素的去除发挥了重要作用，对总氮、总磷和总碳的去除率可达 70% 以上。含有机质丰富的土壤，有较好的团粒结构，吸附能力强，在土壤中生长的微生物种类和数量多，有助于吸附、降解各类污染物；石灰性土壤的 pH 值高，含更多的 $Ca^{2+}$，有利于氮元素的转化和磷的吸附沉淀。

## 三、补给地下水

在雨水丰沛期，湿地接纳雨水并渗入地下含水层，调节地下水的供给能力。特别在沙化、盐碱化日趋严重的地区，限制对湿地的开垦，恢复湿地具有重要的意义。

沼泽的含水性质是指含于草根层或泥炭层中的水分，包括含水量、持水能力、出水系数等。由于草根层具有蓬松海绵状的结构特性，因而其容重小（0.1～0.5g/cm³）、比重小（1.85 左右）、饱和含水量大（830%～1030%）、最大持水量大（400% 左右）、出水系数大（0.5 左右）。草根层中的水有重力水、毛管水、薄膜水、渗透水和化合水等五种存在形式，除重力水外，其他四种形式的水都受分子力作用，不会自行流出。泥炭层的水分存在于孔隙和植物残体内部。含水量和持水能力大小与泥炭类型、灰分含量和分解度有关。草本泥炭含水量多为 60%～80%，持水量为 400%～800%；藓类泥炭含水量多大于 90%，持水量可达 1000% 以上。

湿地的透水性是指渗吸作用和渗透作用。渗吸作用是分子力、毛管力和重力共同作用产生的；渗透作用可分为垂直渗透和水平渗透，是土壤水分超过最大持水量时在重力作用下产生的。透水性大小，一般用渗透系数表示，其大小取决于剖面结构。

水资源系统是时空密切联系的动态系统，水量平衡是区域水资源持续利用的重要保证。松嫩平原的降雨和径流随季节和年际变化都很大，江河的洪枯流量悬殊，而且存在着连续枯水年的长期变化，加剧水旱灾害。大庆油田由于过量开采地下水，致使地下水位下降了 20.73m，下降漏斗已接近 4000km²，中心漏斗区地下水位下降达 34m，平均每年下降 0.9m，已经影响到油田的原油开采量，并严重威胁周围市县的农业生产，很多农田灌溉井报废。如任其发展，再有 10 年，地下水将面临枯竭的危险。因此，必须改变防洪筑堤束水的传统观念，树立利用湿地储水、供水以及重复高效利用水资源的新观念。从水资源系统和区域水量平衡出发，明确洪水治理的排蓄结合，以蓄为主的方针。充分利用湿地具有的拦蓄径流，蓄聚水分的功能，留出一定的洪泛空间，将大部分洪水和径流积蓄在湿地里，既可以跨年度供水，也可以通过蒸发增加当地空气湿度，下渗以扩大地下水容量，实现水资源的时空有效分配，为社会经济和环境可持续发展提供水源保障。

地下水可能会对一些湿地产生重要影响，而对其他湿地可能没有影响。当湿地的地表水（或地下水）水位低于周围陆地的潜水面时，就会产生地下水入流。当湿地的水位高于周围潜水面，地下水就会流出湿地。湿地与其周围地下水发生水力联系的几种情况如图 7-2。正如图 7-22a 和 7-2b 所示一个湿地可能既有地下水入流又有地下水出流。这类湿地中的一种被称为"涌泉（spring）"或"渗漏（seep）"的湿地能接收地下水流并常常将过剩水以地表水的形式排入下游。湿地可能以一种方式截断潜水面以至于它只有入流而没有出流（图 7-2c 和 7-2d）。当一湿地远远位于该地区潜水面之上时，该湿地被认为正被"置于高处（being perched）"（图 7-2e）。这类被称为"地表水沉降湿地"仅通过向土壤的渗透和蒸发蒸腾失水。一些湿地可以充当地下水系统的压力"高地"（图 7-2f）。另一些湿地可能会受到从未达到过地表而只是穿过湿地的地下水的影响（图 7-2g）。

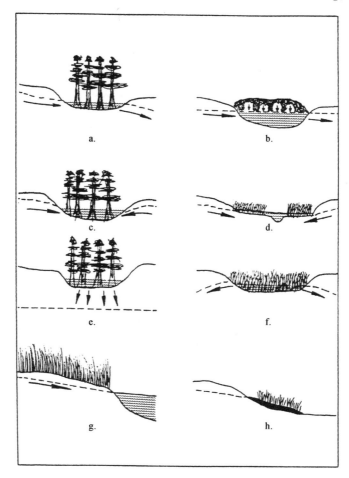

**图 7-2    湿地与其周围地下水的水力联系**

# 第二节    生物地球化学功能

生物地球化学是通过追踪化学元素迁移转化来研究生命与其周围环境关系的科学，其以研究地球表面化学过程为主。生态系统中化学物质的传输和转化即生物地球化学循环，包括大量的相关的物理、化学和生物过程。这些过程不仅改变了物质的化学组成，而且使它们在湿地内发生空间位移，如水—沉积物之间的交换、植物吸收、向周围的生态系统输送有机物等等。湿地生物地球化学循环可分为：①通过各种转化过程进行系统内循环；②湿地与其周围环境之间进行化学物质交换。

## 一、养分输入

湿地的物质输入是通过与其他生态系统的地理、生物和水文途径作用进行的。通过裸露岩石风化的输入对一些湿地很重要。生物输入包括对碳的光合吸收，氮的固定和鸟类等动物的搬运。此外，湿地的物质或元素输入通常以水文输入为主。

### （一）降 水

降水中所含化学物质的量虽各不相同，但浓度整体上都很低。Mg 和 Na 的浓度相对较高是与海水的影响分不开的，而 Ca 含量较高则表明受大陆的影响（如尘土）较强。在历时较短且雨量较少时，降水中所含污染物的浓度则较高。有的湿地主要通过降水来补给，这类湿地一般具有较低的生产力且依赖于养分的系统内循环。

### （二）江河与地下水

流域内降水到达地表时，或渗入土壤中或通过蒸发返回大气中或形成地表径流。当地表径流与河流径流交汇时，它可能与地下径流相汇合，此时水体中的矿物含量不同于原始降水中的矿物含量。进入湿地径流中的化学物质含量多少主要决定于：①地下水的影响：河流、溪流的化学特征依赖于与地下构造的关联程度的大小以及构造中等矿物类型；②气候：气候通过降水与蒸发之间的平衡来影响地表水水质；③地理影响：输入河流、溪流湿地中的溶解物和悬浮物的量的多少也决定于流域面积的大小、地形坡度、土质和地势变化，上游的湿地也会影响流入下游湿地的水的水质；④人为影响：污水和农田排水等强烈改变着湿地水体的化学组成。城市废水、煤矿疏干、高速公路建筑、江河渠道化和硫酸盐污染等对实地水质有显著影响。

### （三）河口湾

盐沼湿地和红树林湿地等与其毗邻河口及其他滨海水体进行着连续的潮水交换，这些水体的水质明显不同于河流水质。尽管河口是河流的入海口，但并非是海水被淡水简单稀释的场所。河流水化学有一个相对较宽的变化范围，而海水的化学特征在广大区域内比较一致，其浓度变化范围在 33‰ ~ 37‰。尽管海水中几乎包含了各种可溶的元素，但其盐度的 99.6% 由 11 种主要离子所构成。此外，对于海水稀释而言，河口水体在咸淡水交汇时也会发生一系列的化学反应，包括粒子物质的溶解、絮凝、化学沉淀以及黏土、有机物和污泥粒子对化学物质的吸附和吸收。

## 二、养分迁移与输出

### （一）氧与氧化还原电位

对于湿地土壤，不论矿质土还是有机土，注入水后常形成还原环境。在完全淹水的条件下，缺氧出现在土壤表层，土壤水中的氧气并不一定完全被耗尽。在水—土界面上，土壤表层常有一氧化薄层，有时仅几毫米厚。当湿地深层土壤处于还原环境时，这一薄氧化层对湿地中的化学转化和养分循环起着非常重要的作用。在此微层中发现了如 $Fe^{3+}$、$Mn^{4+}$、$NO^{3-}$ 和 $SO_2^{4-}$，而以还原态如 $Fe^{2+}$ 和 $Mn^{2+}$ 盐类、铵、硫化物为主的还原性土壤所占比例较小。由于氧化层中存在着氧化性三价铁离子，土壤常为棕色或红棕色。以 $Fe^{2+}$ 为主的还原性底质则常呈灰蓝—灰绿色。当淹水土壤中的有机底质被氧化时，氧化—还原电位 Eh 下降；在狭窄的氧化还原电位变化范围内就会发生一系列的生物化学转化。在还原条件下，湿地土壤中最先发生的反应之一是 $NO^{3-}$ 还原为 $N_2O$ 或 $N_2$；硝酸盐大约在 220mV 时获得电子。$Fe^{2+}$ 在 120mV 时被氧化为 $Fe^{3+}$，而硫酸盐在 -150mV 时被氧化为硫化物。对转化速率而言，温度和 pH 值也是重要的影响因子，所以这些电位并不是精确阈值。

### （二）氮的转化

不论自然湿地还是人工湿地，氮素常是最主要的限制性养分。湿地土壤中氮的转化包含几个微生物过程，有些过程会降低植物所需养分的有效性。尽管氮在有机土壤中能以有机形式存在，但是在诸多淹水湿地的土壤中，矿化氮主要以 $NH^{4+}$ 的形式存在，还原区之上的氧化层对一些转化过程也非常关键。因此，这些转化过程可能包括含氮有机物质的矿化、氨向上输送、硝化、硝酸盐向下输送和反硝化等（图 7-3）。湿地中氮固定和氨挥发是两个重要过程。氮的矿化作用是指在有机物质降解时有机合成的氮降解为氨氮的生物转化过程。此过程常被称为氨化作用，在氧化与还原条件下均可发生。

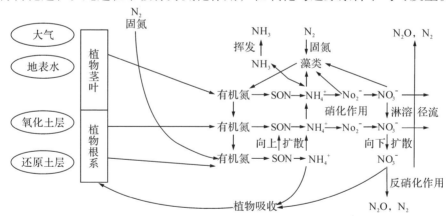

**图 7-3 氮在湿地中的迁移转化**

一个简单的有机氮化合物——尿素矿质化的典型方程式为：
$$NH_2CONH_2 + H_2O \rightarrow 2NH_3 + CO_2$$
$$NH_2 + H_2O \rightarrow NH_4^+ + OH^-$$

$NH_4^+$ 一旦形成，它能通过几条途径进行转化，可被植物根系或还原性微生物所吸收并重新转化为有机物质，也能通过离子交换被固定在带负电荷的土壤颗粒表面。由于湿地土壤处于还原环境，若无薄氧化层的存在，将会抑制氨的进一步氧化而使其过量累积。还原性土壤中高浓度的氨与氧化层中低浓度的氨之间存在着浓度梯度，使氨由还原层向氧化层输送(尽管速度很慢)。氨氮此时可由一些化学自养细菌通过硝化作用来氧化,由微生物在还原环境下进行的反硝化反应以及硝酸盐获得电子都导致了硝酸盐的减少。反硝化反应已证明是盐沼湿地和水稻耕作地脱硝酸盐的一条重要途径。氮固定过程使 $N_2$ 在固氮酶的参与下通过某些有机物的活动被转化为有机氮。对许多湿地而言,这可能是一个重要的氮源。

### (三)Fe 和 Mn 的转化

Fe 和 Mn 的还原电位低于 N 的还原电位。Fe 和 Mn 在湿地中主要以还原态形式存在( $Fe^{2+}$ 、 $Mn^{2+}$ ),二者都是可溶性的且对有机物都是有效的。氢氧化铁系统是土壤的主要氧化还原系统,在 Fe 被还原以前,仅有少量 Mn 被还原,其他过程与 Fe 相似。好氧性化学合成菌能把可溶的 $Fe^{2+}$ 氧化为不溶的 $Fe^{3+}$ ,通常认为 Mn 也存在相类似的过程。还原态 Fe 使矿质土呈灰绿色 $Fe(OH)_2$ ,而在氧化环境下则呈红色或棕色 $Fe(OH)_3$ 。据此可很容易地判断出矿质土纵剖面中的氧化层和还原层。土壤着色过程称为潜育化,淹水矿质土常被称为潜育土。湿地土壤中还原态 Fe 和 Mn 含量可达到对植物有害的浓度,扩散至湿地植物根区表面的 Fe 离子可被根细胞漏泄的氧所氧化,并能固定 P 及以 Fe 的氧化物包裹根系,阻碍根对养分的吸收。表 7-3 为几种元素的转化电位以及相应的氧化—还原态。

表 7-3 几种元素的转化电位以及相应的氧化—还原态

| 元素 | 氧化态 | 还原态 | 转化电位(mV) |
|---|---|---|---|
| N | $NO_3^-$ | $N_2O$ 、 $N_2$ 、 $NH_4^+$ | 220 |
| Mn | $Mn^{4+}$ | $Mn^{2+}$ | 200 |
| Fe | $Fe^{3+}$ | $Fe^{2+}$ | 120 |
| S | $SO_4^{2-}$ | $S^{2-}$ | $-75 \sim -150$ |
| C | $CO_2$ | $CH_4$ | $-250 \sim -350$ |

### (四)S 的转化

图 7-4 为硫在湿地中的迁移转化。与 N 相类似,S 在湿地中也存在着几种不同的氧化态,它可通过由微生物调控的几条途径来进行转化。尽管湿地中 S 的浓度很少达到限制植物生长的浓度值,但湿地中还原性沉积物特有的 $H_2S$ 对植物和微生物是非常有害的。湿地沉积物受到扰动时可释放出有臭鸡蛋气味的硫化物( $H_2S$ )。在电位处于 $-75 \sim -150mV$ 之间时 S 的化合物是主要的电子接受者,其接受电子的能力位于硝酸盐、Fe 和 Mn 之后。湿地中常见的 S 氧化态(化合价)主要有: $S^{2-}$ ,S, $SO_2$ , $SO_4^{2-}$ 。当同化硫酸盐的还原反应中还原 S 的专性厌氧菌在进行厌氧呼吸的过程中,把硫酸盐作为最终电子接受体时,硫酸盐还原反应发生,并产生 $H_2S$ 。此还原反应可在较宽的 pH 值的范围内发生,pH 值为中性时反应最为剧烈。湿地中硫酸盐和有机质共存时,硫还原菌获得充足的营养物而活跃,导致 $H_2S$ 和二甲基硫醚的释放加剧。硫化物对微生物和扎根于沉积物的高等植物具有很高的毒性。在 $Fe^{2+}$ 浓度很高的湿地土壤中,硫化物能与其结合生成难溶的 FeS,同时这也降低了 $H_2S$ 的毒性。 $Fe^{3+}$ 的硫化物常使许多还原性湿地土壤呈

特征黑色。在一些湿地土壤的氧化层内硫化物可被化学自养细菌或光合微生物氧化为 S 和硫酸盐（图7-4）。在 $H_2S$ 氧化为 S 的反应过程中，特定的硫杆菌属可从中获得能量。这一属的某些种还可进一步把 S 氧化为硫酸。

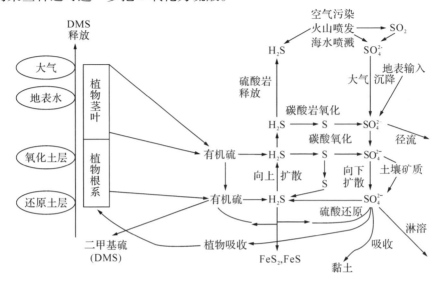

**图7-4 硫在湿地生态系统中的转化**

### (五) C 的转化

在湿地土壤的还原环境中，尽管通过好氧呼吸进行的有机物质的生物降解受到抑制，但是一些厌氧反应过程仍能够降解有机碳。有机物质发酵可形成各种低分子量的酸以及酒精和 $CO_2$：

$$C_6H_{12}O_6 \rightarrow 2CH_3CHOCOOH（乳酸）$$
$$或\ C_6H_{12}O_6 \rightarrow 2CH_3CH_2OH + 2CO_2$$

在微生物的厌氧呼吸过程中，只有当有机物质自身作为最终电子受体时，发酵才能进行。在湿地土壤中此过程可由兼性或专性厌氧菌来完成。尽管对湿地中的发酵过程研究较少，但一般认为发酵过程在为生存于淹水土壤沉积物中的其他厌氧菌提供底质方面发挥着重要作用。发酵是高分子量碳水化合物分解为低分子量的有机化合物的主要途径之一，这些有机化合物通常为溶解态的有机碳，它们对其他微生物都是有效的。当某些细菌利用 $CO_2$ 或甲基体作为电子受体时，便会产生气态甲烷：

$$4H_2 + CO_2 \rightarrow CH_4 + 2H_2O$$
$$或\ CH2COO^- + 4H_2 \rightarrow 2CH_4 + 2H_2O$$

甲烷通常称为沼气，当沉积物受到扰动时便会释放到大气中。甲烷的形成需要相当强的还原环境，Eh 需在 $-250 \sim -350mV$ 之间且需有电子受体（$O_2$，$NO_3^-$，$SO_4^{2-}$）的参与。一般而言，在还原性土壤中，如果硫酸盐的浓度较高，那么甲烷的浓度则较低。近期证据表明甲烷可被硫酸盐氧化剂氧化为 $CO_2$。通过对淡水和海洋环境中形成的甲烷量的比较，可以发现在淡水中甲烷的生产率较高，很明显它是由于水和沉积物中的硫酸盐含量较低。但是咸水滨海湿地与淡水湿地中甲烷的生产率变化范围都较大。图 7-5 说明了碳在湿地中的迁移转化过程。

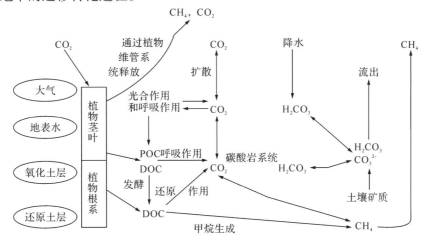

**图 7-5　碳在湿地中的迁移转化**

### （六）P 的转化

P 是生态系统中（湿地也不例外）最重要的化学物质之一，它被作为一种主要的限制性养分或一种重要的矿物元素。图 7-6 为磷在湿地中的迁移转化过程。在湿地土壤中 P 具有以无机和有机形式存在的溶解态和不溶态。P 的无机形式主要是正磷酸盐包括 $PO_4^{3-}$、$HPO_4^{2-}$、$H_2PO_4^-$ 等离子，表 7-4 为天然水体中溶解态与不溶态 P 的主要存在形式。哪种离子占优势决定于 pH 值的大小。在生物学意义上，有效正磷酸盐在分析测量时被称为可溶的活性磷。溶解态的有机 P 和不溶的有机、无机 P 一般在生物学意义上是无效的，除非被转化为可溶的无机形式。尽管 P 不像 N、Fe、Mg 那样随电位的改变而直接发生转化，但它可在土壤和沉积物中与已转化的几种元素相结合而受到间接的影响。

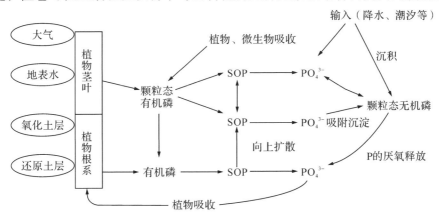

**图 7-6　P 在湿地中的迁移转化**

表 7-4　天然水体中溶解态与不溶态 P 的主要存在形式

| P | | 溶解态 | 不溶态 |
|---|---|---|---|
| 无机态 | | $(PO_4^{3-}$、$HPO_4^{2-}$、$H_2PO_4^-)$ | 黏土、P 的复合体 |
| | | $FeHPO_4^+$ | 金属氢氧化物的磷酸盐 |
| | | $CaH_2PO_4^+$ | $Ca_{10}(OH)_2(PO_4)_6$ |
| 有机态 | | 可溶的有机物如糖磷酸盐 | 不溶的有机物(有机物中束缚的磷) |

在以下几种情况下，P 被转化为植物和微生物难以利用的无效磷：①在氧化条件下，不溶的磷酸盐与 $Fe^{3+}$、Ca 和 Al 一并沉淀；②P 被黏土颗粒、有机泥炭、$Fe^{2+}$ 与 Al 的氢氧化物和氧化物所吸附；③P 与有机质相束缚进入活的生物体(biomass)。金属的磷酸盐沉淀、$Fe^{3+}$ 和 Al 的氢氧化物和氧化物对磷酸盐的吸附都是亲和力作用的结果，即促使复合离子及盐类形成的化学力。黏土颗粒对 P 的吸附是指带正电荷的黏土颗粒对带负电荷的磷酸盐的化学粘合以及黏土中等硅酸盐对磷酸盐的置换。黏土、P 的复合体对包括河岸湿地和滨海沼泽湿地在内的许多湿地尤为重要，因为由泛滥河流和潮汐输入湿地系统的相当部分的 P 来自黏土颗粒上吸附的 P。

# 三、养分库功能

湿地处于大气系统、陆地系统与水体系统的界面，在水分、养分、有机物、沉积物、污染物的运移中处于重要地位。湿地具有物质"源""汇""转换器"及"调节器"的功能。许多学者已进行了关于湿地是否是营养物质的"源""汇"和"转换器"的讨论。如果某种物质或某种物质的某一特定形式输入大于输出的话，湿地就被看成是"汇"。如果某一湿地向下游或相邻的生态系统输出更多的物质时，而且若无此湿地便不会有此输出的话，该湿地就被看成是"源"。如果物质经过湿地可能发生形态变化但并不改变输入输出总量，湿地就被认为是"转换器"。

## (一)湿地生态系统作为 $CO_2$ 的"源"与"汇"功能

湿地的物理化学条件使其具有"碳汇"的功能。湿地在化学元素循环中特别是二氧化碳、氧化亚氮与甲烷等温室气体的固定和释放中起着重要"开关"作用，湿地碳的循环对全球气候变化有重要意义。据估计全球共有泥炭地面积 3985 万 $hm^2$，每年积累碳素总量为 9850 万 t，固定在泥炭地中的碳储量总量达 4600 亿 t。中国现有泥炭面积 73.83 万 $hm^2$，若每年按积累 0.7mm 计算，一年可以积累 420 万 t 碳。三江平原各种湿地植物一年中的固碳量约为 474.01 万 t。三江平原湿地土壤年 $CO_2$ 释放量约为 1463.4 万 t，折合碳年释放量为 395.1 万 t。地表有机干物质碳的年积累量为 467 万 t。自然湿地环境下，土壤温度低，湿度大，微生物活动弱，土壤呼吸释放 $CO_2$ 速率低，湿地是碳循环的"汇"。湿地中的泥炭暂不参与大气的 $CO_2$ 循环，泥炭的堆积有助于降低 $CO_2$ 的转化速度，减缓人类活动造成的大气 $CO_2$ 浓度的提高。

据估计，储藏在不同类型湿地内的碳约占地球陆地碳总量的 15%，因而，湿地在全球碳循环过程中有着极其重要的意义。湿地生态系统由于地表经常性积水，土壤通气性差，地温低且变幅小，造成好气性细菌数量的降低，而嫌气性细菌较发育。植物残体分解缓慢，形成有机物质的不断积累。泥炭是沼泽湿地的产物，是生态系统中有机质积累速率较强类型之一，是 $CO_2$ 的"汇"。湿地经过排水后，改变了土壤的物理性状，地温升高，通气性得到改善，提高了植物残体的分解速率，而在湿地生态系统有机残体的分解过程中产生大量的 $CO_2$ 气体，向大气中排放，此时，湿地生态系统又表现为 $CO_2$ 的"源"。

### （二）甲烷在湿地生态系统中的生成和排放

甲烷（$CH_4$）俗名沼气，产生于厌氧微生物活动。在厌氧条件下，甲烷菌分解土壤中的有机质，产生甲烷，同时，在好气土壤或土层中，甲烷又被氧化菌所氧化。由于甲烷是在厌氧条件下产生的，所以产生甲烷的土壤环境主要是各种类型的沼泽、较浅的水体及水稻田。据估计全球湿地每年约释放 1.5 亿 t 甲烷，约占每年大气总甲烷来源的25%。在湿地和稻田中，甲烷产生和再氧化受温度、酸碱度、氧化还原电位和淹水深度的影响，并与植物生长密切相关。植物生长一方面是有机物质的来源；另一方面，植物通气组织是土壤中甲烷进入大气，以及大气中氧气进入土壤的主要通道。

1988 年我国稻田 $CH_4$ 排放量约为 1700 万 ±200 万 t，约占全国 $CH_4$ 总排放量 3500 万±1000 万 t 的一半。各种自然湿地的排放量约为 220 万 t，约占总排放量的 6% 左右。甲烷生产与湿地类型、水分状况、温度、土壤理化特征等因素有关。据初步研究，我国沼泽湿地甲烷排放总量为 176 万 t，并且 66.45% 来自面积仅占沼泽总面积的 26.58% 的淡水（腐泥）沼泽，即 113 万～121 万 t。沼泽湿地甲烷排放存在明显的空间变化规律。三江平原毛果苔草沼泽甲烷年平均排放通量高达 19.6 mgCH_4/（$m^2 \cdot h$），而若尔盖高原泥炭沼泽仅为 2.96 mgCH_4/（$m^2 \cdot h$），是前者的 1/6，导致这种差异的主要原因是若尔盖高原夏季低温严重制约泥炭沼泽甲烷的生成和排放。

### （三）氧化亚氮在湿地生态系统中的生成和排放

氧化亚氮（$N_2O$）是仅次于 $CO_2$ 和 $CH_4$ 的温室气体。大气中 $N_2O$ 的 95% 来源于生态系统氮循环中的硝化和反硝化过程。高温、湿润、高碳氮含量的土壤是 $N_2O$ 产生的最佳环境。随土壤水分含量的增加，$N_2O$ 产生的速率出现高峰，但土壤含水量达到饱和以后，$N_2O$ 释放率会显著下降。$N_2O$ 的排放源主要是土壤，其中农业土壤每年的释放量约 300 万 t，自然土壤为 600 万 t。由于土壤性质和覆盖状况等因素的差异，土壤排放 $N_2O$ 的通量在时间和空间上变化很大。目前对 $N_2O$ 的测定工作大部分是在森林（特别是热带森林）和各种农田上，而对于自然湿地研究的很少。

湿地是全球氮、硫、甲烷等物质循环的重要控制因子。天然反硝化丧失氮的总量已经等于从大气氮合成生产的肥料量。多数温带湿地都是肥料富集的农业径流的承泄区。湿地还可能将多余的氮归还给大气。湿地可能作为甲烷的汇，湿地更可能是甲烷的重要源地。自 1880 年以来的 100 余年间，湿地中甲烷释放量已从每年 8300 万 t 上升为 1.11亿 t，平均每年新增 2800 万 t。以甲烷的升温潜力（大气存留时间为 14.4 年）比二氧化碳（大气存留时间为 230 年）大 10 倍计算，如果二氧化碳对甲烷的碳固定与释放之比维持为 10:1，湿地对温室效应就是中性的。当湿地的二氧化碳固定量是其甲烷释放量的 10 倍或更多，该湿地就是负性温室效应，对碳这类气体来说就起到"净汇"的作用。如果一块湿地每年的二氧化碳固定量仅为 $100g/m^2$，而甲烷的释放量为 $75g/m^2$，该湿地就具有正性温室效应，起着温室气体"源地"的作用。由于多数湿地的二氧化碳固定量都比甲烷释放量大 10 倍以上，因此多数自然湿地都是负性温室效应的。

水分状况不仅影响土壤 $N_2O$ 的生成量，也极大地影响了 $N_2O$ 向大气的传输速率。$N_2O$ 排放强烈地受地表积水的影响，地表排干以后，$N_2O$ 排放迅速升高，而地表恢复积水后，$N_2O$ 排放又趋于减少。根据在三江平原沼泽湿地进行的观测，沼泽湿地 $N_2O$ 排放具有很强的脉冲排放特点。这主要是受地表积水情况的强烈影响，土壤变干使土壤的氧化还原电位迅速升高，有利于土壤中硝化和反硝化过程的同时进行，从而促进了 $N_2O$ 的排放。长期积水条件下，Eh 仅在水体表层 5cm 的薄层范围内为正值，5cm 以下迅速降为负值，并维持在 $-289 \sim -210mV$ 之间，说明 5cm 以下处于还原状态，$N_2O$ 的排放量都不大，并有时吸收 $N_2O$。这说明 Eh 是决定沼泽湿地 $N_2O$ 生成的关键因子，并且决定了 $N_2O$ 长期排放的模式。

# 第三节　湿地生态功能

湿地的生态功能主要指湿地在建立生态系统可持续性和食物链维持力等方面发挥的作用。具体地说，主要包括：①维持食物链；②重要物种栖息地（鸟类栖息地和鱼类丰富多样的产卵和索饵场；高度丰富的物种多样性；重要的物种基因库）；③区域生态环境变化的缓冲场区等。

## 一、维持食物链

在湿地生态系统中，物质和能量通过绿色植物的光合作用进入植物体内，然后沿食物链从绿色植物转移到昆虫、小型鱼虾等食草动物，再进入水禽、两栖、哺乳类等食肉动物，最后，部分有机物被微生物分解进入再循环，部分积累起来；而能量由于各营养级的呼吸作用及最后的分解作用，大部分转化为热量散失。由于湿地生态系统特殊的水、光、热等条件，其初级生产力高，能量积累快。研究表明，每年每平方米湿地平均生产 9g 蛋白质，是陆地生态系统的 3.5 倍，有的湿地植物生产量比小麦的平均生产量高 8 倍。世界上著名的湄公河湿地 1981 年创造了 9000 万美元的价值，同时提供了 2000 万人口所需蛋白质的 50% ~70%。湿地是地球上最富有生产力的生态系统之一。

湿地接纳水陆两相的营养物质，具有很高的天然肥力。吉林省西部湿地中生物资源极为丰富，就植物资源有纤维植物、药用植物、食用植物和饲料植物等。纤维植物中仅芦苇约 5 万 $hm^2$，如以单产 $8t/hm^2$ 计算，每年可产芦苇 40 万 t。淡水沼泽的初级生产力可达 $800 \sim 4000g/m^2$（干重），鄱阳湖的芦苇沼泽初级生产力达 $2250g/m^2$，这种极高的初级生产力是其他任何类型的自然植被都难以达到的。湿地不仅具有较高的生物生产力，而且可提供丰富多样的各种动植物产品，如谷物、鱼、虾、贝、芦苇、木材等。天然碱蓬的初级生产力平均为 3700kg/hm²。沼泽湿地生物量年变化曲线为单峰型，茎生物量大于叶生物量，地下生物量与地上生物量之比一般为 4:1～6:1。虽然湿地生产力很高，但目前还很难估算，特别是地下部分的初级生产力。

森林湿地河岸带为溪流提供了营养物质，如树木的枝叶，增加了河流中的养分。这里的植物、大型无脊椎动物和无脊椎动物依赖于这些养分和食物：河岸区像太阳一样，在营养级上是能量"源"。没有岸边有机物质，这些流水生态系统将没有养分来支撑多样的生命。

由于植物群落受到破坏，恢复能力的降低，动物群的改变，湿地丧失直接带来物种多样性降低。尤其是植物的丧失对一个生态系统是破坏性的，因为初级生产者，如湿地植物，是生态系统的基础。这些植物的丧失或者恢复能力的下降使得整个营养结构改变。一些湿地动物依赖于这些湿地植物，将湿地植物作为食物"源"或掩蔽场所，这些湿地动物的灭亡或移居，也导致食肉动物的丧失。

## 二、重要物种栖息地

由于湿地一般发育在陆地系统和水体系统的交界处，一方面湿地具有水生系统的某些性质，如藻类、底栖无脊椎动物、游泳生物、厌氧基质和水的运动；另一方面，湿地也具有维管束植物，其结构与陆地系统植物类似，常常导致湿地中高度的生物多样性。由于湿地具有的巨大食物链及其所支撑的丰富的生物多样性，为众多的野生动植物提供独特的生境，具有丰富的遗传物质。湿地拥有丰富的野生动植物资源，是众多野生动植物，特别是珍稀水禽的繁殖和越冬地。湿地也被称为"生物超市"。

### （一）鸟类栖息地和鱼类丰富多样的产卵和索饵场

湿地既是生命的起源地，又是生命的栖息地，是天然的丰富的基因库。湿地中的物种仅次于森林。特别是几乎所有的鸟类都喜欢湿地环境，水禽更是将湿地作为其主要的活动场所，其中有的是珍贵的或有经济价值的动物。

三江平原湿地对候鸟迁徙具有十分重要的意义。该区地处候鸟南北迁徙的咽喉地带，沿中国东南海岸迁移的鸟类，无论是直接飞越渤海进入辽东半岛继续北飞，还是由中国台湾途径日本诸岛、朝鲜半岛向北飞往西伯利亚，都把三江平原地区的湿地作为重要的停歇地。

三江平原湿地不仅是南北半球候鸟迁徙途径的重要停歇地或栖息地，还是世界水禽的重要繁殖地，丹顶鹤、东方白鹳、白尾海雕、大天鹅等珍稀水禽均在此筑巢繁殖。丹顶鹤是国际红皮书中的珍稀和濒危动物，世界上仅有 1000 多只，而据一次航空调查，三江平原丹顶鹤有 304 只，为中国已知最大的繁殖群，它的兴衰直接影响到这一物种的生存或绝灭。大天鹅航空调查有 212 只，也是目前所知中国最大的大天鹅繁殖群。三江平原也是很多河流水溪是西北太平洋很多冷水性洄游鱼类的重要产卵和繁殖场所，如鳇鱼、大马哈鱼、鲟鱼等。对该区生态环境的保护，将直接影响到这些国际性鱼类的种群数量。

洞庭湖是许多鸟类和鱼类的栖息地和繁殖地。根据调查资料，湖区共有鸟类 257 种，分属 16 目 4 科。其中国家一级保护的物种有白鹤、白头鹤、白忱鹤、白鹳、黑鹳、中华秋沙鸭、大鸨 7 种；国家二级保护鸟类 23 种；三类保护鸟类 53 种。鸟类按生境特点，可分为草滩沼泽型、浅水域型、芦苇沼泽型和丘陵居民区型 4 类。湿地鸟类在长期进化中产生许多适应湿地生态的特性，从而占据相应的生态位。鹤类、鹳类和鸭类，常涉、游近水浅滩，以鱼虾、昆虫等小动物为食。鸟类的四类栖息地中，草滩沼泽和浅水域形成适合珍禽生存的湿地生态环境。草滩广泛发育湿生植物，浅水域发育以马来眼子菜、苦菜为主的水生植物和各种软体动物，为越冬珍禽提供了充足的食物。草滩沼泽和浅水域湿地环境，人类活动困难，隐蔽条件好。在草滩沼泽和浅水域中，它们的种类最多（约占 75%），数量最大，是国家重点保护物种最多的区域，也是保护价值最高的区域。湿地物种丰富多样，生物之间之所以不会发生冲突，其原因在于不同物种有各自独特的领地。鸟类的迁徙是湿地生物避免冲突最典型的实例。洞庭湖共有候鸟 173 种，其中冬候鸟 88 种，占 56%；夏候鸟 49 种，占 31%；留鸟和旅鸟仅 20 种，占 13%。冬候鸟每年 11 月至次年 3 月在洞庭湖湖区过冬，然后飞到北方筑巢。

洞庭湖水系发达、河口密布、草地沼泽众多，饵类生物极为丰富，为鱼类产卵和索饵提供了优良条件。根据湖南省水产科学研究所调查结果，洞庭湖现有鱼类 114 种，分属 11 目 23 科。本区鱼类来源长江区系，其组成成分极为复杂，包括中国平原复合体、印度平原复合体、中-印山区复合体、中国山区复合体、海水鱼类复合体、上第三纪复合体、北方平原复合体等。洞庭湖区多种生活性类群共存。从生活水域和洄游性来看，属洄游性鱼类的有中华鲟、鳗鲡、暗纹东方鲀等，这些鱼类在其生长繁殖过程中，有规律地进行海洋与江湖的洄游活动。属半洄游性鱼类有青、草、鲢、鳙、鳊等，此类洄游主要指从湖泊到江、河的洄游，同样是在洄游过程中完成生长、发育、繁衍整个生命周期的有规律循环。湖泊定居性鱼类有鲤、鲫、鲵、团头鲂、乌鳢等。定居性鱼类的生长、发育、繁衍等生命活动过程全部在湖泊中完成。湖区珍稀种类多，列入国家重点保护水生物，属一级保护物种的有中华鲟、白鲟、白鳍豚 3 种；二级保护物种有胭脂鱼、文昌鱼、江豚 3 种。

### （二）高度丰富的物种多样性

"生物多样性"是指所有来源的活的生物体中的变异性，这些来源除其他外，包括陆地、海洋和其他水生生态系统及其所构成的生态综合体，这包括物种内、物种之间和生态系统的多样性（《生物多样性公约》）。生物多样性通常被认为有三个水平，即遗传多样性、物种多样性和生态系统多样性。湿地生物多样性是所有湿地生物种类、种内遗传变异和它们的生存环境的总称，包括所有不同种类的动物、植物和微生物，及其所拥有的基因，它们与环境所组成的生态系统。湿地生物多样性同样包含遗传多样性、物种和生态系统三个层次。

由于我国湿地类型多样、面积大、生境独特，决定了其生物多样性富集的特点（表7-5）。湿地具有丰富的生物多样性。据初步统计，全国湿地中约有高等植物 1388 种，野生动物（哺乳类、鸟类、爬行类、两栖类、鱼类）2000 多种，湿地中的鸟类约占全国已知鸟类总数的 1/3。湿地中鱼类 1040 种，占全国已知鱼类总数的 36.6%。湿地还是许多珍稀、濒危动物和植物的栖息和生存的环境。

表 7-5　中国和中国湿地物种已知数统计表

| 类群名称 | 中国湿地已知数 | 中国已知数 | 百分比（%） |
|---|---|---|---|
| 哺乳动物 | 65 | 499 | 13.0 |
| 水禽 | 300 | 1186 | 26.1 |
| 爬行类 | 50 | 376 | 13.0 |
| 两栖类 | 45 | 275 | 16.4 |
| 鱼类 | 1040 | 2840 | 37.1 |
| 高等植物 | 1380 | 30000 | 2.8 |
| 被子植物 | 1200 | 25000 | 2.6 |
| 裸子植物 | 7 | 200 | 5.0 |
| 蕨类植物 | 34 | 2600 | 0.5 |
| 苔藓植物 | 140 | 2200 | 7.5 |

三江平原地区拥有高度的物种多样性，是中国物种多样性丰富的沼泽地之一。高等野生植物 600 多种，包括水生植被、草原植被和榆林—沙丘植被。水生植被以芦苇为优势种，伴生有苔草、香蒲、灯心草、花蔺和水葱等，草原植被主要为羊草、针茅、碱茅和碱蓬等，榆林—沙丘植被中乔木以蒙古黄榆、榆树为主，草本植被有黄蒿、草白剑、唐松草等。动物物种也相当丰富，有鱼类 20 余种，兽类 37 种，鸟类最多为 286 种，其中国家一级保护动物有丹顶鹤、白鹤、白头鹤、金雕、白尾海雕、大鸨、白鹳等 8 种，二级保护动物有白枕鹤、灰鹤、大天鹅、红隼等 30 余种。

湿地中的植物资源十分丰富，我国大面积的芦苇基地有 47 万 hm²，收割芦苇量为 170 万 t，用于造纸业的为 160 万 t/年。沼泽中冷杉、落叶松、赤杨都是很好的木材。沼泽湿地中的药用植物有 200 余种，含有各种葡萄糖、糖苷、鞣质、生物碱、乙醚油和其他生物活性物质。

**（三）重要的物种基因库**

湿地是物种最丰富的地区之一，被誉为生物多样性的关键地区。如以沼泽湿地植物的密度来表示生物多样性的丰富程度，沼泽湿地植物的密度（0.0056 种/km²）是我国植物密度（0.0028 种/km²）的 2 倍，甚至比植物种类最丰富的巴西（0.0046 种/km²）还高。据初步估算，吉林省西部湿地高等植物约 600 余种，占本省高等植物总种数的 20%。湿地区还有很多濒危野生动物，其中尤以鸟类数量最多，受威胁最严重。

湿地生态环境复杂，具有很高的研究价值。它适于各类生物，如甲壳类、鱼、两栖类、爬行类、兽类及植物在这里繁衍，当然也特别适于珍稀鸟类的生栖。在中国湿地生活、繁殖的鸟类有 300 多种，占全国鸟类总数 1/3 左右。我国的 40 多种国家一类保护的珍稀鸟类约有一半在湿地生活。湿地还是许多名贵鱼类、贝类的产区以及重要造纸原料芦苇及其他有经济价值的植物生长区，如辽河三角洲和博斯腾湖地区就是世界著名的芦苇产地。从科研的角度来看，所有类型的湿地都具有很高的价值，因为它们为各种各样的生命提供了生存场所，而且湿地动物和植物之间存在着复杂的联系，这无疑为科研提供了重要条件，成为巨大的物种基因库。

## 三、湿地是区域生态环境变化的缓冲场区

　　湿地是重要的自然资源，具有巨大的环境功能和环境效益。湿地是重要的水源，它通过热量和水汽交换，使其上空或周围附近地带的上空空气的温度下降，湿度增加，降低地温。湿地的冷湿效应具有一定的空间影响范围，形成局部冷湿场。例如，博斯腾湖及周围湿地通过水平方向的热量和水分交换，使周围地方的气候比其他地方温和湿润。如临近湿地的焉耆与和硕，比距湿地较远的库车气温低 1.3～4.3℃，相对湿度增加5.23%，沙暴日数减少25%。三江平原原始湿地比开垦后农田贴地气层日平均相对湿度高6%～16%，正午前后绝对湿度高300Pa。莫莫格湿地以芦苇沼泽和苔草－小叶章沼泽为主，区内有大、小泡沼30余个，而龙沼盐沼湿地则以碱蓬－碱蒿盐沼为主，由于过度放牧影响，盐碱化不断扩大，光裸碱斑随处可见。上述沼泽湿地和盐沼湿地对周围环境影响不同。莫莫格沼泽湿地的年平均气温4.4℃，年平均降水量412mm，均高于龙沼盐沼的年均温（4.3℃）和年降水量（411.2mm）。

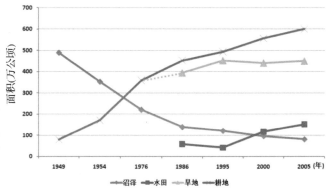

　　湿地丧失会对区域环境带来明显影响，从20世纪50年代开始，三江平原湿地明显受到人类活动干扰，20世纪60年代和80年代尤为明显。三江平原的开荒，基本上是开垦天然的草甸湿地、沼泽化草甸湿地和沼泽湿地，使湿地面积由1949年的534万 hm²（占平原面积6673万 hm²的80.1%）减少到1996年的94.7万 hm²。三江平原湿地面积的缩小和区域气温升高具有明显的相关性（图7-7）。

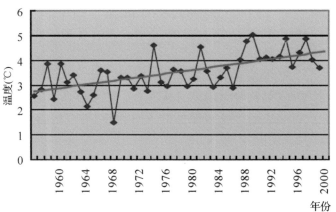

图7-7　三江平原土地利用及年平均气温变化

# 第四节　气候变化耦合人类活动对湿地生态服务功能的影响

　　湿地生态系统，包括河流、湖泊、沼泽、水稻田与沿海带，为人类与扶贫提供了多种服务。一部分人非常依赖这些服务(特别是居住在湿地附近的居民)，是湿地退化的直接受害者。但由于受到自然的干扰(气候变化)和人类的破坏，湿地生态系统的功能发生了变化。通常气候变化与人类活动共同作用于湿地生态系统功能，二者的贡献目前难以定量区分。

　　气候变化已经成为湿地，尤其是干旱与半干旱地区、盐沼、海岸带及高原湿地退化及生态服务功能下降的重要驱动因素之一。在千年生态系统评估中，气候变化的影响正在迅速增加，并且在某些地区，气候变化已经成为决定湿地存在与否的决定性因素(图7-8)。

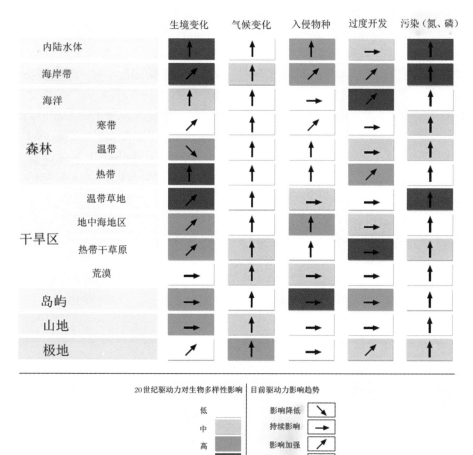

图7-8　湿地系统变化的主要驱动力

格子的颜色代表过去50～100年来生态系统各类型中，各生物多样性的驱动力的影响。高影响表明过去100年来，该驱动力显著改变了生物多样性；低影响表明对生物多样性的影响甚微。箭头表明驱动力的趋势。水平箭头表示维持目前的影响水平；斜的与垂直的箭头表示影响的大幅度增加。例如，如果一个生态系统在过去100年来受到了某种驱动力的中等影响（如过度开发对内陆水系的影响），水平箭头表示这种影响可能持续下去。本图依据专家意见与MA调节与趋势工作组的评价报告共同提炼而成。本图代表了全球的影响与趋势，可能并不适用于特定地区。

## 一、干扰对湿地水文调节功能的影响

湿地的干扰、破坏导致湿地的水文特征发生非常显著的变化。湿地数量的大幅度减少和质量的下降首先导致湿地蓄水容量减少，储水空间变小使洪峰向下游推进。湿地疏干，草根层破坏，植被演替，也降低了湿地对洪水的拦蓄性能。这样一方面使洪水泛滥、洪峰增高、洪水频率加大、持续时间增长。另一方面湿地长期干旱缺水，蓄水量下降，湿地土壤风化。以洞庭湖为例，新中国成立以来，由于人口压力，共修建堤垸266个。围湖垦殖的结果导致调蓄湖面萎缩。至1984年围湖造田及堵塞支流导致湖泊面积减少1659km$^2$，减少调蓄洪水能力80亿m$^3$，湖泊水面净减38.1%，湖容净减40.6%。湿地调蓄功能衰退，洪水威胁随之增大，常出现"平水年份高洪水位"的情况。1983年洪水为5～10年一遇，但西洞庭湖洪水位却超过1954年特大洪水位1～2m。1998年的洪水持续时间长达近一个月。美国陆军工程部测定指出，如果麻省查尔斯河上3400hm$^2$湿地被排水疏干，每年将增加1700万美元的洪灾损失。湿地的面积及范围受到人类活动的影响，其准确数值难以估计。人们改变了水循环过程和有机物及无机物的循环，导致了湿地的退化。相应的，生物地球化学循环也受到了影响。人类对湿地的干扰在以下四个方面影响到水循环：

（1）疏干湿地转化成草场、农田或城市。

（2）水资源管理的部分目标是减少洪水发生的次数及危害程度（例如修季节性的排水沟以降低水位），它也是农业、渔业发展的需要。根据定义，这些地区仍属于湿地，但是其中的生物地球化学作用更加依赖于洪水水情及无机碳与有机碳的补充。另外，由于放牧、采掘泥炭而使大量的碳流失。

（3）为提高水稻产量，对水循环进行人为控制，从而导致了CH$_4$、CO$_2$、N、P、K、S等微量气体及元素通量的变化。

（4）有些地区不进行水循环控制而盲目放牧，将会导致植被及化学元素平衡状态的改变，这些地区仍是湿地，但其功能已发生变化。

中国的三江平原沼泽主要由受黑龙江、松花江和乌苏里江三江泛滥影响而发育形成的苔草－芦苇沼泽和沼泽化草甸组成。三江平原的湿地面积在过去的50年里，已从534万hm$^2$减少到197万hm$^2$。湿地丧失导致区内蒸发量的降低和径流率的上升。三江平原190万hm$^2$的沼泽中储水总量为38.4亿m$^3$，如果按已开垦湿地地表径流率为0.723计算，这意味着每年47.5亿m$^3$的水进入大海，将提高海平面0.013mm。

随着人口增长，松嫩平原农业开发不断向低河漫滩湿地逼近，城市和工业用水进一步减少了湿地的水源供应，湿地破坏和退化的速度十分惊人，漫滩上的湖泊数量和水面面积不断减少。据遥感分析，本区湿地面积减少了 70% 以上，湿地面积仅存 65.2 万 $hm^2$，局部地段湿地率减少为 10% 以下。干旱年份一些湿地保护区不得不从外引水，才能保证有限的水禽栖息地和人工繁育动物的用水要求。20 世纪 60 年代以前，本区芦苇湿地的面积达 28.6 万 $hm^2$，主要分布在黑龙江省的乌裕尔河中下游和哈拉海甸子、吉林省的霍林河中下游、洮儿河中下游及月亮泡一带。20 世纪 70 年代以后，由于连年干旱，管理不善，芦苇退化严重，许多苇塘变成旱塘，芦苇湿地面积减少了 $13.3 \times 10^4 hm^2$。湿地数量的大幅度减少和质量的下降首先导致湿地蓄水容量减少，储水空间变小使洪峰向下游推进。湿地疏干，草根层破坏，植被演替，也降低了湿地对洪水的拦蓄性能。由于缺少了湿地的拦蓄沉积作用，洪水中的悬浮物、污染物得不到净化，危害人民群众的身体健康。沿江筑堤后，许多原本依靠汛期洪水泛滥补给的湖泡，割断了与嫩江水系的联系，淡水补给不足，随着湖水不断蒸发，湖水盐度逐渐上升，水质变坏。湿地破坏后，湿地向地下水补给水分的功能丧失，降低了地下水储量。湿地疏干后，湿生植被演变为中生或旱生植被，覆盖率降低，扩大了地表蒸腾蒸发，加剧了干旱化、盐渍化和风沙化程度，导致区域环境恶化。

黄河、长江中下游冲积平原是中国大型淡水湖泊最集中的分布区。长江中下游因拥有洞庭湖、洪湖、鄱阳湖和太湖而闻名于世。这些淡水湖边缘大多生长成片的芦苇，也都具有巨大的对上游洪水的调节容量和当地社区赖以生存的淡水、鱼类和其他生物资源。目前沿长江共有 690 万 $hm^2$ 湿地。据估算，由于人类开垦和淤积，1949 年以来，长江中下游地区的湿地和蓄水量丧失分别达 120 万 $hm^2$ 和 325 亿 $m^3$，这将导致海水面上升 0.09mm。

青藏高原是世界上海拔最高的湿地之一，湿地总面积共有 470 万 $hm^2$。大片湿地分布于四川省西北部的若尔盖和黄河、长江河源区。50 年前，这些湿地尚未遭受人类活动干扰，在地表径流拦蓄和野生动物保护中起着极为重要的作用。但近年来，由于过度放牧，湿地面积的丧失和功能的退化、沙漠化、盐碱化已经显现。大河源头湿地的丧失和退化对长江、黄河径流的不利影响已经引起有识之士的关注。在西南地区的云贵高原，也有数目众多的大小湖泊和山区的河谷泛滥平原湿地。一些湿地是水禽的重要越冬地，同时也具有重要的洪水缓冲功能。对横断山地区高原湿地的水文要素变化特征研究，结果表明，与非湿地对比，经过湿地的河流水位过程线峰值降低，洪峰滞后。湿地率高的河流峰值出现甚至推迟至 10～11 月。受沼泽河流雨季蓄渗、阻滞调节的影响，沼泽性河流 9 月下旬的流量峰值比其他河流明显增高，有时甚至比夏季雨洪时期还高。

中国 210 万 $hm^2$ 的盐沼和滩涂绝大多数分布于三个区域：双台子河口地区、黄河河口地区、长江口地区及其临近地区。进入黄海的河流携带的大量沉积物导致河口三角洲的快速堆积与新的湿地不断形成。红树林湿地呈斑块状分布于福建省中部、台湾西海岸、广东广西和海南省沿海地区以及香港的后海湾。合理地开发利用沿海湿地可以在保护环境的基础上，使经济得以适度发展，香港米蒲自然保护区将部分红树林生态系统与临近的大面积虾塘结合起来，既保护了红树林和湿生环境，也提高了单位土地面积上的收益。一些海岸湿地的破坏则降低了沿海抵御风暴潮侵蚀能力，污染了近海水域，爆发了大范围赤潮，造成了严重的经济损失。

## 二、干扰对湿地净化功能的影响

有许多研究者强调了湿地的降解环境污染物功能，而较少关注利用湿地降解污染物功能时可能导致的对湿地本身水质的影响。当污染负荷超过湿地水体的自净能力时，湿地水质本身也遭到了污染。湿地水文特征的变化使湿地水体更易遭受污染，频繁的洪水给湿地带来了大量的全范围的污染物、沉积物、有毒物，以及大量的硫化物、氮化物、悬浮物、有机氮等；许多湿地接纳了大量的城市污水及农业径流，也使湿地水体不同程度地遭到污染。据调查，三江平原湿地20世纪70年代后期至80年代前期污染比较重，按污染物的组成研究，以有机污染为主，主要是BOD、COD和有机农药，无机污染物主要是氰化物、硫化物、汞和铬。洪水的泛滥、水土流失的加剧，给湿地带来了大量的泥沙。过量的泥沙淤积不但可能改变湿地的地貌和土壤成分，甚至可能最终填没湿地。在湖泊湿地和水库湿地中这种现象最为严重。湿地水质的恶化影响湿地土壤。由于城市污水和农业径流的污染，导致湿地土壤的物理、化学和生物特征发生了变化。土壤物理粘度减少，浸湿能力降低，吸附能力减弱，微生物的分解能力下降，土壤降解污染物速度放慢，储存的养分减少，湿地土壤的功能降低。

我国的大多数江河和湖泊均遭到不同程度的污染，如鄱阳湖每年有10.4亿t工业废水排入湖区，注入该湖河流上游的德兴铜矿污水排放后，致使沽口至江村坂长达200km水域呈浑黄色，有恶臭，该河段水生植物绝迹，甚至污水入湖中的2～3km内无植物生长。又如被称为"高原明珠"的滇池，其水体已因污染变得恶臭难闻；太湖也已出现严重富营养化。沿海城市每年向海洋排入工业废水和生活污水80亿t以上，导致了赤潮的频繁发生，使鱼虾贝类大量死亡，污染严重的地段，物种绝迹，经济损失惨重。在我国七大水系中，以淮河流域、松花江流域、辽河流域、海河流域水质污染严重，环境质量较差。据统计，每年有120亿t工业废水和生活污水排入长江的江湖中，长江干流的许多地段江水污浊不堪。淮河流域水污染十分严重，据1991年调查，年入河污水量超40亿t；辽河流域每年接纳的污水总量约26亿t。由于湿地景观严重丧失，使生物多样性衰退及污染日益加剧，导致湿地生态功能下降与湿地资源受损。因此保护湿地生态功能，促进湿地资源的永续利用和持续发展，充分发挥湿地资源对现代化建设的支持作用，是工农业生产持续、稳定发展的需要，也是我国实施可持续发展重要战略之一。

## 三、干扰对湿地生物多样性的影响

生物多样性丧失是全球环境恶化的基本特征。湿地生态系统的结构和功能取决于生物多样性的状态。遗传多样性的损失，可能降低物种的生存力，物种灭绝使物种多样性降低。湿地物种多样性丧失和湿地环境的变化又影响全球环境的变化。中国幅员辽阔、自然条件复杂，导致湿地生态系统多种多样。湿地景观、环境的高度异质性，又为众多野生动植物栖息、繁衍提供了基地，湿地物种多样性极为丰富。据赵魁义统计，中国湿地已知高等植物825种，被子植物639种，鸟类262种，鱼类1024种，分别占已知动植物种数的2.8%、2.6%、26.1%和37.1%。其中许多是濒危或具有重大科学价值和经济意义的类群。中国位于澳大利亚—东亚，印度—中亚迁徙水禽飞行路线上，每年约有200种的数百万只迁徙水禽在中国湿地内中转停歇或栖息繁殖。亚洲57种濒危水禽中，中国湿地就发现了31种。全世界鹤类有15种，中国湿地就占9种。中国湿地还养育着许多珍稀的两栖类和鱼类特有种。湿地可以为某些物种，特别是某些植物种完成其生命循环提供所需的生境。有些物种可能依赖湿地完成其复杂生命循环的一部分，如鱼和虾需借助湿地完成产卵并度过幼年期。长期以来，由于人口与资源、能源、粮食方面的矛盾日益突出，中国湿地被大面积开垦。湿地资源的掠夺式开采和过度猎捕，工业废水的污染和物种引进的干扰，不仅严重抑制湿地资源潜力和环境功能的发挥，也造成了生物多样性的丧失和湿地环境的恶化（表7-6）。

**表7-6　湿地生物多样性丧失现象**

| 研究地点 | 生物多样性丧失现象 | 资料来源 |
|---|---|---|
| 洪湖 | 鱼类从40年前的100余种减少到目前的50余种 | 赵魁义，1996 |
| 青海湖 | 已有34种野生动物消失 | 赵魁义，1996 |
| 三江平原 | 湿地珍禽冠麻鸭、白琵鹭等大型涉禽，已有30年未见踪迹 | 赵魁义，1996 |
| 松嫩平原 | 湿地中鸟类数量由1983年的137只/km$^2$降低到1995年的105只/km$^2$，多样性指数（Shannon-Wiener）由1.173降为0.83 | 高中信，1998 |
| 天津团泊洼保护区 | 原来记录到的水禽都未进行繁殖，水禽数量也明显减少 | 张正旺，1998 |
| 兴凯湖 | 雁类急剧减少，1988年中俄界河口附近的雁类数量为95150只，1996年仅记录到953只 | 李文发，1998 |

人类的开垦和开发活动不但恶化了水情，而且使生物多样性遭到干扰和破坏，生物种类减少，生物多样性降低。如三江平原沼泽地部分垦为旱田，使赖以生存的沼泽植物和动物的种类和数量减少，许多植物过去为常见种，现在已为濒危和稀有种类，如绥草、大花马先蒿等；湿地水禽尤其是珍禽减少，濒危珍禽朱鹮和冠麻鸭近年来已未见，估计在三江平原已绝迹。洪湖在20世纪50年代有水生植物92种、鱼类100多种，现仅有水生植物68种、鱼类50余种。东方白鹳在中国给予国家一级保护，列于CITES的附录Ⅰ。鹳在20世纪70年代在三江、松嫩平原常常见到。20世纪70年代有将近100只鸟在长林岛自然保护区筑巢，自20世纪80年代就不在那里繁育，仅在秋季才能见到。1997年在常林岛自然保护区看到28只鸟，1999年在长林岛自然保护区和燕窝岛自然保护区看到41只鸟。1998年以前有2~3对在大兴国营农场和胜利国营农场繁育（表7-7）。由于湿地的农业开垦，它们筑巢的树被伐掉，它们就失去了筑巢的场地。20世纪90年代初，103个人工鸟巢在洪河国家自然保护区、兴凯湖国家自然保护区建起以供东方白鹳使用。其中24个巢已被占据，每年在洪河国家自然保护区有＞20对筑巢。1998年6月在洪河国家自然保护区记录的最大群282只鸟。鹳在松嫩平原的扎龙国家自然保护

区、莫莫格国家自然保护区繁育。20 世纪 80 年代以前在扎龙国家自然保护区有大约 10 只鸟繁育，2000 年有 3 对。每年大约有 2～3 对在莫莫格繁育。

**表7-7 三江平原东方白鹳统计数据**（只）

| 年代 | 洪河国家自然保护区 | 三江国家自然保护区 | 常林岛国家自然保护区 | 兴凯湖自然保护区 | 其他地点 | 总计 | 黑龙江省的总数 |
|---|---|---|---|---|---|---|---|
| 1970 年以前 | 200～400 | 100～150 | 200～300 | 20～50 | 30～50 | 550～900 | 730～1220 |
| 1970～1980 | 100～200 | 30～50 | — | 10～20 | 30～50 | 160～320 | 280～470 |
| 1981～1985 | 30～40 | 30～40 | — | 6～10 | 8～10 | 24～36 | 120～170 |
| 1986～1990 | 6～10 | 4～6 | — | 4～8 | 8～10 | 30～40 | 50～60 |
| 1990～1995 | 10～20 | 4～6 | — | 8～10 | 8～10 | 30～40 | 50～70 |
| 1996～1999 | 20～30 | 6～10 | — | 6～8 | 8～10 | 40～60 | 80～100 |

多瑙河下游水系浅水湖水质由中营养和正常营养向富营养状况转变，导致水中营养成分的数量和质量发生变化，最终引起水中群落的组成及丰富度改变，尤其是营养动力模块的改变。1980～1990 年间在多瑙河三角洲和瑞利辛努礁湖区物种丰富度和主导物种发生了明显变动。在 20 世纪 80 年代初不到 5 年的时间内，浮游植物群落的丰富度从 250 个物种下降到不到 50 个物种。在浮游植物群落占优势的湖里，3～7 种外来的蓝藻细菌在温暖的季节里可以占到生物生产量和净生产量 80%，在寒冷季节也可占到 55%。在这些湖里浮游动物的物种丰富度也被从 125 个物种削减到不到 41 个物种。身体尺度大的水蚤类、桡脚类动物被身体比较小能够有效利用浮游微生物作为食物源的物种取代。在非常浅的湖中对这些微生物的细微变化已经有了记录，这些种类的丰富度，随着具有垂直生长策略或具有飘浮物性的物种取代以前那些能够争取到营养源的物种，逐渐的从 16 个物种下降到 11 个物种。浮游植物或微生物起主导作用的生态系统的特点是增加的能量作为 POM 形式以 $2.09 \times 10^7 \sim 2.93 \times 10^7 J/(m^2 \cdot 年)$ 的速率转变成沉积物，这种现象在沉积物—水的交界处与氧气的消耗有密切联系，而且在底层的营养动力模块的物种构成也十分简单。以上的营养动力和分类的变化对大多数有价值的鱼类来说已经导致了可得到的食物源及其质量的变化。结果 1980 年以前可以经常捕获到的 28 个种类已经下降到 19 个，而且以前占优势的有价值的种类已经被价值不大的种类所替代或者被外来物种替代。姆鱼在种类的丰富度上没有变化，但是它们的捕获量下降了。这些变化似乎与营养方面并无联系而是由产卵、繁殖区的恶化和过度开发造成的。

## 四、干扰对湿地物质"源"与"汇"功能的影响

湿地排水后，进行各种方式的开发利用，氧化程度与泥炭积累之间的平衡状况发生改变，湿地则由 $CO_2$ 的"汇"变成 $CO_2$ 的"源"，改变了湿地碳循环模式，对大气 $CO_2$ 的水平可能有潜在的影响。如果湿地中的碳完全释放到大气中，将提高大气温度，使海水膨胀进而抬高海平面。事实上，从工业革命到 1980 年为止，因土地利用方式改变，造成

66 亿~81 亿 t 碳从泥炭地中释放。平均每年转化 1. 820 亿~2. 720 亿 t。若全球的沼泽地全部排干，碳的释放量相当于森林砍伐和化石燃料燃烧排放量的 35%~50%。湿地是全球氮、硫、甲烷等物质循环的重要控制因子。天然反硝化丧失氮的总量已经等于从大气氮合成生产的肥料量。多数温带湿地都是肥料富集的农业径流的承泄区。湿地还可能将多余的氮归还给大气。湿地可能作为甲烷的汇，湿地更可能是甲烷的重要源地。

湿地占世界陆地面积的 8%~10%，含有全球地面碳素的 10%~20%。因此，湿地在全球碳循环中起着重要的作用。如果将沿海湿地和泥炭地也包括在内，湿地是地面生物碳的最大储存库。在约为 19430 亿 t 的碳总量中，湿地含碳量估计多达 2300 亿 t。泥炭沉积物中估计储存碳 5410 亿 t。

表 7-8 概括说明湿地的温室气体储存和流动情况。表 7-8 中 a 表明泥炭地土壤特别是热带泥炭地土壤以及生物量中储存着巨大数量的碳。表 7-8 中 b 是从自然湿地和水稻种植中释放的甲烷量。表 7-8 中 c 表明沼泽和酸沼地因排水和开垦为农田而排放出相当数量的 $CO_2$。

**表 7-8　湿地温室气体储存和流动**（1998，GACGC）

| a. 泥炭地的碳储存和流动 | | | |
|---|---|---|---|
| | 碳储存（$tC/hm^2$） | 生物量（$g/m^2$） | 碳吸收［$tC/(hm^2·年)$］ |
| 全球 | 1181~1537 | — | 0.1~0.35 |
| 热带 | 1700~2880 | 500 | — |
| 寒温带/温带 | 1314~1315 | 120 | 0.17~0.29 |

| b. 自然湿地和水稻种植释放的甲烷，以二氧化碳（$CO_2$）当量表示 | | | | |
|---|---|---|---|---|
| | 甲烷排放 ［$tC/(hm^2·年)$］ | $CO_2$ 排放当量（tC） 全球升温潜能值（因素/以年为单位的时间长度） | | | 地区 |
| 自然湿地的甲烷排放 | 0.05~0.21 | 2.8~4.4 | 1.1~4.4 | 0.3~1.4 | 全球 |
| | 0.26~0.28 | 14.6~15.7 | 5.5~5.9 | 1.7~1.8 | 热带 |
| | 0.08~0.15 | 4.5~8.4 | 1.7~3.2 | 0.5~1 | 寒温带/温带 |
| 水稻种植的甲烷排放 | 0.13~0.89 | 7.3~49.8 | 2.7~18.7 | 0.85~5.8 | 全球 |

| c. 湿地开垦的 $CO_2$ 的排放（仅适用于沼泽和泥炭地） | | |
|---|---|---|
| | $CO_2$ 排放 | |
| | 排水［$tC/(hm^2·年)$］ | 农业用途［$tC/(hm^2·年)$］ |
| 全球 | 0.23~0.26 | 1~10 |
| 寒温带/温带 | 0.1~0.32 | 1~19 |

由于厌氧性和低营养度，湿地的碳储存在不断增加。根据表 7-8a，沼泽是全球的温室气体吸收汇，吸纳量约为 1 亿 t/年。然而，当泥炭地的水被排掉，矿质化产生了大量

气体排放，在 2.5 ~ 10tC/（hm²·年）之间。热带森林沼泽的排水可相当于 40tC/（hm²·年）。根据表 7-8c，湿地转化为农田排放的总碳量估计为 0.5 亿 ~ 1.1 亿 tC/年。

为了正确地评估自然湿地和湿地转化为农田的排放源和吸收汇的潜力，必须考虑 $CO_2$、$CH_4$ 和 $N_2O$ 的流动。湿地和稻田的水浸土壤由于缺氧条件下，加上高度的初级生产，产生的甲烷量占全球向大气层甲烷排放总量的 40% 以上。寒温带和热带湿地是另一重要的甲烷排放源。当湿地被开垦为耕地时，释放了大量的 $CO_2$ 和 $N_2O$，而甲烷排放却大大减少。最近，Kasimir-Klemedtsson 等人（1997）表示，北欧的湿地积累了 0.16 ~ 0.25tC/（hm²·年），如果将甲烷也考虑进去，那么这些湿地就变成了净排放源，排放量为 0.43 ~ 1.1tC/（hm²·年）。

## 五、干扰对湿地小气候的影响

湿地是多水的自然体。发生在湿地能量转换中的大气、植被和土壤表面之间的辐射过程、感热和潜热交换、土壤中热传导和土壤孔隙的热量传输，发生在水文过程中的大气降水和地表地下径流的输入，湿地表面的水气蒸发，植被的蒸腾，水汽在地表和近地面大气的凝结，液态水的流动与渗透，冰雪的融化和冻结等，都直接间接地受到气候和环境的影响，也直接、间接地影响气候和环境。陈刚起指出，湿地对局部气候有明显冷湿效应。湿地的蒸腾作用可保持当地的湿度和降雨量。湿地产生的晨雾可以减少周围土壤水分的丧失。如果湿地被破坏，当地的降雨量就会减少，对当地的农业生产和人民生活就会产生不利影响。

三江平原沼泽湿地开垦前后，小气候发生变化。夏季沼泽土壤温度较其他土壤低，随深度的增加，沼泽土壤温度迅速递减，沼泽土壤温度的日变幅较其他土壤小，日变化传播的深度也较其他土壤小。沼泽因为有薄层积水或土壤过湿，加上植被削弱太阳辐射，日间地面增温较缓慢，故贴地层的气温比开垦后的裸地低；夜间，虽沼泽地面温度有时高于裸地，但空气温度由于受植被本身辐射冷却的影响，仍比开垦后的裸地低。原始湿地比开垦后的农田贴地气层日平均相对湿度高 5% ~ 16%，绝对湿度高 300Pa。

# 第八章　气候变化背景下湿地适应性管理及策略

## 第一节　气候变化对湿地生态系统脆弱性的影响

### 一、生态系统脆弱性定义

生态系统脆弱性研究随着全球环境变化、气候变化等新课题的提出已成为广泛关注的科学问题之一。许多国内外大型项目包括 20 世纪 60 年代的国际生物圈计划（IBP）、70 年代的人与生物圈计划（MAB）及 80 年代开始的地圈、生物圈计划（IGBP）都将生态系统脆弱性作为重要的研究领域。

"脆弱性"作为一个术语已经被应用于各种领域，其中在环境科学领域，脆弱性则是与气候变化相联系的。生态脆弱性研究涉及到社会系统、自然生态系统以及社会—生态耦合系统三大类。不同领域对脆弱性的理解不同，直至 20 世纪 80 年代末 90 年代初全球气候变暖及其影响才逐渐受到国际社会的关注，脆弱性概念开始引入到气候变化影响研究和评估当中，随后其内涵才得以不断丰富与发展（肖磊等，2012）。IPCC 第 3 次评估报告将气候变化研究中的脆弱性定义为："一个自然或社会系统容易遭受或没有能力应对气候变化（包括气候变率和极端气候事件）不利影响的程度，是某一系统气候的变率特征、幅度、变化速率及其敏感性和适应能力的函数"。生态脆弱性是生态系统在特定时空尺度相对于外界干扰所具有的敏感反应和自我恢复能力。目前对于脆弱性的定义并未有完全的一致，但多数研究仍以 IPCC 的定义为准则。

湿地是介于水体与陆地之间过渡的多功能生态系统，是生物多样性最丰富的基因信息库，也是对全球环境变化最为敏感的区域之一（汤博等，2009）。作为水域和陆地过渡形态的自然体，由于湿地所遭受的受力方式和强度以及频率的侵蚀和堆积等而具有不稳定的特征，从而决定了湿地生态系统表现为一种脆弱和不稳定的特征。湿地生态系统除了因自然因素不断发生着自然演变外，人类的各种间接与直接活动都改变着湿地的生态进程（崔保山和杨志峰，2006）。近年来，湿地资源面临的威胁急速加剧，因而对湿地脆弱性的研究也逐渐增加。湿地脆弱性是灾害事件引起湿地变化的可能性，着重于灾害（自然和人为的灾害事件）产生的潜在影响。湿地脆弱性是在潜在人为压力下，湿地功能和价值退化的可能性，侧重于脆弱性的人文驱动因素。经过多年发展，"湿地脆弱性"的概念已达成了一定程度共识，表现为湿地脆弱性的扰动具有针对性。综合各种观点，将湿地脆弱性定义为在自然环境和人为压力下，湿地退化的程度和可能性。其中，自然环境变化（包括气候变化）引起的湿地负面变化包含在湿地退化的范围内（尚二萍和摆万奇 2012）。

## 二、湿地生态系统脆弱性特征

湿地脆弱性特征是湿地脆弱性评价和管理的基础，是湿地脆弱性表现的特殊形态。湿地脆弱性特征主要有：地貌基底成因的不稳定性、过渡带或边缘地区的突发性、旱涝与水土流失等灾害引起的波动性、水热分配不均或水资源紧缺的压力性、水体水质受到污染的介入性、生物多样性受到威胁的胁迫性、过多或不合理的人为活动的干扰性、湿地受到破坏的难恢复性、湿地退化的衰退性（强调的是系统中要素向不利于系统多样性和稳定性方向发展，导致湿地面积减少，生物多样性降低，湿地退化等）。总之，湿地脆弱性特征就是湿地脆弱性诱因的复杂性和综合性、表现的随机性和突变（叶正伟等，2005；叶正伟，2007；Shuping，2010；尚二萍和摆万奇，2012）。

我国对湿地脆弱性特征的研究也相继展开，于秀波等认为长江中下游地区湿地面对气候变化主要呈现出以下脆弱性特征：极端气候和灾害事件的频率对湿地影响将加大；水热分配变化可能引起湿地物种结构和生物群落变化；气候变化使湿地生物多样性受到威胁；湿地生态系统完整性遭到破坏。叶伟正从生态脆弱性的角度阐述了淮河流域湿地的脆弱性特征。指出淮河流域湿地具有自然灾害频发的干扰性脆弱，湿地水资源紧缺的压力脆弱性，河道断流、湖泊干涸的灾变性脆弱，湿地水体污染严重的胁迫性脆弱，湿地生态系统面临退化威胁的衰退性脆弱和水土流失严重的波动性脆弱等特征（叶正伟，2007）。

## 三、气候变化对湿地生态系统脆弱性的影响

近年来，自然生态系统响应气候变化的脆弱性研究成为气候变化研究领域的热点问题，湿地对气候变化的脆弱性是其中的重要研究方向。湿地通常发育于地表径流缓慢、下渗受限制或是有地下水排泄的水陆交错带，通过蒸散发和降水与大气进行水汽交换。气候变化常伴随着区域气温及降雨条件等发生变化，对湿地水文、生物地球化学过程、水质与水循环、湿地能量平衡与湿地生态功能等产生较大的影响。湿地水文条件是决定湿地生态过程的关键因子，气候变化引起的地表积水水位变化直接影响湿地植物优势种群结构的演替及氧化－还原环境条件的变化，导致湿地生态过程的变化及温室气体排放强度和时空分布特征等的变化。气候对湿地结构和功能的影响还包括营养物质和矿物质的循环及食物链的动态变化等（宋长春，2003）。IPCC 指出，不断变暖的气候将导致大气降水的形式和量发生变化，而这将通过改变湿地水文过程和生物地球化学过程，从而显著地改变湿地的生态功能。自 20 世纪中期，中国东北地区出现了持续而显著的增温现象，这导致湿地生态系统脆弱性增加。三江平原湿地目前基本上处于中度脆弱等级，部分发育在古河道洼地的湿地，由于受到多种水源尤其是地下水的补给，脆弱程度较低，如萝北水城子湿地、双台子河口湿地、长白山地区，而依靠大气降水及地表径流补给的湿地则多处于高度或极度脆弱，如扎龙湿地、七星河流域、查干湖湿地、黄泥河湿

地等(潘响亮等，2003)；根据1986~2000年江河源区气象资料及湿地面积变化的资料，气候变化增加了江河源区自身环境的脆弱性，成为江河源区湿地退化的主要原因(陈锦等，2009)。以往研究多以水文景观、湿地生态系统结构和功能以及空间分析3种角度分析气候变化对湿地脆弱性的影响。以水文景观视角切入，利用水文景观理论，分析湿地在山区、平原与高原、广阔的内陆水系流域、河流、沿海、冰川与沙丘6种水文景观下对气候变化的脆弱性(潘响亮等，2003)；或将发育于各种水文景观中的湿地对气候变化的脆弱性划分等级(Winter，2000)。湿地的水文条件发生较小的变化，就有可能对湿地生态环境产生较大的影响。水文景观则由地下水、地表水、大气水及其相互间的水力联系特征界定。气候的变化通过改变湿地的水文特征来影响湿地整个生态系统。因此可以从湿地在水文景观中所处的位置，了解湿地水分的输入和输出关系，从而有效地评价湿地对气候变化的脆弱程度。以湿地生态系统结构和功能视角切入，主要通过分析湿地结构和功能在气候变化背景下的变化，评价湿地对气候变化的脆弱性(吴后建和王学雷，2006)。以空间分析视角切入，实现湿地脆弱性的空间定量化(Copeland et al.，2010)。其中气候变化对湿地生态系统脆弱性的研究的内容包括：湿地生态系统水文景观对气候变化的脆弱性(Winter，2000)、湿地生态系统位置及其对气候变化的脆弱性(Johnson et al.，2005)、湿地生态系统结构和功能对气候变化的脆弱性(宋长春2003)、湿地生物群落对气候变化的脆弱性(McMenamin et al.，2008)、特定湿地类型(滨海湿地)对气候变化的脆弱性(尚二萍和摆万奇，2012)。

## 四、湿地生态健康评价

美国EPA于1990年从响应指标、暴露指标、栖息环境指标、干扰因子等方面开展了河口生态健康方面评价工作，主要在湿地水文地貌分类体系的基础上，逐步开发、完善了以功能评价为基础的湿地生态健康评价方法，即水文地貌评价方法(HGM)，可以对一个大尺度地理区域内的诸多湿地功能进行一致的评价。近年来部分学者开展了湿地生态健康评价指标体系的理论、方法与案例研究，同时模糊数学理论及压力—状态—响应模型也被广泛应用于湿地生态健康评价中。王一涵等(2011)对三江平原洪河地区湿地生态健康评级结果表明，洪河自然保护区的湿地生态健康状态是最好的，洪河自然保护区功能分区生态健康状况由好到差的顺序为核心区 > 缓冲区 > 试验区，水文地貌要素是影响湿地生态健康的关键性因素。

# 第二节　气候变化背景下湿地可持续发展与利用

湿地是潜在的土地资源，是人类赖以生存与发展的基础资源与环境条件，由于全球人口的增长、资源开发与利用过度和气候变化的影响，导致湿地面积大量减少，许多湿地物种、生态系统正在消失。气候变化往往通过影响湿地面积、资源供给能力、水资源等因素影响区域可持续发展能力。对1995~2004年间扎龙湿地可持续发展轨迹(图8-1)

分析发现，扎龙湿地可持续发展能力呈降低趋势，主要是由于湿地资源环境遭到严重破坏的后果日益凸显。除了严重的人类活动影响之外，扎龙湿地发生的气候极端事件也是重要原因。如 2001 年扎龙湿地发生了严重干旱，降水仅为 160mm，使湿地的水域面积和沼泽面积急剧减少，湿地居民的生产生活主要依靠湿地自然资源，资环环境子系统可持续发展水平的下降将直接影响到经济子系统和社会发展子系统的可持续发展水平（沃晓棠，2010）。

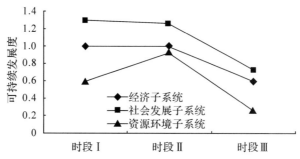

**图 8-1　1995～2004 扎龙湿地可持续发展轨迹**

同时，由于缺乏制度安排等原因，湿地生态系统服务没有得到合理的补偿，湿地资源难以得到持续的保护和有效的管理。这就需要适时采取适宜的资源可持续利用与管理策略进行湿地生态系统保护，使其服务功能得以稳定地发挥，包括以下方面：

## 一、完善湿地保护与利用的制度建设

目前我国具备法律效力的湿地保护法规散见于其他法律条文中。广为人知并具有国际约束力的条文主要为拉姆萨尔条约（即湿地公约）。经过多年努力，湿地公约在全球得到广泛认可，并在全球湿地保护中起到纲领性作用。然而，湿地公约依然需要随着时代的变迁进行不断修订。如分布在不同地理区域内的泥炭地等各类型湿地，具有多样化的、重要的生态系统服务功能，其利于区域人民乃至整个人类更好的生存，但如果湿地生态系统得不到完善的管理，湿地功能将面临严重的退化。而湿地公约的签署其本质上是为了保护水鸟及其栖息地环境，其内容及内涵均有待于延伸，并推动公众各方对于湿地保护内涵的认知。

湿地公约应鼓励缔约国各方及其代表加强湿地保护与全球气候变化研究组织的研究与合作，尤其是联合国关于气候变化的框架公约（UNFCCC）工作的同行及其附属机构建立联系，以促进相关信息，如湿地保护、管理和修复行动在实施相关政策中的实际和潜在作用，在加强湿地碳固定和存储、缓解温室气体排放中的作用等方面的交流。同时，湿地公约需要考虑在全球气候变化背景下引入更为更为宽泛的湿地边界定义及广泛的多学科学术定义及用语。承认会议的不同要求和独立的法律地位，并重申《联合国气候变化框架公约》（UNFCCC）和联合国政府间气候变化专门委员会（IPCC）将以下术语考"减缓、适应、碳固定，减排，温室气体排放和碳储量"用于公约中，并成为湿地保护过程中的重要目标及参考。

　　在实际的湿地保护与利用过程中，湿地公约应给予缔约国各方更为详细及具体化的指导与建设意见。并督促相关缔约方尽快采取行动，在国家能力范围内减少退化、促进恢复、加强具有重要温室气体汇功能的泥炭地和其他类型湿地的管理实践，鼓励扩大建立，与延缓和适应气候变化有关的，泥炭地恢复及合理利用工作示范点；并呼吁湿地公约管理当局提供专家指导和支持，在适当情况下，以 UNFCCC 决议为基础，将 UNFCCC 各关注点和一些意在减少人为的湿地温室气体排放相关政策和措施相融合，在可行的条件下如泥炭地，并鼓励缔约方用泥炭地作为交流、教育和公众意识提升等活动的平台，在努力实现缓解和减少温室气体排放、适应气候变化带来的影响过程中履行公约。

　　在我国，完善湿地环境综合防治的法律法规体系，建立高效的执法监督机制，促进政府部门间的协调和合作取得实效，将使沿海滩涂围垦、过度捕捞以及工业污染等问题真正得到解决。在整个湿地生态系统内全面严格限制对自然湿地的围垦利用，严禁盲目围垦，严格湿地开发利用审批手续，有效控制自然湿地减少的态势。对于沿海湿地，实行湿地开发许可证制度，严格执行捕捞许可证和捕捞限额制度，规定可捕种类和数量，使渔业活动受到时空限制。在鱼、虾、蟹、贝的重要产区直接引水、用水时，必须避开幼苗的密集期、密集区，必要时采取网栅设置等保护措施。对围垦区有碍于行洪排涝、破坏生态环境或占用重要水禽繁殖地，要采取"退田还泽（滩）"的应急措施，促进整个湿地生态系统的自然恢复。实施大规模的伏季休渔制度，休渔的保护对象从鱼类扩大到蟹虾类，强化伏季休渔期间的增殖放流，使海洋渔业资源的恢复从"静态的养护"变成"动态的保护"，促进湿地资源的可持续利用。在不影响湿地生态系统完整性的前提下，整合湿地资源利用方式，以减少湿地资源利用中可能发生的冲突，进而提高资源产出率。

## 二、建立湿地可持续利用的激励机制

　　湿地可持续利用的效益对中央政府、地方政府和农户是不同的，因此，他们在湿地可持续利用的途径选择上的作为也是不同的。农户在效用最大化的驱动下，进行各种生产要素的优化组合，安排湿地的利用方式。湿地的外部性与公共物品属性决定中央政府干预湿地利用的经济行为是必要的。从经济理性来看，作为利益主体的地方政府，由地区利益诱发的行为具有其合理性。三者必将进行博弈，这就需要运用激励机制，实现博弈结果的合作均衡。

　　将沿海湿地保护纳入到地方政府政绩考核的指标体系中，对湿地保护不力的给予惩处，这样将强化政府在做决策时将湿地保护不力所面临的风险纳入成本收益计算，从而激励地方政府保护湿地的行为。在制度框架内提供一种内生的激励机制和约束机制，使农户或养殖户对保护湿地有强烈的收入期望，进而提高其积极性。对采取湿地保护的县域、企业和个人提供相应的补贴，使湿地保护不再停留于政府的强制性行为和社会的公益性行为，而是投资与收益对称的经济行为，使湿地保护成果转变为经济效益，激励投入者更好地保护湿地。

　　运用经济激励手段的目标就是确保利用沿海湿地生态系统的真实成本传输给生产者

和消费者，从而纠正市场失灵。可以通过赋予原来自由使用的生态系统服务一个价格来促进市场发育。例如，征收海域及湿地使用费、渔业资源使用费等。同时，通过评估沿海湿地生态系统服务的价值，使这些价值纳入到生态系统产品和服务的价格之中来调整市场。例如，政府可以通过判定某一具体湿地保护区或旅游景点的价值，向商业性旅游业运营商征收许可证费来调整区域旅游资源市场。

## 三、将湿地生态建设纳入区域综合发展规划

随着沿海湿地资源稀缺性增加，湿地开发与保护需要付出的劳动将越多，湿地资源价值也会随之增加。作为区域生态环境建设的重要组成部分，湿地保护与开发利用应被纳入沿海地区综合发展总体规划之中。调节海洋资源的开发利用，实行湿地保护、湿地恢复工程。通过对淡水湿地、盐生沼泽湿地和海涂泥滩湿地的保护与修复，可使受损的湿地生态系统再现其完整的组织结构和特有的生态功能，增强沿海湿地生态系统景观结构的稳定性。通过开展沿海地区生态养殖工程示范区建设等，促进区域生态产业的发展，以提高当地社区的经济收入，增加居民的就业机会。

湿地生态系统管理的优化模式是对沿海地区进行造血式经济补偿，如提供技术、管理经验、投资开发等，促进区域经济发展，加强湿地生态系统保护与开发利用的社区合作。推行沿海地区清洁生产，使污染治理由末端治理向源头防治转变，降低环境治理成本。在确保湿地资源的合理开发的同时，促进湿地资源的再生或替代资源的开发。沿海湿地生态系统综合管理实施后，社会总资本的存量没有减少，自然资本的存量和获利能力没有下降，将实现综合管理的代际公平。

## 四、建立湿地生态补偿机制

湿地保护是具有正外部性的实践，合理的制度安排有利于外部性内在化。沿海湿地生态系统的利用者从这些保护或者修复生态系统的行为中获得收益，这些受益者应该承担相应的成本。为了激励湿地生态系统修复的行为，受益者必须对保护或者修复者进行补偿。湿地生态补偿机制是调整保护与损害或受益于湿地生态环境的主体间利益关系的一种制度安排。政府应成为补偿的重要主体之一。同时，可通过科学方法来确定受益者，由受益者来作为补偿主体。进一步明晰产权，对湿地保护者和减少湿地破坏的人员给以补偿，激励湿地产权主体维护湿地投入的可持续性。

沿海湿地生态补偿是一种帕累托改进，即在其实施过程中，至少有一个人受益，但不会有任何人受损。因为不仅区域湿地资源配置的效率得到提高，而且受保护的区域内个人的福利都得到改善，实现社会福利的优化。根据《物权法》规定的渔业水域滩涂补偿原则，按照国家"生活水平不降低、长远生计有保障"的要求，参照农村土地承包经营权，确定补偿办法和标准，补偿的范围应包括滩涂湿地的占用补偿、水产品及水上设施的补偿和农民、渔民生产和生活安置等内容。

沿海湿地补偿机制的建立需要筹集足够的补偿资金，使它不仅能补偿湿地保护的经济成本，而且可能补偿其生态效益的价值。同时，需要设计出将补偿金发给补偿地区的

被补偿人的方案。湿地生态补偿的对象应是直接参与湿地保护的机构和个人或者由于湿地保护而导致当地经济和个人利益受损的地方政府和个人。按照"谁保护，谁受益"、"谁受益，谁付费"的原则，确定受损部门补偿标准的估算方法和受益部门应该分摊的成本估算方法。对农民、渔民的补偿费用应当由湿地生态系统受益者负担，包括渔业部门、港口航运部门、旅游部门、资源和环境保护部门等。

沿海湿地生态功能补偿途径应以其补偿方式为基础，只有理顺各种补偿方式的作用和操作流程以及涉及的相关内容，才能更好地进行方式组合。沿海湿地保护的生态补偿可以采取政府补偿与受益地区收取保护补偿费等其他形式相结合的方法。探索政府和市场相结合的补偿资金使用办法，将公益性生态补偿机制转变为利益性生态补偿，即通过政府政策的引导、扶持，吸引其他经济主体投资湿地保护。政府提供湿地保护补偿的具体政策由各市场中介组织具体实施，通过运用市场机制来提高湿地保护补偿资金的使用效益。这就需要完善公共支付体系，加大财政转移支付力度补偿，对因湿地保护而造成的财政减收，应作为计算财政支付资金分配的重要因素。同时，强化政府责任，使其不仅提供湿地生态系统服务，而且能够以税收等手段向湿地的受益者收回公共产品的成本，以维持湿地生态系统的稳定性。

## 五、开展湿地产权界定和交易

通过明晰沿海湿地产权，消除湿地外部性影响，以协调沿海湿地生态系统的服务功能。沿海湿地生态系统的自然特征，决定了将沿海湿地划分为私人所有产权的成本较高，而且即使进行了分割，这种所有权也很难执行。因此，沿海湿地生态系统管理中最重要的不是设定私人所有权，而是逐步精细化个人使用权。必须明确湿地资源的所有权和使用权，实行两权分离，其所有权归国家，使用权归付费使用者，以切实维护使用者的权益，抑制湿地资源过度消耗。同时，在征求了公众意见的基础上，应建立沿海湿地产权交易的公示和审批制度，使有关机构能够衡量各种利益关系，并以此作为依据最终决定是否批准湿地产权交易。

通过建立沿海湿地专属经济区，确定产权归属，以限制非产权所有者获得经济专属区生态系统服务。由于市场主体具有的趋利避害性，通过自愿交易可以达到湿地外部效应的内部化。随着市场经济的发育和完善，湿地效益计量手段也日趋科学化，这使得湿地保护的提供者和受益者直接交易方式更具有现实性。

## 六、促进利益相关者参与湿地资源的保护与管理

明确相关部门职能，完善沿海湿地保护的协调机制。打破部门、行业的界限，避免多头管理和重复建设。培育湿地保护机构的可持续管理能力，在目标一致、利益互补的原则下，林业、渔业、环保、水利等部门可以协商合作，成立专门的湿地管理委员会，制定湿地保护与开发利用的政策法规，组织实行湿地生态补偿的定量化，为生态补偿活动提供补偿依据、补偿原则和补偿实施程序等。同时，开展湿地生态保护费的征收和分配。建立湿地生态保护基金，并通过湿地生态保护组织网络输送到所需要地区，以使湿

地保护成本降至最低，实现沿海湿地经济效益和环境效益最大化。

增加沿海湿地保护投入，把湿地保护纳入政府公共财政范围，引导和鼓励社会参与湿地保护，扩大湿地保护资金来源渠道，鼓励社会资金投向湿地建设，满足湿地保护所承担的生态建设的实际需求。开展湿地保护与开发利用主体的能力建设，充分运用法律强制、行政干预和经济调控等手段，提高公众保护湿地的意识，赋予农民、渔民享有充分决策的自主权利。建立湿地资源保护与开发利用决策的民主管理机制，利益相关者直接参与区域湿地资源的利用，进行湿地可持续利用主体间的利益博弈，确保湿地可持续利用的主体行为利益，使公众真正成为湿地资源保护的主体。在湿地生态系统基本建设、监测巡护、生态旅游等方面可吸收周边社区的积极参与。

沿海湿地共同管理的主要目的在于通过把利益相关者纳入湿地保护与利用规划的制定和实施过程中，使其能够真正认识到规划的内容及其制定和实施程序的合理性，增强其遵守管理制度的自觉性。因此，在湿地资源保护与开发利用中，村民、政府部门、企业及其他利益相关者可以自主参与湿地项目的决策、实施、利益分配及监督和评估，集体讨论资源的权属、利用、处置、收益等问题。同时，许多利益相关者拥有丰富的实践知识，他们的参与可以弥补农业、渔业专家和管理人员专项知识的不足，以探求更为公平有效的管理途径，进而增强沿海湿地生态系统服务功能的可持续性（包晓斌，2011）。

## 七、湿地可持续发展

可持续性被广泛地认为是所有政策决策和发展规划的核心部分，对成功的湿地资源开发与保护来说，必须是可持续性的。可持续性赋予决策过程准则，在湿地资源利用和环境社会保护中找到平衡。生态旅游被认为是最具潜力的模式，是可持续概念下新的旅游方式，是以绿色消费生态观和环境保护为主导思想的传统大众旅游活动的生态化，随着环境保护和可持续发展理念逐渐深入人心，生态旅游得到极大的重视和发展，其速度甚至超过了旅游发展整体，生态旅游已经成为旅游业增长最快的分支之一，全世界的生态旅游年增幅为 10% ~ 15%。生态旅游在国际市场上占到了 1/5 的市场份额，20% 的国际旅行，并且每年创造 200 亿美元的收益，已成为旅游业发展的主导方向。沿海生态旅游受到人们青睐，大量的滨海湿地得以保护，不仅成为物种的信息库和珍稀濒危生物栖息地，也同时成为科研教育基地（王芳和朱大奎，2012）。

（1）加强湿地资源可持续利用研究。通过湿地利用的动态研究，可以及时了湿地利用对环境的影响。建立湿地监测体系，积极推广包括地理信息系统和遥感在内的新的监测技术在湿地监测方面的应用。还需加强湿地可持续利用模式的研究。

（2）建立一个多部门参与、支持、协调的湿地管理机构。这个机构的职责是应用现行法律法规、相关政策及相关技术手段，对湿地资源进行评估；制定、实施 5 湿地保护条例 6，规范湿地保护与利用行为；考察各重点湿地的历史、现状、存在的问题与发展前景；探讨防止湿地遭受重大破坏和威胁的途径、手段及政策措施；研究湿地保护、管理、开发的资金筹集渠道、运行机制与经济补偿规则等。

（3）建立湿地可持续利用的有效经济调节机制。建立湿地可持续利用的有效经济调

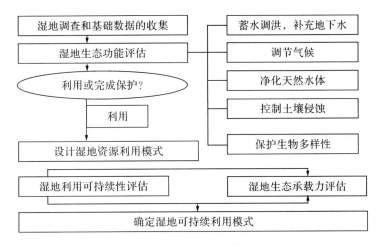

**图8-2　湿地资源可持续利用模式确定过程**

节机制，可以协调短期利益和长期利益、社会利益和个人利益以及湿地周围居民的利益和湿地开发者的利益。政府可以通过补贴、税收优惠、财政投入和财政转移支付等形式，鼓励对湿地保护有利的个体和社会行为。

（4）大力加强湿地资源可持续利用示范区建设。湿地资源可持续利用示范区可以为科学合理利用湿地提供经验和示范作用。湿地资源可持续利用的示范区建设，可以按照湿地资源的特点，开展生态农业和生态渔业相结合的湿地多用途管理示范建设；结合退田还湖，因地制宜发展湿地农业建设，发展水生蔬菜、水生养殖、水生经济作物等；发挥湿地景观特点，积极推进湿地生态旅游。

（5）积极传播湿地资源可持续利用知识。教育、宣传和公共参与在湿地资源可持续利用中扮演着重要的角色。首先，应通过各种渠道使公众认识到湿地可持续利用的重要性和紧迫性，认识到什么是湿地、它具有什么功能、面临哪些问题等。其次，应创造公众了解湿地可持续利用技术的便捷途径。政府可以聘请专家通过电视、网络、课堂讲座等形式向公众讲解湿地保护和利用技术。最后，应加大政府在湿地教育方面的投入。充分认识湿地资源在维区域生态系统平衡方面的重要意义

（6）科学合理规划，加强立法保护和使用并重。在确定现存湿地的开发利用方向时，权衡利弊得失，全面规划，做出妥善抉择。在加强湿地资源立法保护时，应对维持湿地生态系统起重要作用的生物资源以及生物多样性保护列入社会经济发展规划。同时充分利用新闻媒体，宣传湿地生物多样性对社会经济发展的重要性，提高全体民众对保护湿地生物多样性的认识，促进公众广泛的参与和全社会的共同努力。选择有代表性的区域建立湿地自然保护区，实现保护欲使用并重的管理模式。依据湿地资源的特征，因地制宜地发展相关产业，提高综合效益，充分利用湿地资源的各项功能，避免利用单一，因地制宜地发展相关产业，提高湿地资源的综合效益。如运用人工或自然湿地处理污水（又称生物氧化塘），通过湿地自身完整的生态系统内部动物、植物、微生物的生物化学过程有效地去除有机污染物，和水土营养物质（N、P等）。发展种类多样的养殖业和种

植业。在保护野生动植物资源的基础上，利用湿地适宜的水体条件发展人工养殖业。

# 第三节    湿地适应性管理对策及技术

## 一、适应性管理概念与模式

适应性管理最早可追溯到 20 世纪初的科学管理理念，是自然资源管理外部法则与科学管理理念相结合的产物。1978 年，《Adaptive Environmental Assessment Management》的出版，使人们进一步认识到适应性管理在应对复杂环境管理问题中的潜力。书中提出，适应性管理是在综合考虑生态、经济和社会各方面知识的基础上开展项目设计及实施的过程（Holling，1978）。Lee（1994）在《Compass and Gyroscope：Integrating Science and Politics for the Environment》中，进一步描述了适应性管理的内涵及基本管理框架，他认为，适应性管理是生态系统管理方法之一，要强调系统存在不确定性，并把生态系统的利用与管理视为试验过程，以便我们从中有效地吸取经验。该定义隐含着：新的信息不断被验证、评估时，必须相应调整战略决策和战略目标。管理的具体过程为：管理者首先要明确管理目标、设计假设试验并执行；在实施过程中不断搜集、分析各类数据信息，将执行结果与预先设计目标进行比较；最后，在比较中学习，发现错误、丰富知识，以改变、调整项目计划。Vogt 等（1997）发现，适应性管理是在生态系统功能和社会需要方面建立可测定的目标，通过控制性的科学管理监测和调控管理活动来提高当前数据收集水平，以满足生态系统容量和社会需求方面的变化。曲智林等（2000）在研究森林生态系统经营规划时提出，适应性管理是由规划决策者经营者研究者及公众参与下，在现有的科学技术下，逐渐积累经验，通过监测与评价，反复反馈森林在执行规划中所出现的趋势，对所做的规划和经营方案进行调整。郑景明等（2002）提出，所谓适应性管理是将民主原则、科学分析、教育、法规学习结合起来，在不确定性的环境中可持续地管理资源的过程，包括连续的调查、规划、实施、评估、调控等一系列行动。Daniel P Loucks 等认为，适应性管理是一个不断调整行动和方向的过程，根据整体环境的现状未来可能出现的状况及满足发展目标等新信息来进行调整（王建龙，2003）。杨荣金等（2004）指出，适应性管理是基于 2 个前提：一是人类对于生态系统的理解是不完全的；二是管理行为的生物物理响应具有很高的不确定性。朱立言等（2008）认为适应性管理就是组织基于外部环境变更或内部诸要素和谐需要而进行的自主性调节活动，即管理是一个动态的过程。

基于上述分析，可以为适应性管理提出一个较为一般的普适性概念：适应性管理是针对系统的内外不确定性进行的连续调查、设计、规划、实施、监测、评估、再调整等一系列的动态循环管理行动，以保证系统内部和外部的动态平衡，实现系统的健康发展和资源管理的可持续发展（韩俊丽等，2012）。适应性管理是根据人类对自然和社会系统变化的了解制定并修改资源管理决策的行为。可以得知，湿地适应性管理是用于改善湿地及保护区政策的一系列活动、措施和策略。然而，对于湿地预期目标不同对应的适应性管理模式不同，施行每套管理模式时所面临的障碍和挑战也不同，但障碍的克服可以为其他案例的实施提供依据。并且管理者提出的适应性决策是适度范围内、影响较小情况下依赖公共建设工程的方案、科学合理监控的基础。若决策不能达到目的是可以重新调整的，它能够涉及科学、政策、道德的边界、决策的完成需要决策者从错误中吸取经验，不断做出改变，并探寻出涵盖多样化价值观的意见。湿地或者是河道的沟渠化、蓄水、引水或排水严重地影响了生境，在社会效益的驱使下，结构变化对湿地或保护区造成的损害难以逆转。此时，湿地适应性管理的出现成为必然。

适应性管理的模式有三种：一是增量式适应性管理，又称进化型或试验—错误型模式或反应型管理。二是被动适应性管理，也称顺序型学习，它基于现有的知识、信息和预测模型制定管理决策。三是主动适应性管理，与前两种模式不同之处在于它完全依赖于对新的假设检验。通过对假设试验的学习以确定最佳管理战略（侯向阳等，2011）。对于生态系统的适应性管理模式也有三种：①保护：对关键性资源（森林资源、淡水资源、鱼场、农业资源等）施行实际的可再生性管理；②恢复：修复湿地生境、减轻面积损失（包括流域、沼泽、主要水利工程下游的敏感生境）③适应：从系统对气候变化的响应以及从先前政策的失败中获得的经验为生态系统和服务的恢复提供依据。

# 二、湿地适应性管理

## （一）河流湿地生态修复的适应性管理

有关河流湿地生态修复适应性管理的定义很多，但究其实质，它是一个在相互矛盾的形势下处理和解决各种河流湿地生态修复问题的一整套方法，允许对各种理论、技术和措施的实施效果通过监测手段进行论证和检验，并基于新的认识和信息反馈，结合最新技术进展，对原来的修复方案进行修改、完善和提高。河流湿地生态修复的适应性管理起源于人们对河流湿地生态系统以及人类活动和河流生态之间的相互作用，具有不可预知性这些问题的认知，河流湿地生态修复项目存在很多不确定因素。适应性管理的实施有助于加强各利益相关者之间的信息交流和合作，构建一个不同机构、组织和人员之间共同参与决策的平台。

## （二）适应性管理的方法

典型的适应性管理方法示意图包含了一个理想的河流湿地生态修复适应性管理的主要内容、各关键环节的相互联系及循环往复过程（图8-3）。

## （三）适应性管理的特征

河流湿地生态修复的适应性管理具有以下一些特征：在一定程度上维持和修复生态系统的修复力、明确承认并寻求利用不确定性、促进多学科合作、应用模型支持决策和合作、寻求各方的支持、进行生态系统监测，评估修复方案的影响。

（1）在一定程度上维持和修复生态系统的修复力。河流湿地生态系统的修复能力与本土植物、生物多样性特征，水文、地貌等特征的多样性是紧密相关的。而适应性管理的目的就在于部分修复自然生态系统的结构和功能。

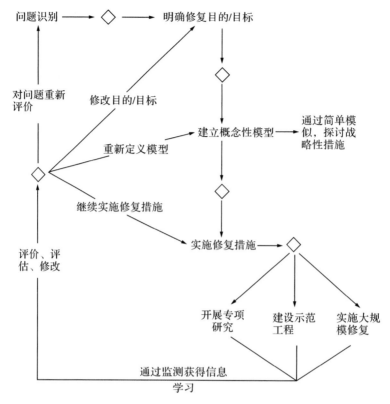

**图8-3 适应性管理方法示意图**

（2）明确承认并寻求利用不确定性。在生态系统管理中，对确定性的追求是不切实际的。试图消除不确定性可能会造成误导，不可能达到预期目标。寻求消除不确定性的自然资源管理策略可能在开始阶段会取得一定的成就，但从长远来看，会带来无法预料和令人失望的后果。现实变化的速度往往超出人们的理解，我们对现实的理解总是片面的和有缺陷的，特别是在大尺度下对河流湿地这类复杂系统的认识。管理者不可能对每一个问题都提出切实可行的解决办法，对于未知或知之不多的问题，必须在管理目标中增加适应性的内容并寻求利用不确定性。

（3）促进多学科合作。除了生物物理概念之外，具体的生态系统管理同样需要考虑社会科学问题。在适应性管理中，水利工程师、水文学家、生态学家、生物学家和社会学家应在各类问题上通力合作。

（4）应用模型支持决策和合作。适应性管理有利用模拟模型辅助决策的传统，在长期大量的资料收集之前，应用专家知识进行建模并帮助识别不确定性。

（5）寻求各方的支持。在制定河流湿地生态系统修复设想和目标时，应使不同利益相关者积极参与。河流湿地生态系统修复目的应能代表最广大民众的意愿，这对于适应性管理的实施是十分必要的。比如修复方案的公示、各种类型的听证会等，都是一些常用的公众参与形式。

（6）进行生态系统监测，评估修复方案的影响。监测项目应包括一些与河流系统管理决策密切相关的变量。随着生态系统状态的变化和认识水平的提高，对这些变量也可能要做些调整。

河流湿地生态修复的适应性管理面临许多挑战，如下几个方面：河流湿地生态系统复杂，存在很多不确定因素；对河流湿地生态系统的认识比较局限；资料收集和监测费用高等。

# 参考文献

[1] 巴哈尔古丽·阿不都拉, 努尔巴依·阿布都沙力克, 杨贵生. 阿尔泰山西北部沼泽湿地动态变化与灾害性天气关系分析[J]. 新疆农业科学, 2009, 46(5): 1087~1092.

[2] 白军红, 欧阳华, 徐惠风, 等. 青藏高原湿地研究进展[J]. 地理科学进展, 2004, 23(4): 3~7.

[3] 白美兰, 郝润全, 邸瑞琦, 等. 内蒙古东部近54年气候变化对生态环境演变的影响[J]. 气象, 2006, 32(6), 31~36.

[4] 柏林, 吴月祥, 王永杰. 扎龙湿地近58年气温、降水变化特征研究[J]. 干旱区资源与环境, 2011, 25(11), 86~92.

[5] 包晓斌. 沿海湿地可持续利用与管理策略[J]. 环境保护与循环经济, 2011, 31(10): 4~6.

[6] 蔡迪花, 郭妮, 韩涛. 1990~2001年黄河玛曲高寒沼泽湿地遥感动态监测[J]. 冰川冻土, 2007, 29(6), 874~881.

[7] 陈英玉, 周向阳, 生态入侵对生态环境的影响及对策[J], 青海大学学报(自然科学版), 2008, 4: 25~29.

[8] 崔保山, 杨志峰. 湿地学[M]. 北京师范大学出版社, 2006.

[9] 崔瀚文. 30年来东北地区湿地变化及其影响因素分析[D]. 长春: 吉林大学, 2010.

[10] 董洪芳, 于君宝, 孙志高, 等. 黄河口滨岸潮滩湿地植物——土壤系统有机碳空间分布特征[J]. 环境科学, 2010, 31(6): 1594~1599.

[11] 窦晶鑫, 刘景双, 王洋, 等. 三江平原草甸湿地土壤有机碳矿化对C/N的响应[J]. 地理科学, 2009, 2299(5): 773~778.

[12] 段晓男, 王效科, 尹弢, 等. 湿地生态系统固碳潜力研究进展[J]. 生态环境, 2006, 1155(5): 1091~1095.

[13] 段晓男, 王效科, 逯非, 等. 中国湿地生态系统固碳现状和潜力[J]. 生态学报, 2008, 28(2): 463~468.

[14] 范泽孟, 岳天祥, 刘纪远, 等. 中国土地覆盖时空变化未来情景分析[J]. 地理学报, 2005, 60(6): 941~952.

[15] 伏洋, 肖建设, 校瑞香, 等. 气候变化对柴达木盆地水资源的影响——以克鲁克湖流域为例[J]. 冰川冻土, 2008, 30(6): 998~2006.

[16] 傅国斌, 李克让. 全球变暖与湿地生态系统的研究进展[J]. 地理研究, 2001, 20(1): 120~128.

[17] 龚子同, 陈志诚, 史学正, 等. 中国土壤系统分类: 理论·方法·实践[M]. 北京: 科学出版社, 1999.

[18] 顾润源, 赵慧颖, 李翀, 等. 1960~2008年额尔古纳河流域气候变化特征[J]. 冰川冻土, 2011, 33(6): 1310~131.

[19] 关松荫. 土壤酶及其研究法[M]. 北京: 农业出版社, 1986.

[20] 郭雪莲, 吕宪国, 郗敏. 湿地高等植物初级生产力对全球变化响应的研究进展[J]. 湿地科学, 2007, 5(4): 370~375.

[21] 韩国军, 王玉兰, 房世波. 近50年青藏高原气候变化及其对农牧业的影响[J]. 资源科学, 2011, 33(10): 1969~1975.

[22]韩俊丽,武曙红,栾晓峰. 自然保护区适应性管理研究[J]. 山西农业科学 2012,40(3):284～287.

[23]何瑛. 全球气候变化下的新疆湿地演变特征初步分析～以博斯腾湖湿地为例[D]. 乌鲁木齐:新疆师范大学,2005.

[24]侯向阳,尹燕亭,丁勇. 中国草原适应性管理研究现状与展望[J]. 草业学报,2011,20(2):262～269.

[25]胡珊珊,郑红星,刘昌明,等. 气候变化和人类活动对白洋淀上游水源区径流的影响[J]. 地理学报,2011,67(1):62～70.

[26]滑丽萍,华珞,李贵宝,等. 基于全球环境变化的中国湿地问题及保护对策[J]. 首都师范大学学报(自然科学版),2005,26(3):102～107.

[27]黄锡畴. 试论沼泽的分布和发育规律[G]// 陈宜瑜. 中国沼泽研究,北京:科学出版社,1988.

[28]黄振艳,邓庆华,徐春光,等. 生物入侵的现状、危害和防治[J],呼伦贝尔学院学报,2008(2):58～59

[29]纪玲玲,郭安红,申双和,等. RegCM3 对三江地区气候的模拟[J]. 草业科学,2011,28(3):365～371.

[30]贾瑞霞,仝川,王维奇,等. 闽江河口盐沼湿地沉积物有机碳含量及储量特征[J]. 湿地科学,2008,6(4):492～499.

[31]姜大膀,富元海. 2℃全球变暖背景下中国未来气候变化预估[J]. 大气科学,2012,36(2):234～246.

[32]焦燕,胡海清. 黑龙江省森林植被碳储量及其动态变化[J]. 应用生态学,2005,12(12):2248～2252.

[33]李杰,胡金明,董云霞,等. 1994～2006 年滇西北纳帕海流域及其湿地景观变化研究[J]. 山地学报,2010,28(2):247～256.

[34]李延生,刘国栋,崔玉军. 湿地固碳效果研究——以黑龙江省扎龙湿地为例[J]. 地质与资源,2011,20(5):343–346

[35]李英臣,宋长春,侯翠翠,等. 氮可利用性对东北不同类型湿地土壤有机碳矿化的影响[J]. 地理科学,2011,3311(12):1480～1486.

[36]李振高,骆永明,滕应. 土壤与环境微生物研究法[M]. 北京:科学出版社,2008.

[37]李忠,孙波,林心雄. 我国东部土壤有机碳的密度及转化的控制因素[J]. 地理科学,2001,21(4):301～307.

[38]梁爱珍,张晓平,杨学明,等. 土壤细颗粒对有机质的保护能力研究[J]. 2005,36(5):134～139.

[39]梁川,赵莉花,张博雄. 长江江源高寒地区气候变化对水文环境影响研究综述[J]. 南水北调与水利科技,2013,11(1):81～86.

[40]刘伟,陈积民,高阳,等. 黄土高原草地土壤有机碳分布及其影响因素[J]. 土壤学报,2012,49(1):68～76.

[41]刘春兰,谢高地,肖玉. 气候变化对白洋淀湿地的影响[J]. 长江流域资源与环境,2007,16(2):245～250.

[42]刘晓曼,蒋卫国,王文杰. 东北地区湿地资源动态分析[J]. 资源科学,2004,26(5):105～110.

[43]刘兴土,马学慧. 三江平原大面积开荒对自然环境影响及区域生态环境保护[J]. 地理科学,2000,20(1):14～19.

[44]刘子刚,张坤民. 黑龙江省三江平原湿地土壤碳储量变化[J]. 清华大学学报(自然科学版),2005,45(6):788～791.

[45]刘子刚. 湿地生态系统碳储存和温室气体排放研究[J]. 地理科学,2004,24(5):634–639.

[46]卢昌义,林鹏,叶勇,等. 全球气候变化对红树林生态系统的影响与研究对策[J]. 地球科学进展, 1995, 10(4): 341～347.

[47]鲁如坤. 土壤农化分析[M]. 北京:农业科技出版社, 2000.

[48]陆健健,何文珊,童春富,等. 湿地生态学[M]. 北京:高等教育出版社, 2006.

[49]陆梅,田昆,张仕艳,等. 不同干扰程度下高原湿地纳帕海土壤酶活性与微生物特征研究[J]. 生态环境学报, 2010, 19(12): 2783～2788.

[50]鹿院卫,马重芳,王伟,等. 几种光催化空气净化器的性能测试分析[J]. 北京工业大学学报, 2005, 31 (1): 58～62.

[51]罗磊. 青藏高原湿地退化的气候背景分析[J]. 湿地科学, 2005, 3(3): 190～198.

[52]吕宪国,何岩,杨青. 湿地碳循环及其在全球变化中的意义[G]// 陈宜瑜. 中国湿地研究. 长春:吉林科学技术出版社, 1995.

[53]马瑞俊,蒋志刚. 青海湖流域环境退化对野生陆生脊椎动物的影响[J]. 生态学报, 2006, 26(9): 3066～3073.

[54]马学慧. 我国泥炭性质及其发育的探讨[M], 北京:科学出版社, 1988.

[55]马柱国,魏和林,符淙斌,等. 土壤湿度与气候变化关系的研究进展与展望[J]. 地球科学进展, 1999, 14(3): 299～303.

[56]南卓铜,李述训,刘永智. 基于年平均地温的青藏高原冻土分布制图及应用[J]. 冰川冻土, 2002(24): 142～148.

[57]倪进治,徐建民,谢正苗. 土壤生物活性有机碳库及其表征指标的研究[J]. 植物营养与肥料学报, 2001, 7(1): 56～63.

[58]潘根兴. 中国土壤有机碳、无机碳库量研究[J]. 科技通报, 1999, 15(5): 330～332.

[59]潘响亮,邓伟,张道勇,等. 东北地区湿地的水文景观分类及其对气候变化的脆弱性[J]. 环境科学研究, 2003, 16(1): 14–18.

[60]曲智林,周洪泽. 森林生态系统经营规划决策的研究[J]. 东北林业大学学报, 2000, 28(5): 40～44.

[61]任国玉,封国林,严中伟. 中国极端气候变化观测研究回顾与展望[J]. 气候与环境研究, 2010, 15(4): 337～353.

[62]尚二萍,摆万奇. 湿地脆弱性评价研究进展[J]. 湿地科学, 2012, 10(3): 378～384.

[63]沈宏,曹志洪,胡志义. 土壤活性有机碳的表征及其生态意义[J]. 生态学杂志, 1999, 18(3): 32～38.

[64]沈培菊,贺纪正. 微生物介导的碳氮循环过程对全球气候变化的响应[J]. 生态学报, 2011, 31(11): 2957～2967.

[65]师君,张明祥. 东北地区湿地的保护与管理[J]. 林业资源管理, 2004(6): 40～43.

[66]施能,陈绿文. 全球陆地年降水场的长期变化(1948–2000年)[J]. 科学通报, 2002, 47(21): 1671～1674.

[67]宋春桥,游松财,柯灵红,等. 藏北高原地表覆盖时空动态及其对气候变化的响应[J]. 应用生态学报, 2011, 22(8): 2091～2097.

[68]宋长春. 湿地生态系统对气候变化的响应[J]. 湿地科学, 2003, 1(2): 122～127.

[69]宋长春. 湿地生态系统碳循环研究进展[J]. 地理科学, 2003, 23(5): 622～628.

[70]孙慧兰,李卫红,杨余辉,等. 伊犁山地不同海拔土壤有机碳的分布[J]. 地理科学, 2012, 3322(5): 603～608.

［71］孙石，王昊. 扎龙湿地周边趋于极端气温不对称变化分析［J］. 气象，2006，32（5）：22～28.

［72］孙志高，刘景双. 湿地枯落物分解及其对全球变化的响应［J］. 生态学报，2007，27（4）：1606～1618.

［73］田美影，王学东，马雪娇，等. 白洋淀气候变化对生态系统的影响［J］. 南水北调与水利科技，2013，11（2）：76～80.

［74］田应兵，熊明彪，宋光煜. 若尔盖高原湿地生态系统恢复过程中土壤有机质的变化研究［J］. 湿地科学，2004，2（2）：88～93

［75］万忠梅，宋长春. 三江平原小叶章湿地土壤酶活性的季节动态［J］. 生态环境学报，2010，19（5）：1215～1220.

［76］王德宣，吕宪国，丁维新. 若尔盖高原沼泽湿地 CH₄ 排放研究［J］. 地球科学进展，2002，17（6）：877～880.

［77］王芳，朱大奎. 全球变化背景下可持续的滨海旅游资源开发与管理［J］. 自然资源学报，2012，27（1）：1～16.

［78］王根绪，李琪，程国栋，等. 40 年来江河源区的气候变化特征及其生态环境效应［J］. 冰川冻土，2001，23（4）：346～351.

［79］王根绪，李元寿，王一博，等. 长江源区高寒生态与气候变化对河流径流过程的影响分析［J］. 冰川冻土，2007，29（2）：159～168.

［80］王昊，许士国，孙石. 40 年气候变化对扎龙湿地蒸散影响分析［J］. 大连理工大学学报，2007，47（1）：119～124.

［81］王建龙. 水资源系统的可持续性标准［M］. 北京：清华大学出版社，2003.

［82］王京. 基于 RS 和 GIS 的海河流域湿地时空变化及驱动力分析［D］. 阜新：辽宁工程技术大学，2009

［83］王青. 白洋淀湿地对干旱的适应机制及综合调控研究［D］. 长春：东华大学，2013.

［84］王绍强，刘纪远. 土壤蓄积量变化的影响因素研究现状［J］. 地球科学进展，2002，17（4）：528～534.

［85］王兴菊. 寒区湿地演变驱动因子及其水文生态响应研究［D］. 大连：大连理工大学，2008.

［86］王一涵，周德民，孙永华. RS 和 GIS 支持的洪河地区湿地生态健康评价［J］. 生态学报，2011，31（13）：3590～3602.

［87］王毅勇，宋长春. 三江平原典型沼泽湿地水循环特征［J］. 东北林业大学学报，2003，31（3）：3～7.

［88］韦志刚，黄荣辉，等. 青藏高原气温和降水的年际和年代际变化［J］. 大气科学，2003，27（2）：157～168.

［89］吴琴，尧波，幸瑞新，等. 鄱阳湖典型湿地土壤有机碳分布及影响因子［J］. 生态学杂志，2012，31（2）：313～318.

［90］吴后建，王学雷. 中国湿地生态恢复效果评价研究进展［J］. 湿地科学，2006，4（4）：304～310.

［91］郗敏，吕宪国. 三江平原湿地多级沟渠系统底泥可溶性有机碳的分布特征［J］. 生态学报，2007，27（4）：1434～1441.

［92］奚小环，杨忠芳，崔玉军，等. 东北平原土壤有机碳分布与变化趋势研究［J］. 地学前缘，2010，17：213～221.

［93］肖笃宁，胡远满，李秀珍. 环渤海三角洲湿地的景观生态学研究［M］. 北京：科学出版社，2001.

［94］肖磊，黄晋，刘影. 湿地生态脆弱性研究综述［J］. 江西科学，2012，30（2）：152～156.

［95］徐明，马德超. 长江流域气候变化脆弱性特征研究［J］. 水土保持研究，2007，（4）：24～29.

［96］许光辉，郑洪元. 土壤微生物分析方法手册［M］. 北京：农业出版社，1986.

［97］严登华，王浩，何岩，等. 中国东北区沼泽湿地景观的动态变化［J］. 生态学杂志，2006，25（3）：249～254.

［98］严晓瑜. 不同时间尺度若尔盖湿地植被变化及其与气候的关系［D］. 北京：中国气象科学研究院，2008.

［99］杨钙仁，张文菊，童成立，等. 温度对湿地沉积物有机碳矿化的影响［J］. 生态学报，2005，25（2）：243～248.

［100］杨海龙. 库姆塔格沙漠地区野骆驼栖息地分析及气候变化影响［J］. 北京：中国林业科学研究院，2011.

［101］杨平，仝川. LUCC 对湿地碳储量及碳排放的影响［J］. 湿地科学与管理，2011，7（3），56～59.

［102］杨荣金，傅伯杰，刘国华，等. 生态系统可持续管理的原理和方法［J］. 生态学杂志，2004，23（3）：103～108.

［103］杨永兴. 三江平原沼泽形成和发育的若干问题探讨［G］// 陈宜瑜. 中国沼泽研究. 北京：科学出版社，1988.

［104］姚玉璧，邓振镛，尹东，等. 黄河重要水源补给区甘南高原气候变化及其对生态环境的影响［J］，2007，26（4）：844～852.

［105］姚允龙，吕宪国，王蕾. 1956～2005 年挠力河径流演变特征及影响因素分析［J］. 资源科学，2009，31（4）：648～655.

［106］叶正伟，朱国传，陈良，等. 洪泽湖湿地生态脆弱性的理论与实践［J］. 资源开发与市场，2005，21（5）：416～420.

［107］于君宝，陈小兵，孙志高，等. 黄河三角洲新生滨海湿地土壤营养元素空间分布特征［J］. 环境科学学报，2010，3300（4）：855～861.

［108］于文颖，周广胜，迟道才，等. 湿地生态水文过程研究进展［J］. 节水灌溉，2007，（1）：91～95.

［109］张济世，康尔泗，蓝永超，等. 50 年来洮河流域降水径流变化趋势分析［J］. 冰川冻土，2003，25（1）：77～82.

［110］张晓蕾，李际平. 湖南省湿地资源可持续利用探讨［J］. 安徽农业科学，2008，36（25）：11035～11037.

［111］张翼，宋俊果. 气候变化对东北地区植被分布的可能影响［M］// 张翼，张丕远，张厚瑄，等. 气候变化及其影响. 北京：气象出版社，1993.

［112］章远钰，崔瀚文. 东北三江平原湿地环境变化［J］. 生态环境学报，2009，18（4）：1374～1378.

［113］赵传冬，刘国栋，杨柯，等. 黑龙江省扎龙湿地及其周边地区土壤碳储量估算与 1986 年以来的变化趋势研究［J］. 地学前缘，2011，18：27～33.

［114］赵君宏，张金华，李国友. 土壤和气候条件对除草剂药效的影响［J］. 黑河科技，2003，3：24～25.

［115］赵奎义. 中国沼泽志［M］. 北京：科学出版社，1999.

［116］郑景明，罗菊春，曾德慧. 森林生态系统管理的研究进展［J］. 北京林业大学学报，2002，24（3）：103～109.

［117］周淑贞. 气象学与气候学（第三版）［M］. 北京：高等教育出版社，1993.

［118］朱立言，孙健适应性管理的兴起及其理念［J］. 湖南社会科学，2008，6：，17.

［119］祝昌汉，张强，陈峪. 2002 年我国十大极端气候事件［J］. 灾害学，2003，16（2）：74～78.

［120］Adams J，Faure H，Faure – Denard L，et al. Increases in terrestrial carbon storage from the Last Glacial Maximum to the present［J］. Nature，1990，348：711～714.

［121］Alongi D M, Wattayakorn G, Pfitzner J, et al. Organic carbon accumulation and metabolic pathways in sediments of mangrove forests in southern Thailand［J］. Marine Geology, 2001, 179(11): 85 ~ 103.

［122］Barrios E, Buresh R J, Sprent J I. Nitrogen mineralization in density fractions of soil organic matter from maize and legume cropping systems［J］. Soil Biol. Biochem, 1996, 28: 185 ~ 193.

［123］Batjes N H. Total carbon and nitrogen in the soils of the worlds［J］. European Journal of Soil Science. 1996, 47: 151 ~ 163.

［124］Bergkamp G, Orlando B. Wetlands and Climate change, 1999.

［125］Bernal B, Mitsch W J. A comparison of soil carbon pools and profiles in wetlands in Costa Rica and Ohio［J］. Ecological Engineering, 2008, 34(4): 311 ~ 323.

［126］Blair B J, Lefroy R D. Soil carbon fractions based on their degree of oxidation and the developments of a carbon management index for agricultural systems［J］. Aust J AgrieRes, 1995, 46: 1456 ~ 1466.

［127］Bornman T, Adams J, et al. Environmental factors controlling the vegetation zonation patterns and distribution of vegetation types in the Olifants Estuary, South Africa［J］. South African Journal of Botany, 2008, 74(4): 685 ~ 695.

［128］Bridgham S D, Megonigal J P, Keller J K, et al. The carbon balance of North American wetlands［J］. Wetlands, 2006, 26(4): 889 ~ 916.

［129］Briggs J, Large D J, Snape C, et al. Influence of climate and hydrology on carbon in an early Miocene peatland［J］. Earth Planet Sci Lett, 2007, 253, 445 ~ 454.

［130］Changsheng L, Steve F, Graham J G, et al. Simulating trends in soil organic carbon in long – term experiments using the DNDC model［J］. Geoderma, 1997, 81: 45 ~ 60.

［131］Chen J L, Wilson C R, Tapley B D. Contribution of ice sheet and mountain glacier melt to recent sea level rise ［J］. Nature Geoscience, 2013, 1 ~ 4.

［132］Chivers M, Turetsky M, Waddington J, et al. Effects of Experimental Water Table and Temperature Manipulations on Ecosystem $CO_2$ Fluxes in an Alaskan Rich Fen［J］. Ecosystems, 2009, 1122(8): 1329 ~ 1342.

［133］Chmura G L, Anisfeld S C, Cahoon D R, et al. Global carbon sequestration in tidal, saline wetland soils［J］. Global Biogeochemical Cycles, 2003, 17: 1111.

［134］Christensen B T. Physical fractionation of soil and organic matter in primary particle size and density separates ［M］. // Stewart BA. Advances in Soil Science. Springer – Verlag. 1992: 1 ~ 90.

［135］Church J A, White N J. A 20$^{th}$ century acceleration in global sea – level rise［J］. Geophysical Research Letters, 2006, 33: L01602

［136］Collins M E, Kuehl R J. Organic matter accumulation in organic soil［M］// Richardson J L, Vepraskas M J. Wetland soils: genesis, hydrology, landscapes, and classification. 2000, Boca Raton, Florida: CRC Press, 137 ~ 162

［137］Cooter E, LeDuc S. Recent frost date trends in the northeastern United States［J］. Int. J. Climatol. 1995, 15: 65 ~ 75.

［138］Copeland H E, Tessman S A, et al. A geospatial assessment on the distribution, condition, and vulnerability of Wyoming's wetlands［J］. Ecological Indicators, 2010, 10(4): 869 ~ 879.

［139］Curry JA, Schramm JL. Sea ice – albedo climate feedback mechanism［J］. Journal of Climate, 1995, 8: 240 – 247.

[140] Davidson E A, Janssens I A. Temperature sensitivity of soil carbon decomposition and feedbacks to climate change[J]. Nature, 2006, 440(9): 165~173.

[141] Davis A M. Ombrotrophic peatlands in Newfoundland, Canada: their origins, development and trans – Atlantic affinities[J]. Chemical Geology, 1984, 44, 287~309.

[142] Dean W E, Gorham E. Magnitude and significance of carbon burial in lakes, reservoirs, and peatlands[J]. Geology, 1998, 26 (6): 535~538.

[143] Dean W E, Gorham E. Magnitude and significance of carbon burial in lakes, reservoirs, and peatlands[J]. Geology, 1998, 26: 535~538.

[144] DeLaune R, White J. Will coastal wetlands continue to sequester carbon in response to an increase in global sea level?: A case study of the rapidly subsiding Mississippi river deltaic plain[J]. Climatic Change, 2011, 110: 297~314.

[145] Dore M H I. Climate change and changes in global precipitation patterns: what do we know? [J]. Environmental International, 2005, 31: 1167~1181.

[146] Easterling D R, Evans J L, Groisman P Y, et al. Observed variability and trends in extreme climate events: a brief review[J]. Bulletin of the American Meteorological Society, 2000, 81: 417~425.

[147] Eino Lappalainen (ed.). Global Peat Resources[M]. 1996. Finland: International Peat Society of Finland.

[148] Ellision J E, Stoddatr D R. Mangrove ecosystem collapse during predicted sea – leve rise: Holocene analogues and implications[J]. Journal of Coastal Research, 1991, 7: 151~165.

[149] Elton C S. T he Ecology of Invasions by Animals and Plants [M]. 1958. London: Methuen.

[150] Erwin K L. Wetlands and global climate change: the role of wetland restoration in a changing world[J]. Wetlands Ecol Manage, 2009, 17: 71 – 84.

[151] Flato GM, Boer GJ. Warming asymmetry in climate change simulations[J]. Geophsical Research Letters, 2001, 28(1): 195 – 198.

[152] Franzen L G, Chen D, Klinger L. Principles for a climate regulation mechanism during the Late Phanerooic era, based on carbon fixation in peat – forming wetlands[J]. Ambio, 1996, 25(77): 435 – 442.

[153] Franzen L G. Can earth afford to lose the wetlands in the battle against the increasing greenhouse effect? [A]. International Peat Society Proceedings of International Peat Congress. Uppsala, 1992, 1~18.

[154] Franzmeier D P, Lemme G D and Miles R J. Organic carbon in soil of North central United States[J]. Soil Sci Soc. Am. J, 1985, 49: 702~708.

[155] Gajewski K, Viau A, Sawada M, et al. Sphagnum peatland distribution in North America and Eurasia during the past 21, 000 years[J]. Global Biogeochemical Cycles, 2001, 15(2), 297~310.

[156] Gitay H. Guidance on Vulnerability Assessment of Wetlands to Change in Ecological Character[R]. Ramsar Technical Report(in preparation). Gland, Switzerland: Ramsar Convention Secretari – at, 2005.

[157] Gorham E. Northernpeatlands: role in the carbon cycle and probable responses to climate warming[J]. Ecological Application, 1991, 1(2): 182~195.

[158] Grinsted A, Moore JC, Jevrejeva S. Reconstructing sea level from paleo and projected temperatures 200 to 2100 AD[J]. Climate Dynamics, 2010, 34: 461~472.

[159] Guo Y Y, Amundson R, Gong P, et al. Quantity and spatial variability of soil carbon in the conterminous United States[J]. Soil Sci Soc Am J, 2006, 70: 590~600.

［160］Hardisky M, Gross M, Klemas V. Remote sensing of coastal wetlands［J］. Bioscience, 1986, 36: 453~460.

［161］Heikkinen JEP, Elsakov V, Martikainen PJ. Carbon dioxide and methane dynamics and annual carbon balance in tundra wetland in NE Europe, Russia［J］. Global Biogeo – chemical Cycles, 2002, 16: 1115.

［162］Hoffman P F, Kaufman A J, Halverson G P, et al. ANeoprotero – zoic Snowball Earth［J］. Science, 1998, 5381: 1342 – 1346.

［163］Hughes L. Climate change and Australia: trends, projections andimpacts［J］. Austral Ecology, 2003, 28: 423 – 443.

［164］IPCC. Climate Chang 2007: Synthesis Report［R］. 2007.

［165］IPCC. Contribution of working Group II to the fourth Assessment Report of the Intergoverment Panel on Climate Change: Impacts, Adaptation and Vulnerability［A］. 2007. Cambridge and New York: Cambridge University Press, 213~249.

［166］Ise T, Dunn AL, Wofsy SC, et al. High sensitivity of peat decomposition to climate change through water – table feedback［J］. Nature Geoscience, 2008, 1: 763~766.

［167］Jevrejeva S, Moore JC, Grinsted A, et al. Recent global sea level acceleration stared over 200 years ago? ［J］. Geophysical Research Letters, 2008, 35: L08715.

［168］Ji W, Ma J. Geospatial Decision Models for Assessing the Vulnerability of Wetlands to Potential Human Impacts［C］//Ji W. Wetland and Water Resource Modeling and Assessment: A Watershed Perspective. New York: CRC Press, 2007: 215~230.

［169］Johannessen O, Bengtsson L, Miles MW, et al. Arctic climate change: observed and modeled temperature and sea – ice variability［J］. Tellus, 2004, 56A: 328~341.

［170］Johnson W C, Millett B V, Gilmanov T, et al. Vulnerability of Northern Prairie wetlands to climate change ［J］. BioScience, 2005, 55(10), 863~872.

［171］Joosten H, Clarke D. Wise Use of Mires and Peatlands Back – groung and Principles Including a Framework for Decision Making. ［A］Finland: International Peat Society, 2002: 46.

［172］Karl T P, Knight R W, Easterling D R, et al. Indices of climate change for the United States［J］. Bull. A-mer. Meteor. Soc., 1996, 77: 279~291.

［173］Karl T R, Trenberth K E. Model Global Climate Chang［J］e. Science, 2003, 302: 1719~1723.

［174］Kastowski M, Hinderer M, Vecsei A. Long – term carbon burial in European lakes: Analysis and estimate ［J］. Global Biogeochemical Cycles, 2011, 25: 3019.

［175］King G M. Responses of atmospheric methane consumption by soils to global climate change［J］. Global Change Biology, 1997, 3: 351~362.

［176］Knutti R, et al. A review of uncertainties in global temperature projections over the twenty – first century［J］. Journal of Climate, 2008, 21: 2651~2662

［177］Krinner G. Impact of lakes and wetlands on boreal climate［J］. Journal of Geophysical Research, 2003, 108. DOI: 10. 1029/2002JD002597.

［178］Kripalani R H, Oh J H, Kulkarni A, et al. South Asian summer monsoon precipitation variability: coupled climate model simulations and projections under IPCC AR4［A］. Theoretical and Applied Climatology, 2007, 90: 133~159.

[179]Krogh L, Noergaard A, Hermansen M, et al. Preliminary estimates of contemporary soil organic carbon stocks in Denmark using multiple datasets and four scaling – up methods[J]. Agriculture, Ecosystems and Environment , 2003, 96: 19 ~ 28

[180]Lal R. Soil carbon sequestration impacts on global climate change and food security[J]. Science, 2004, 304: 1623 ~ 1627.

[181] Lee K N. Compass and gyroscope: integrating science and politics for the environment [ M ], Island Press, 1994.

[182]LiXin, Cheng Guodong. A GIS – aided response model of high altitude permafrost to global change[J]. Science in China(Series D), 1999, 42(1): 72 ~ 79.

[183]Liang B C, Mackenzie A E, Schnitzer M, et al. Management – induced change in labile soil organic matter under continuous corn in eastern Canadian soils[J]. Biol Fertil Soils, 1998, 26: 88 ~ 94.

[184]Liu H J, Bu R C, Liu J T, et al. Predicting the wetland distributions under climate warming in the Great Xing'an Mountains, northeast China[J]. Ecol Res, 2011, 26: 605 ~ 613.

[185]Lucchese M, Waddington J M, Poulin M, et al. Organic matter accumulation in a restored peatland: Evaluating restoration success[J]. Ecological Engineering, 2010, 36: 482 ~ 488.

[186]Maltby E, Immirzi P. Carbon dynamic in peatlands and other wetland soils: regional and global perspectives [J]. Chemosphere, 1993, 27: 999 ~ 1023.

[187]McMenamin S K, Hadly E A, et al. Climatic change and wetland desiccation cause amphibian decline in Yellowstone National Park[J]. Proceedings of the National Academy of Sciences, 2008, 105(44): 16988 ~ 16993.

[188]Meehl G A, Zwiers F, Evans J, et al. Trends in extreme weather and climate events: issues related to modeling extremes in projections of future climate change[J]. Bulletin of the American Meteorological Society, 2000, 81: 427 ~ 436.

[189]Michener W K, Blood E R, Bildstein K L, Brinson MM, Gardner LR. Climate change, hurricanes and tropical storms, and rising sea level in coastal wetlands[J]. Ecological Applications, 1997, 7(3): 770 ~ 801.

[190]Mikan C J, Schimel J P, Doyle A P, et al. Temperature controls of microbial respiration in arctic tundra soils above and below freezing[J]. Soil Biology and Biochemistry, 2002, 34: 1785 ~ 1795.

[191]Mitra S, Wassmann R, Vlek P L G. An appraisal of global wetland area and its organic carbon stock[J]. Current Science, 2005, 88(1): 1 ~ 10.

[192]Moore B. Global carbon cycle [A]. In: Encyclopedia of Environmental Biology. San Diego: Academic Press, 1995, 215 ~ 223.

[193]Mququoy D, Engelkes T, Groot M H M, et al. High – resolution records of lateHolocene climate change and carbon accumulation in two north – west European ombrotrophic peat bogs[J]. Palaeogeography, Palaeoclimatology, Palaeoecology, 2002, 186: 275 ~ 310.

[194]Nicholls R J, Hoozemans F M J, Marchand M. Increasing flood risk and wetland losses due to global sea – level rise: regional and global analysis[J]. Global Environmental Change, 1999, 9: S69 ~ S87.

[195]Oerlemans J. A projection of future sea level[J]. Climate change, 1989, 15: 151 ~ 174.

[196]Oppenheimer M. Global warming and the stability of the West Antarctic IceSheet[J]. Nature, 1998, 393, 325 ~ 332.

[197]Page S E, Rieley J O, Banks C J, et al. Global and regional importance of the tropical peatland carbon pool

［J］. Global Change Biology, 2011, 17: 798～818.

［198］Parton W J, Sanford R L, Sanchez P A. Modelling soil organic matter dynamics I tropical soils［A］. In: Coleman D. C. , et al. eds. Dynamics of soil organic matter in tropical ecosystem, 1989.

［199］Post W M, Emanuel W R, Zinke P J. et al. Soil carbon pools and life zones［J］. Nature, 1982, 298: 156～159.

［200］Powlson D S, Brookes P C, Christensen B T. Measurement of soil microbial biomass provides an early indication of changes in total soil organic matter due to straw incorporation［J］. Soil Biology and Biochemistry, 1987, 19: 159～164.

［201］Prentice I C. Biomemodelling and the carbon cycle［M］// NATO ASI Series. The Global Carbon Cycle. Heidelberg: Springer – Verlag, 1993. 115: 219～238.

［202］Rahmstor S, Cazenave A, Church JA, et al. Recent climate observations compared to projections［J］. Science, 2007, 316(4): 709.

［203］Rahmstorf S. A semi – empirical approach to projecting future sea – level rise［J］. Nature, 2007, 315: 368～370.

［204］Raich JW. The global carbon dioxide flux in soil respiration and its relationship to invitation and climate［J］. Tellus, 1992, 44B: 81～99.

［205］Raper S C B, Braithwaite R J. Low sea level rise projections from mountain glaciers and icecaps under global warming［J］. Nature, 2006, 439: 311～313.

［206］Reddy K R, Delaune R D. Biogeochemistry of Wetlands: Science and Applications［M］. Boca Raton: CRC Press, 2008.

［207］Reddy K R, Delaune R D, Debusk W F, et al. Long – term nutrient accumulation rates in the Everglades［J］. Soil Science Society of A – merica Journal, 1993, 57( 4) : 1147～1155.

［208］Rignot E, Jacobs S, Mouginot J, Scheuchl B. Ice shelf melting around Antarctica［J］. Science, 2013. DOI: 10. 1126/SCIENCE. 1235798.

［209］Roessing J M, Woodley C M, Cech J J, et al. Effects of global climate change on marine and estuarine fishes and fisheries［J］. Reviews in Fish Biology and Fisheries, 2004, 14: 251～275.

［210］Roshier D A, Whetton P H, Allan R J, et al. Distribution and persistence of temporary wetland habitats in arid Australia in relation to climate［J］. Austral Ecology, 2001, 26: 371～384.

［211］Roulet N T, Lafleur P M, Richard P J H, et al. Contemporary carbon balance and late Holocene carbon accumulation in a northern peatland［J］. Global Change Biology, 2007, 13( 2) : 397～411.

［212］Salinger M J. Climate variability and change: past, present and future – an overview［J］. Climatic Change, 2005, 70: 9～29.

［213］Shuping, D. Ecological Vulnerability Analysis of the Nandagang Wetland［J］. South – to – North Water Transfers and Water Science & Technology , 2010, 5: 051.

［214］Smish C J, Delaune R D, Patrick W H J. Carbon dioxide emission and carbon accumulation in coastal wetlands［J］. Estuarine, Coastal and Shelf Science, 1983, 17(1): 21～29.

［215］Smith L C, Macdonald G M, Velichko A A, et al. Siberian peatlands a net carbon sink and global methane source since the Early Holocene［J］. Science, 2004, 303(5656): 353–356.

［216］Strueve J, Holland MM, Meier W, et al. Arctic sea ice decline: faster than forecast［J］. Geophys. Res.

Lett. , 2007, 34: L09501.

[217] Tarnocai C. The effect of climate change on carbon in Canadian peatlands[J]. Global and Planetary Change, 2006, 53: 222~232.

[218] Tolonen K, Vasander H, Damman A W H, et al. Rate of apparent and true carbon accumulation in boreal peatlands[C]// Proceedings of the 9th International Peat Congress, Uppsala, 1992, 319~333.

[219] Trettin C C, Song B, Jurgensen M F, et al. Existing soil carbon models do not apply to forested wetlands. Department of Agriculture, Forest Service, Southern Research Station, 10. 2001.

[220] Trettin C C, Jurgensen M F. Carbon cycling in wetland forest soils[M]// Kimble J M, Birdsie R, Lal R. The potential of U. S. forest soils to sequester carbon and mitigate the greenhouse effect. Boca Ra – ton, Florida: CRC Press, 2003. 311~331.

[221] Urrutia R, Vuille M. Climatic change projections for the tropical Andes using a regional climate model: temperature and precipitation simulations for the ends of the 21th century[J]. Journal of Geophysical Research, 2009, 114: D02108.

[222] Vitt D H, Halsey L A, Bauer I E, et al. Spatial and temporal trends of carbon sequestration in peatlands of continental western Canada through the Holocene. [J] Canadian journal of earth science. 2000, 37: 683~693.

[223] Vogt K A. Ecosystems: balancing science with management[M], Springer. 1997.

[224] Yin J J, Schlesinger M E, Stouffer RJ. Model projections of rapid sea – level rise on the northeast coast of the United States[J]. Nature Geoscience, 2009, 2: 262 – 266.

[225] Zhang Y, Li C, Trettin C C, and Sun G, Modelling soilcarbon dynamics of forested wetlands[A]. Symposium 43. Carbon Balance of Peatlands Spons or. Intemational Peat Society, 1999.

[226] Zhang Y, Li C, Trettin C C, et al. An integrated model of soil, hy – drology, and vegetation for carbon dynamics in wetland ecosys – tems[J]. Global Biogeochem Cycles, 2002, 1166(4): 1061.

[227] Zwiers F W. Climate change: the 20 – year forecast. Nature, 2002, 416: 690~691.